植物學者、中草藥研究者、中醫藥學師生必備教科書

藥用植物圖鑑

[精解版]

植物細胞、組織、器官、型態
進化與共生，以及藥用分類等

ILLUSTRATED ENCYCLOPEDIA OF MEDICINAL PLANTS

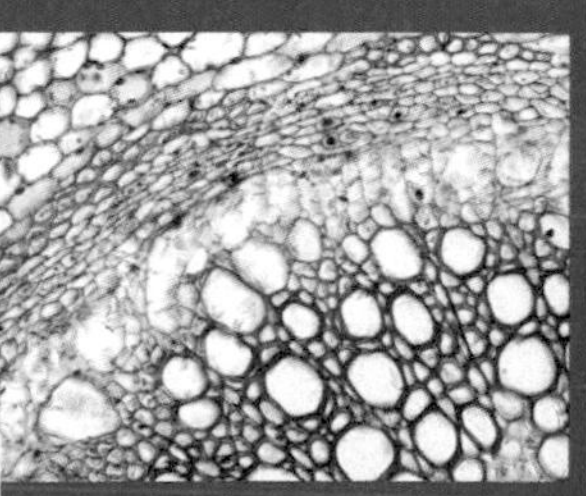

鄔家林、陳虎彪 ◎主編

晨星出版

主　編

鄔家林　陳虎彪

副主編

梁之桃　劉春生

編　委

黃麗麗　陳玉婷

攝　影

鄔家林　陳虎彪　趙中振　黃麗麗　吳　雙
屠鵬飛　梁之桃　王　海　陳亮俊　徐克學
區靖彤　袁翠盈　李麗媚　譚運芳　牛志多
王兆武　吳光第　陳正彪　黃紅平　李應軍
甄　豔　李華東　馬雲桐　郭　平　楊根錨
吳秋林　黃多明　張林碧　劉安清　陳玉萍
閔伯清　何玉鈴　朱雪梅　趙鑫磊　周重建
崔亞君　田文帥　蒙　倩　劉志全　張代貴

前言

植物學是一門實踐性極強的學科，任何一種植物的研究和應用都離不開對該種植物的正確識別。因此，準確識別植物和系統掌握植物學知識是學習、研究和應用植物的前提和基礎。

中國是世界上植物資源極為豐富的國家，藥用植物種類繁多，應用歷史悠久。科學、準確地鑑定藥用植物的種類，與中藥的基原研究、品質評價、臨床療效等都密切相關。

限於技術和成本等原因，既往出版的藥用植物學相關書籍，多以文字為主，輔以少量的墨線圖，顯得比較抽象。近年來，隨著科學技術的迅速發展，攝影器材、拍攝技術和圖片處理技術的進步，高畫質數位圖像日漸普及，我們已經可以通過高畫質數位圖來展現多種多樣、形形色色的藥用植物了。

作為從事藥用植物學教學與研究多年的團隊，我們拍攝並收集整理了大量高畫質的藥用植物圖片，包括藥用植物學涉及的顯微鏡下圖和植物實拍圖。圖片拍攝角度、取材等完全針對於藥用植物鑑別。考慮到現有藥用植物學書籍文字多圖片少的現狀，我們的團隊編寫了這本書，力求做到理論知識的圖像化。

本書以全國高等醫藥院校規劃教材中的藥用植物學教材所採用的分類系統來編排，將文字描述與攝影技術相結合，特寫與局部解剖相結合，科學、藝術地展現藥用植物的鑑別特徵，從而達到易掌握、易記憶、易推廣之目的。

在編寫方式上，我們對於每一類、每一科藥用植物，先簡要說明其識別特徵，再根據科學性與藝術性相結合的原則，選用圖形精美、特徵突出的圖片，生動地呈現該類植物組織器官、該科植物普遍特徵或該科主要藥用植物的識別特徵。

我們還在圖中做了一些文字標示以精準扼要地解釋說明某些圖像特徵的科學概念和解剖放大圖的識別意義。此外，本書在每幅圖下註釋了藥用植物中文名和省略命名人的拉丁學名，並簡要提示入藥部位和主要功能，若前後提及的是同屬植物，其屬名予以縮寫。其中植物學名均採用當前通用的名稱，主要依據《中國植物誌》與《中華人民共和國藥典》。

為了提高讀者的興趣，擴展植物學的知識，本書附篇列述了「圖解植物器官形態功能的適應與進化」作為趣味性補充知識，以回響讀者。

本書為廣大讀者構建了生動直觀的「植物學大觀園」，其圖片精美，藥用植物識別特徵凸顯，註解精簡扼要，內容豐富，趣味性強，不僅是中藥鑑定工作者、廣大植物學和中醫中藥愛好者的學習參考資料，而且對藥用植物學的教學也具有重要的參考意義，也為中藥標準化與國際化奠定了基礎。

編　者

2020年6月

目錄 CONTENTS

上篇　藥用植物的形態結構

第一章　植物的細胞

第二章　植物的組織

下篇　藥用植物的分類

第五章　藻類植物

第六章　菌類植物

第七章　地衣植物

第八章　苔蘚植物

第九章　蕨類植物

第十章　裸子植物

第十一章　被子植物

附篇　圖解植物器官形態功能的適應與進化

第一章　有花植物授粉的類型

上篇。藥用植物的形態結構

MORPHOLOGY OF MEDICINAL PLANTS

CHAPTER 1

第一章 植物的細胞

植物細胞是構成植物體的形態結構和生命活動的基本單位。一個典型的植物細胞是由細胞壁、細胞膜、細胞核、原生質體及一些生理活性物質組成的。細胞壁是植物細胞所特有的結構，可分為胞間層、初生壁和次生壁。由於環境的影響和生理功能的不同，植物細胞壁常常發生各種不同的特化，常見的有木質化、木栓化、角質化、黏液質化和礦質化等。原生質體是細胞內有生命的物質的總稱，包括了細胞質和細胞器。細胞的後含物是細胞新陳代謝過程中的產物，包括澱粉、菊糖、糊粉粒、脂肪油、草酸鈣晶體、鐘乳體等。細胞中後含物的種類、形態和性質隨植物種類不同而異，是中藥鑑定的依據之一。

一 細胞的結構

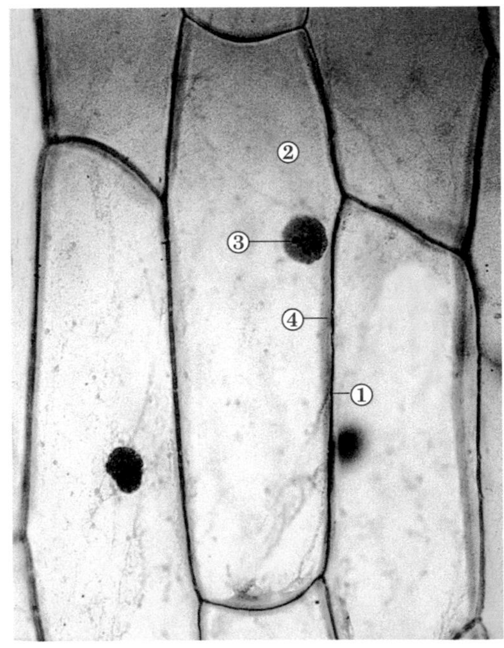

□ 洋蔥的表皮細胞（由細胞膜、細胞質、細胞核、細胞壁、液泡構成）
① 細胞壁 ② 細胞質 ③ 細胞核 ④ 細胞膜（質膜）

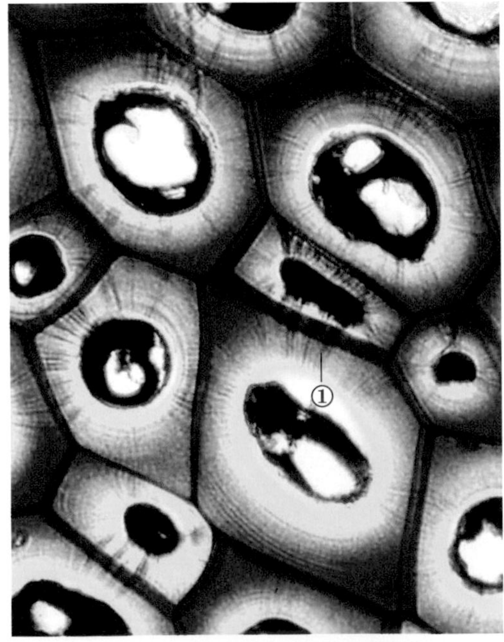

□ 胞間連絲（從紋孔穿過紋孔膜和初生壁上的微細孔隙，連接相鄰細胞的原生質絲）
① 胞間連絲

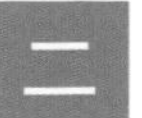

細胞壁的特化

1. 木栓化

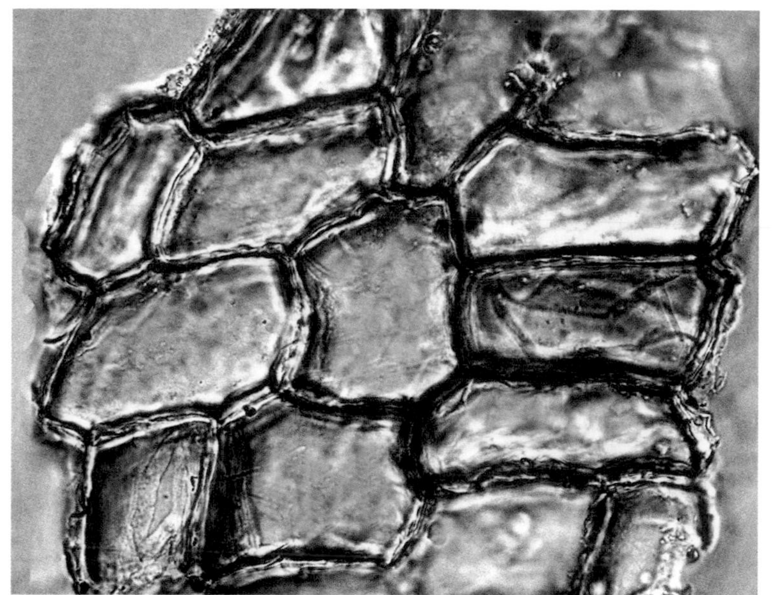

□ 刺五加根的木栓細胞

2. 木質化

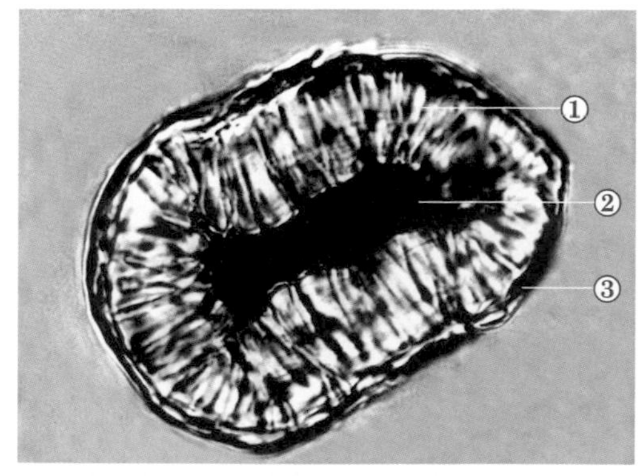

□ 山楂果實木質化的石細胞

① 紋孔道 ② 細胞腔 ③ 木化細胞壁

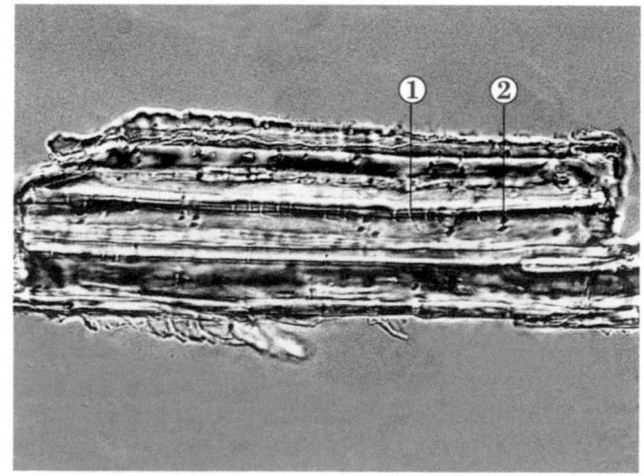

□ 紫蘇莖的木纖維

① 紋孔道 ② 紋孔

3. 角質化

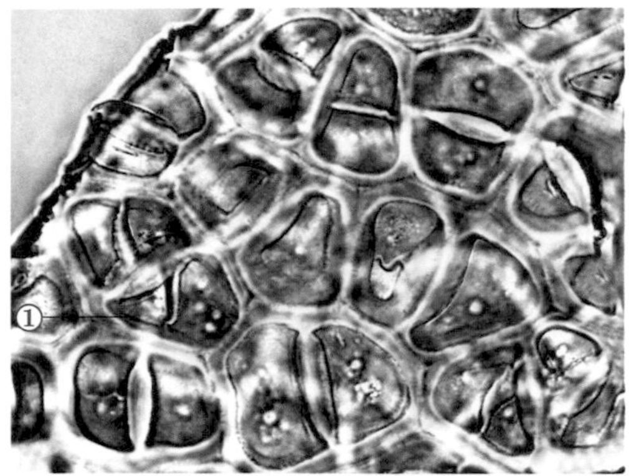

□ 瓜蔞外果皮的角質細胞
① 角質化細胞壁

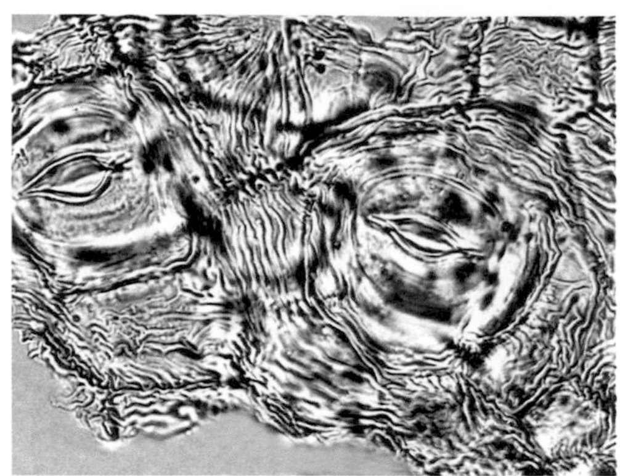

□ 蕺菜（魚腥草）葉表皮外的角質線紋

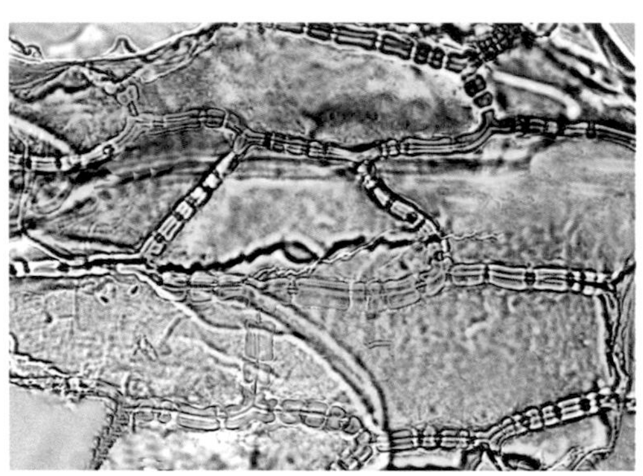

□ 鐵皮石斛莖表皮外的黃色角質層

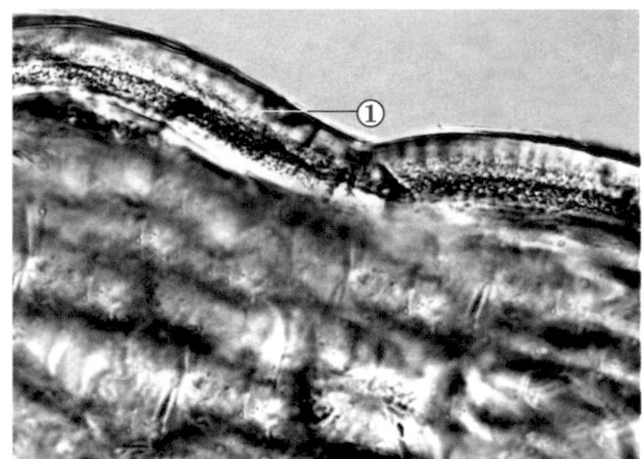

□ 草麻黃莖表皮外的角質層側面觀
① 角質層

4. 黏液質化

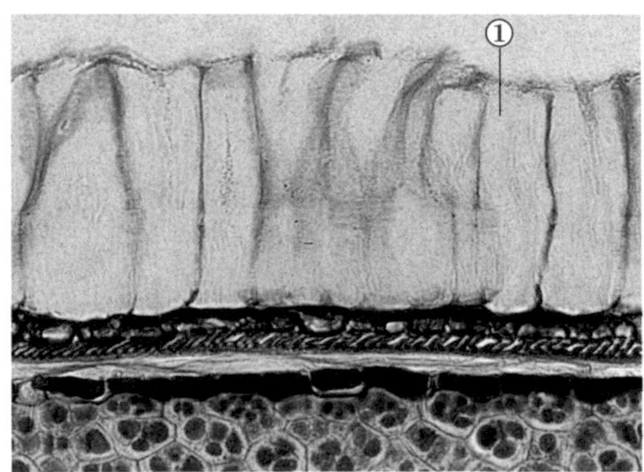

□ 亞麻種子種皮的黏液質細胞
①黏液質細胞

□ 荊芥果穗外果皮的黏液質細胞

細胞的後含物

1. 澱粉粒

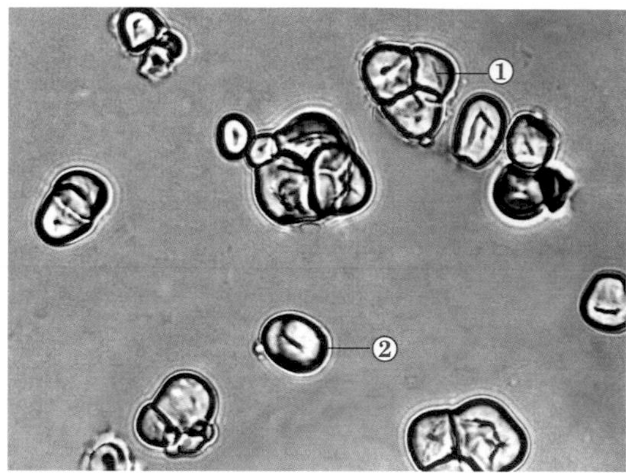

□ 菘藍根的澱粉粒
① 複粒 ② 單粒

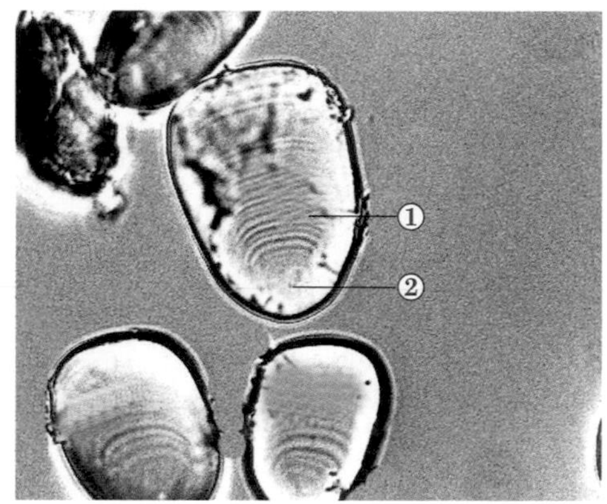

□ 薯蕷根莖的澱粉粒
① 層紋 ② 臍點

2. 糊粉粒

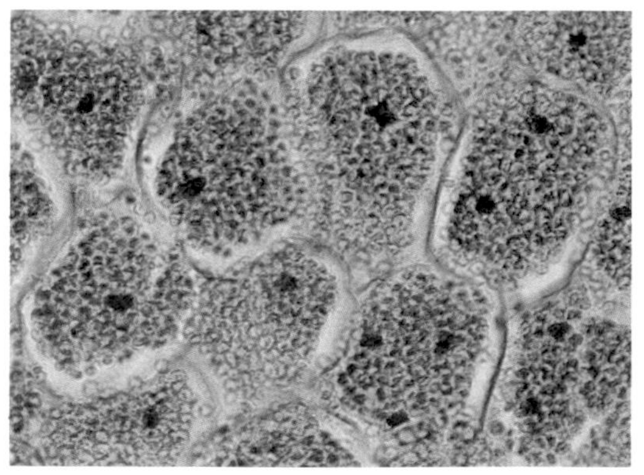

□ 側柏種仁胚乳細胞中的糊粉粒

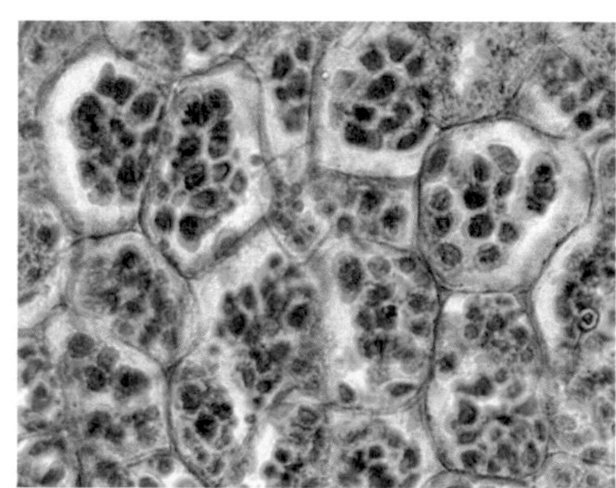

□ 山杏種子胚乳細胞中的糊粉粒

3. 脂肪油滴

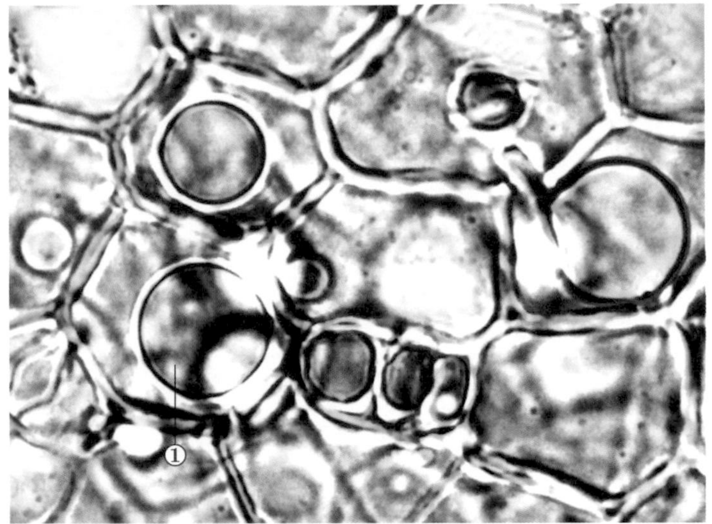

□
亞麻種子的脂肪油滴
① 油滴

4. 草酸鈣結晶

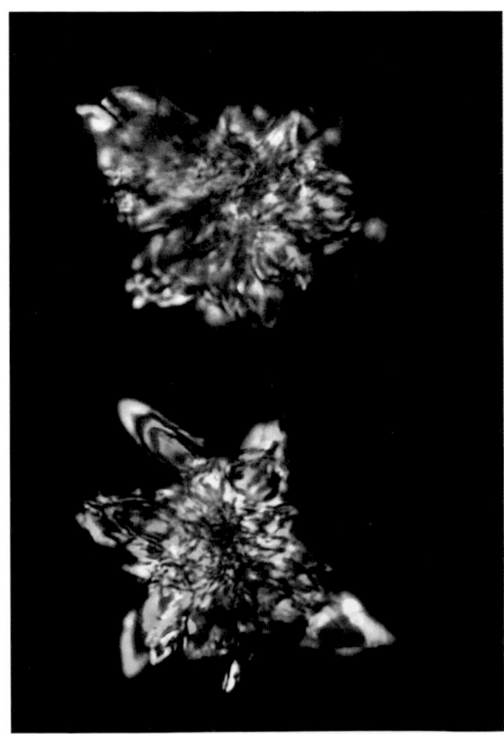

□ 偏光鏡下的人參根莖和根的草酸鈣簇晶

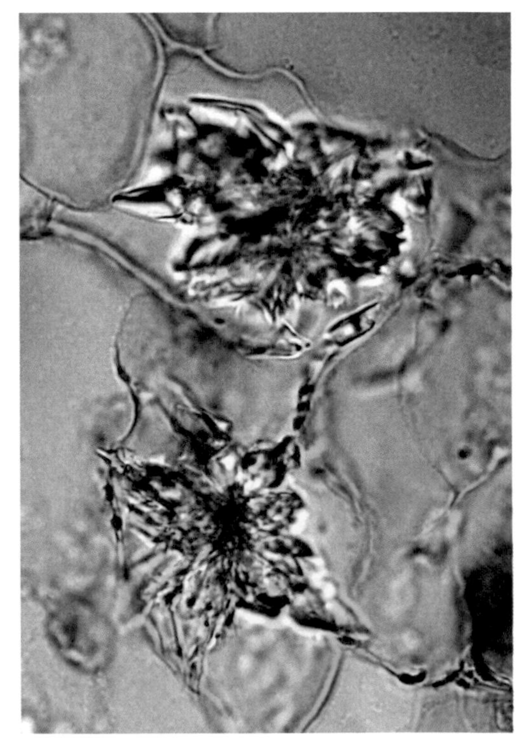

□ 人參根莖和根的草酸鈣簇晶

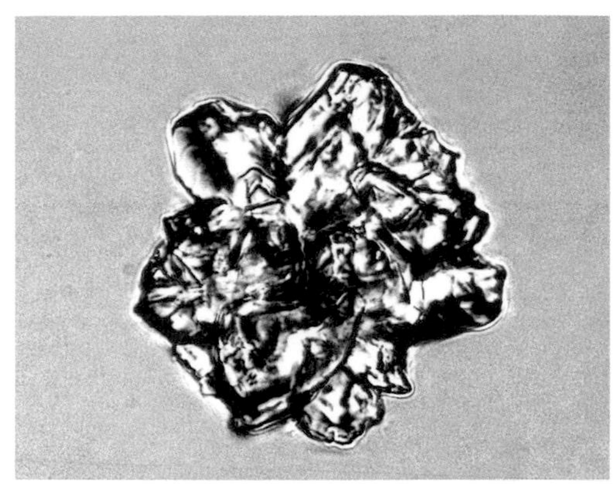

□ 大黃根莖和根的草酸鈣簇晶

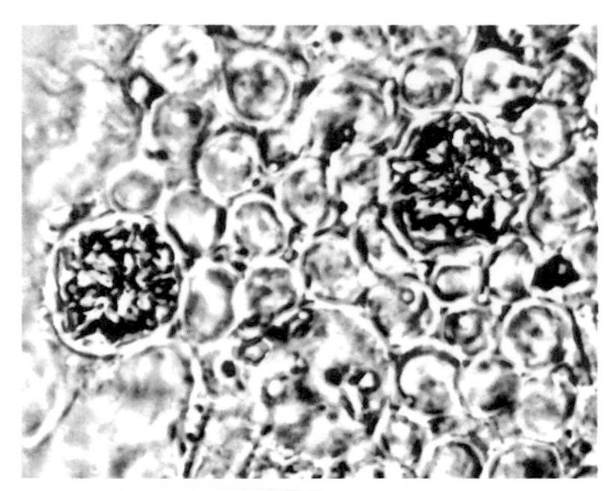

□ 葉下珠全草的草酸鈣簇晶

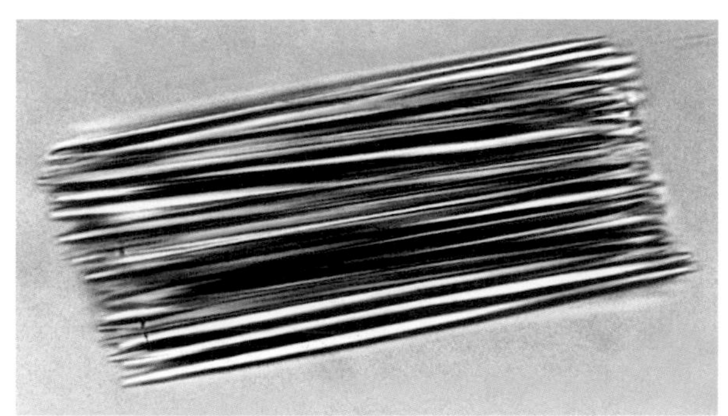

□ 黃精根莖的草酸鈣針晶

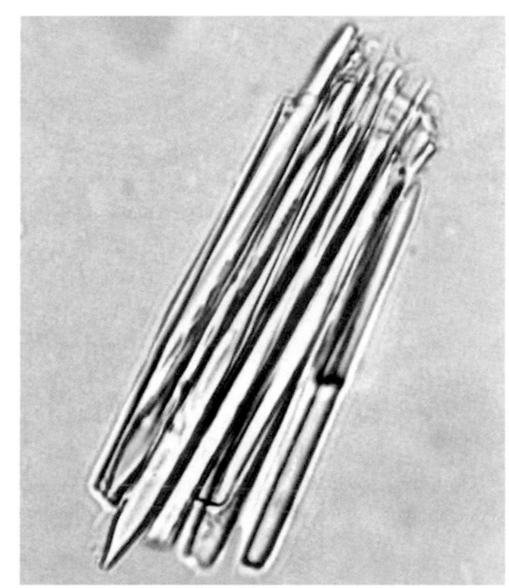

□ 麥冬塊根的草酸鈣針晶

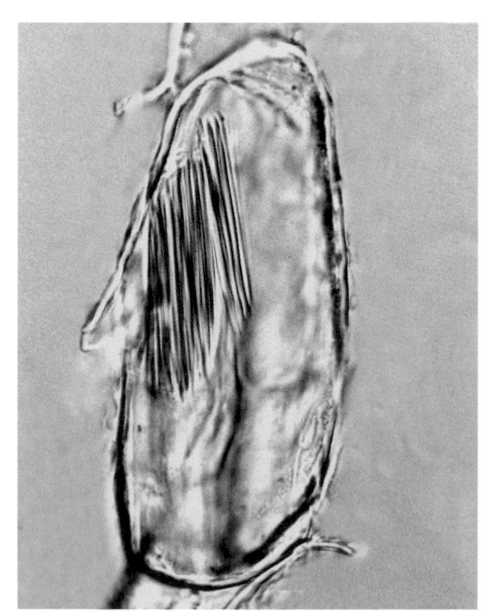

□ 鐵皮石斛莖的草酸鈣針晶

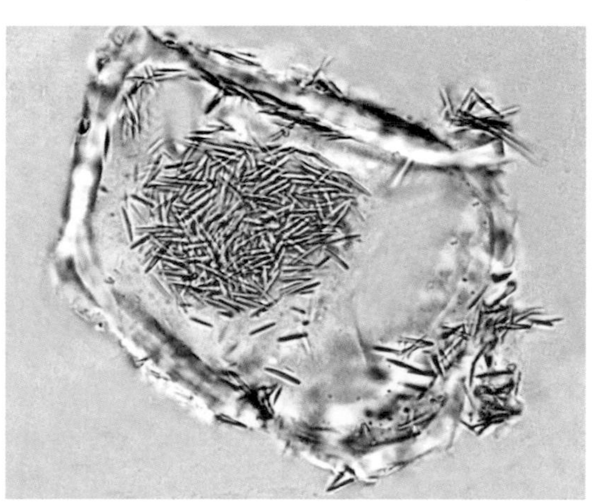

□ 蒼朮根莖的草酸鈣針晶

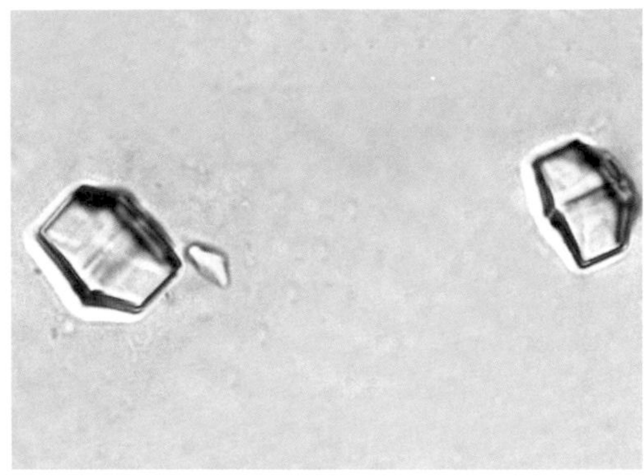

□ 多序岩黃芪根的草酸鈣方晶

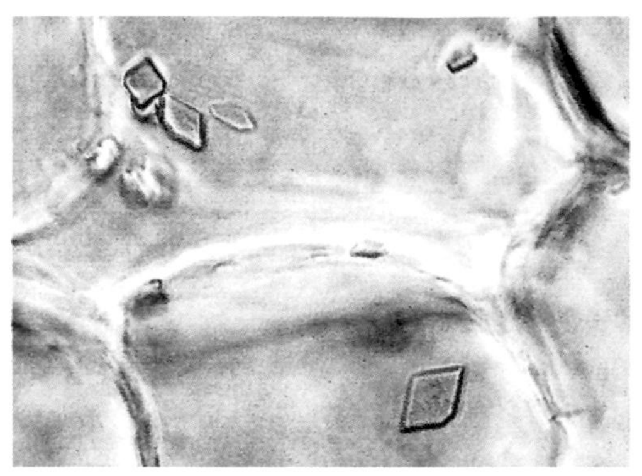

□ 草果果實的草酸鈣方晶

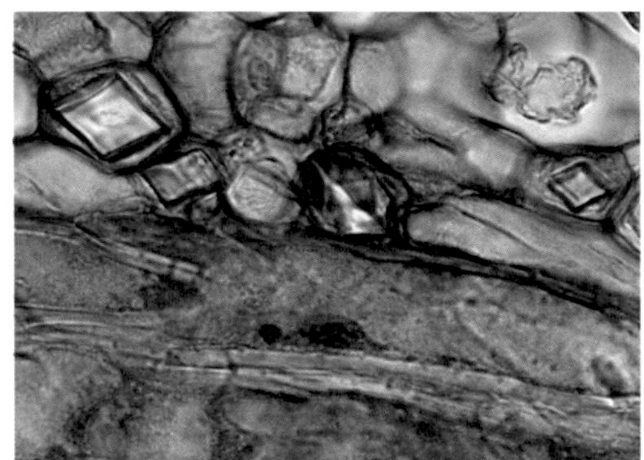

□ 山楂果實的草酸鈣方晶

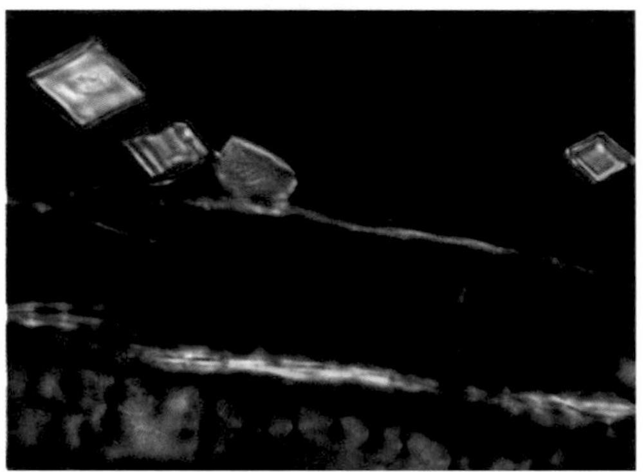

□ 偏光鏡下的山楂果實的草酸鈣方晶

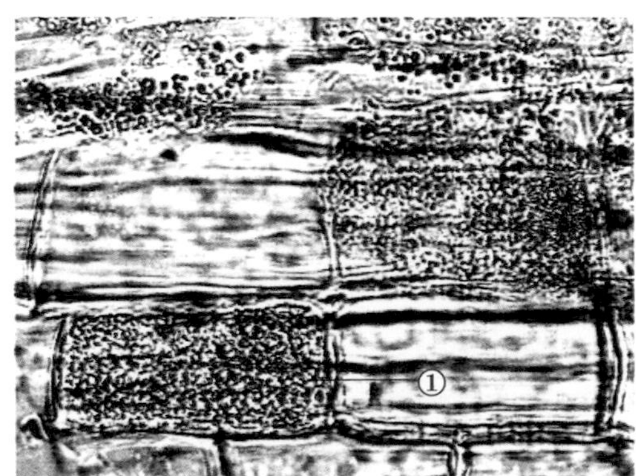

□ 鉤藤帶鉤莖枝的草酸鈣砂晶
① 砂晶

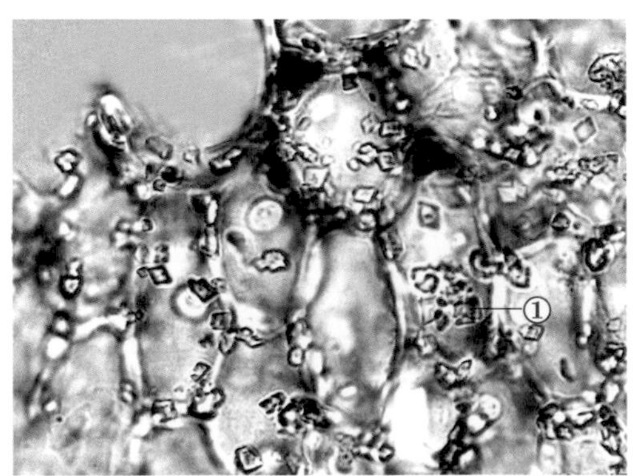

□ 草麻黃莖的草酸鈣砂晶
① 砂晶

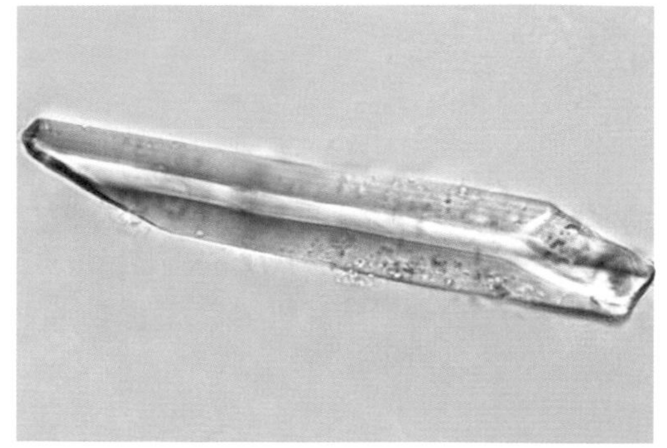

□ 射干根莖的草酸鈣柱晶

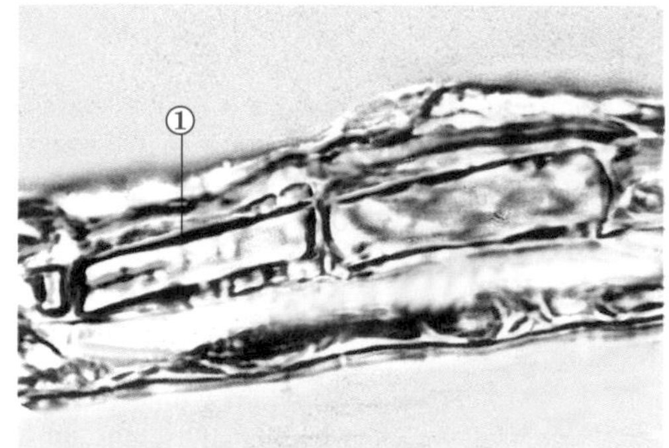

□ 淫羊藿地上部分的草酸鈣柱晶
① 柱晶

5. 碳酸鈣晶體

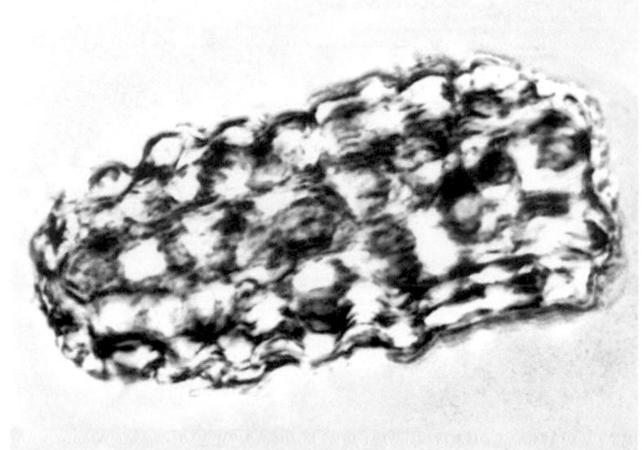

□ 馬藍根的鐘乳體

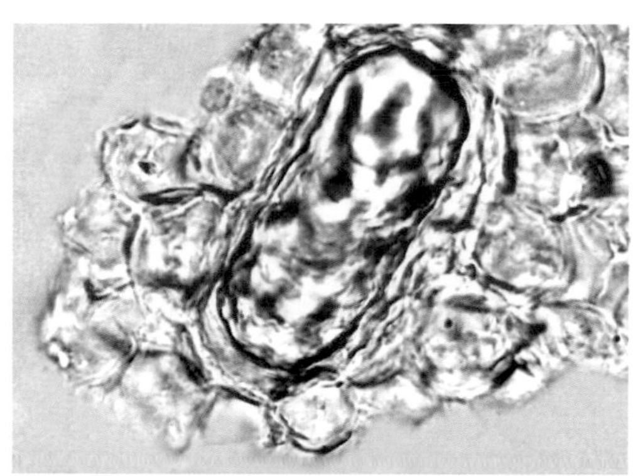

□ 穿心蓮地上部分的鐘乳體

6. 矽質塊

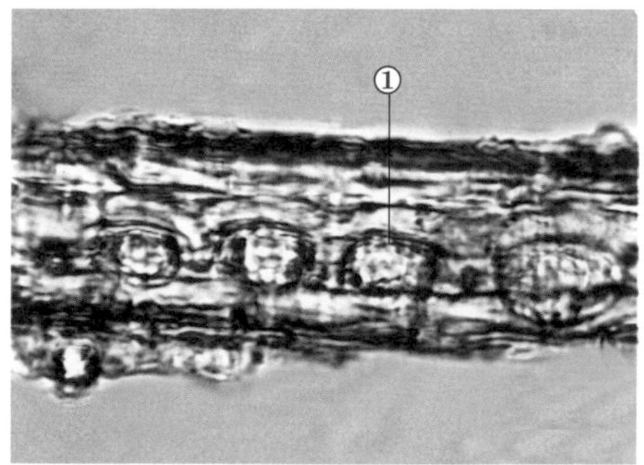

□ 金釵石斛莖的矽質塊
① 矽質塊

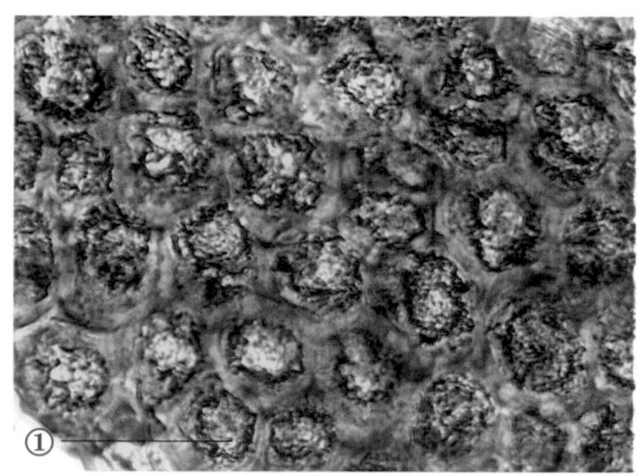

□ 白豆蔻果實的矽質塊
① 矽質塊

7. 菊糖

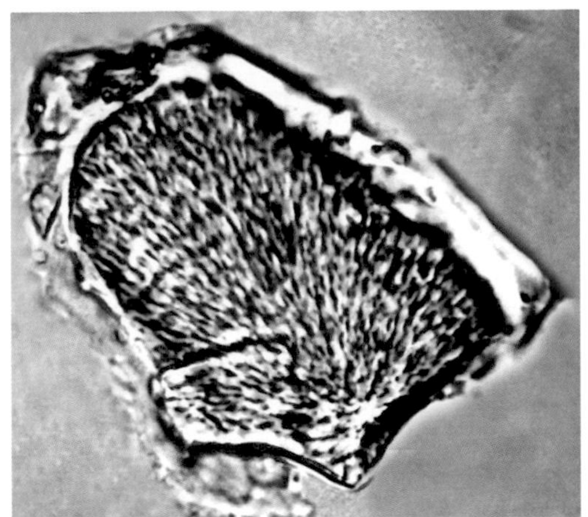

沙參根的菊糖

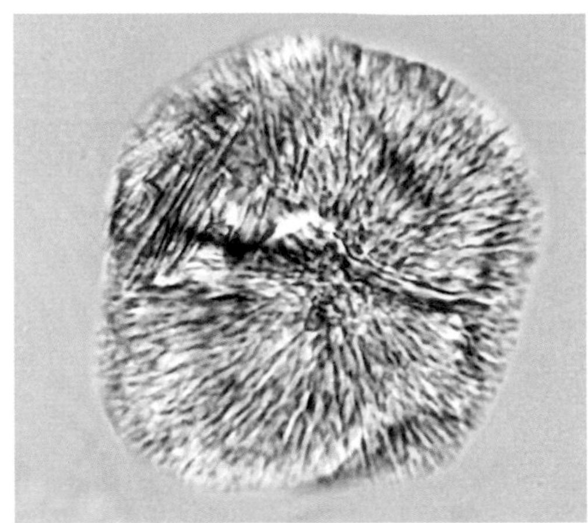

蒼朮根莖的菊糖

8. 橙皮苷結晶

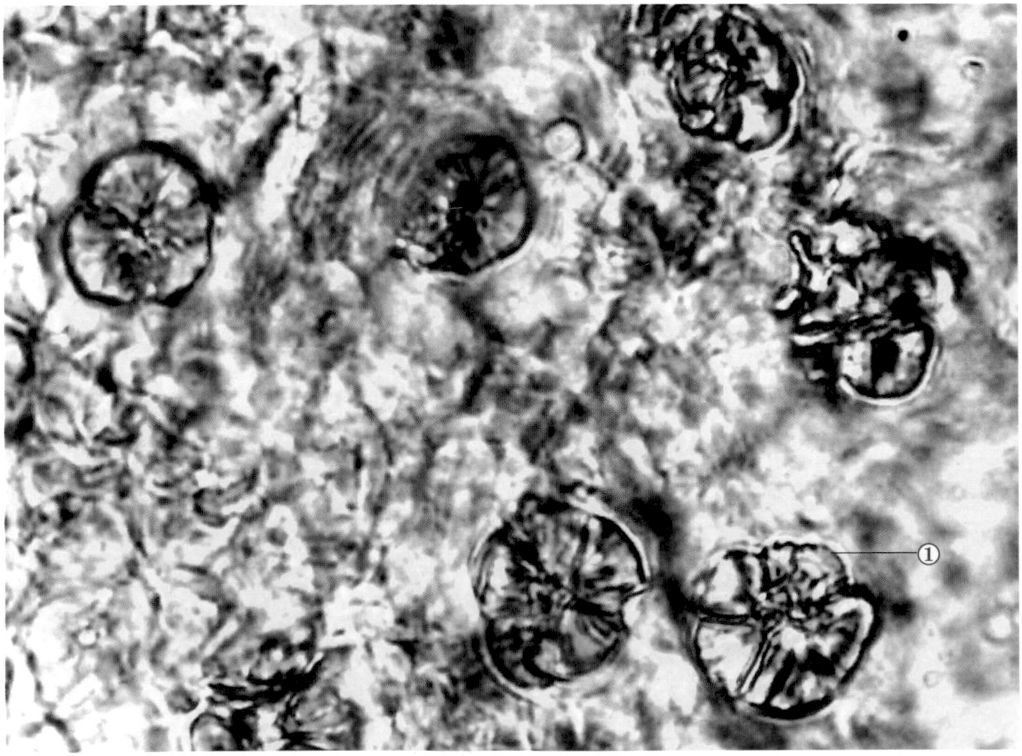

薄荷地上部分的橙皮苷結晶
①橙皮苷結晶

9. 其他晶體

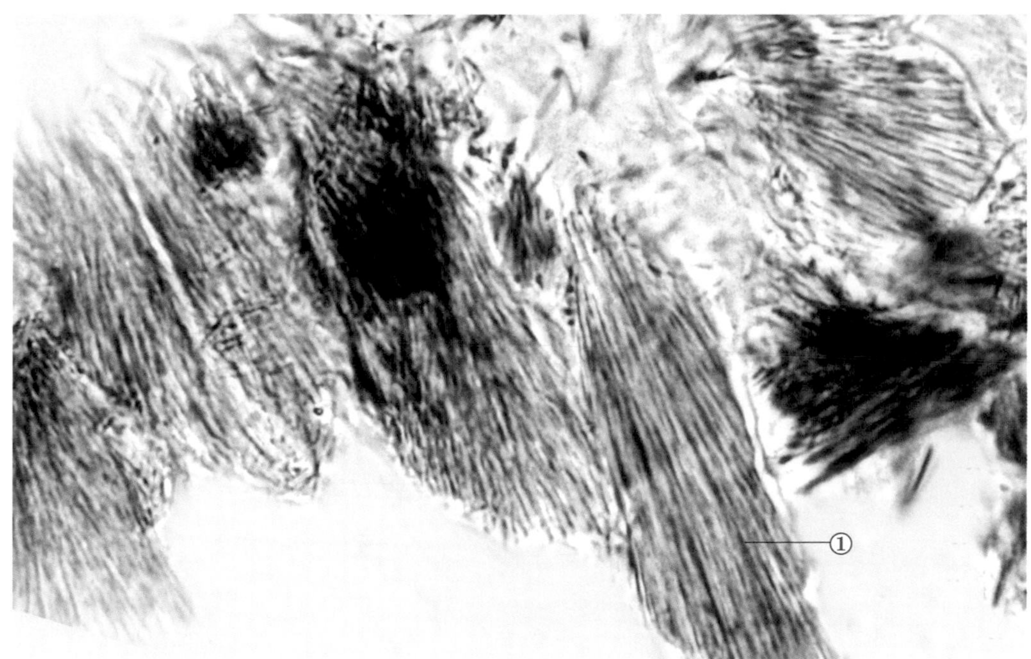

□ 槐花的芸香苷結晶

① 芸香苷結晶

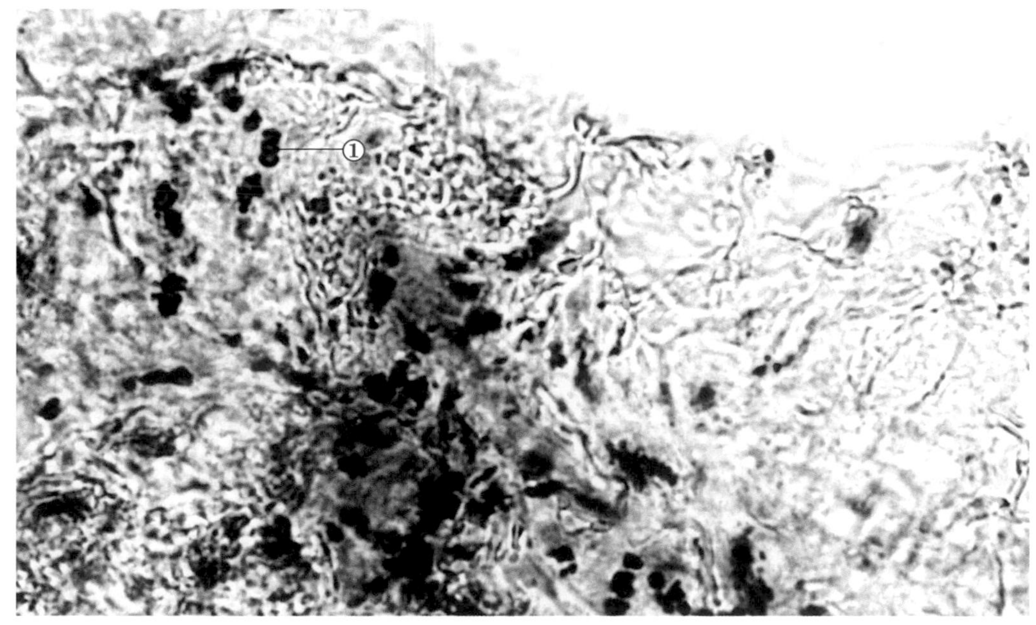

□ 菘藍葉的靛藍結晶

① 靛藍結晶

植物的組織

植物在生長發育過程中，細胞經過分裂、生長和分化，形成了不同的組織。植物組織是由許多來源相同、形態結構相似、功能相同而又彼此密切結合、相互聯繫的細胞組成的細胞群。根據形態結構和功能不同，通常將植物組織分為分生組織、薄壁組織、保護組織、機械組織、輸導組織、分泌組織六類。

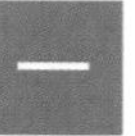

分生組織

分生組織是指能保持細胞分裂功能而不斷產生新細胞的細胞群。

1. 頂端分生組織

頂端分生組織是位於根、莖最頂端的分生組織，細胞排列緊密，質濃，核大，這部分細胞能較長期保持旺盛的分生能力，從而使根、莖不斷進行長度生長，使植物體不斷長高。

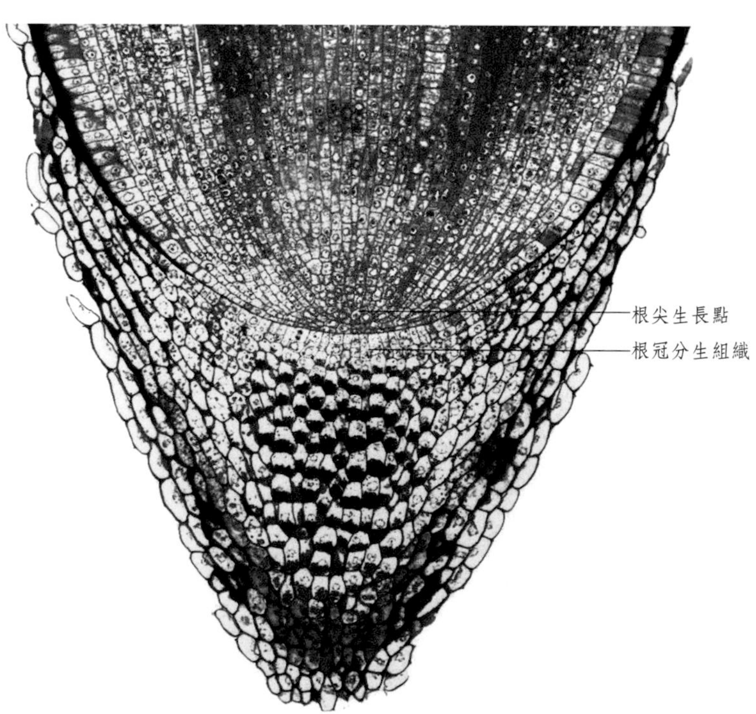

◘ 玉米根尖的分生組織（生長錐）

2. 居間分生組織

居間分生組織位於莖、葉、子房柄、花柄等成熟組織間，能保持一定時間的分裂與生長。

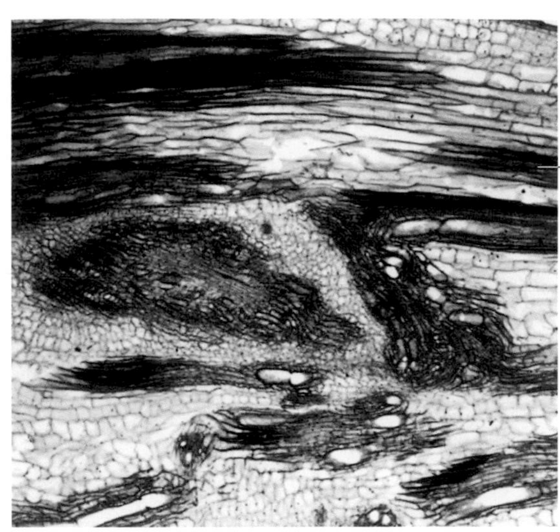

□ 玉米的居間分生組織（玉米的拔節正是居間分生組織的細胞旺盛地分裂和迅速生長的結果）

3. 側生分生組織

側生分生組織主要存在於裸子植物和雙子葉植物的根和莖內，包括形成層和木栓形成層，這些分生組織的活動可使根和莖加粗生長。

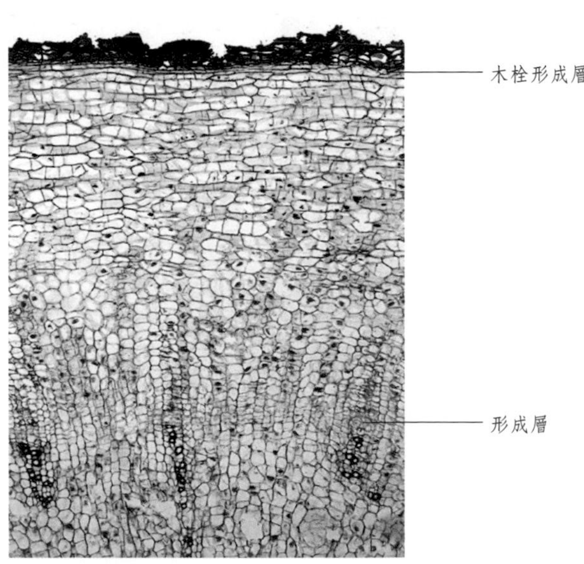

□ 白朮根莖的橫切面

二 薄壁組織

薄壁組織在植物體中分布最廣，是構成植物體最基本的部分，擔負著同化、貯藏、吸收、通氣等營養功能。薄壁組織細胞較大，排列疏鬆，具有細胞間隙。

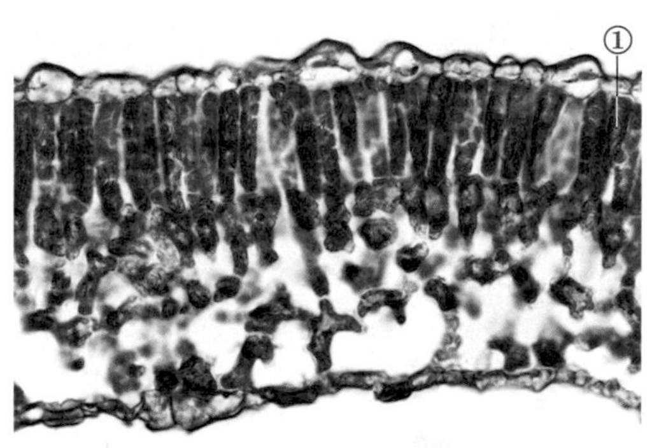

◻ 紫蘇葉的同化薄壁組織（含葉綠體，能進行光合作用）
① 葉綠體

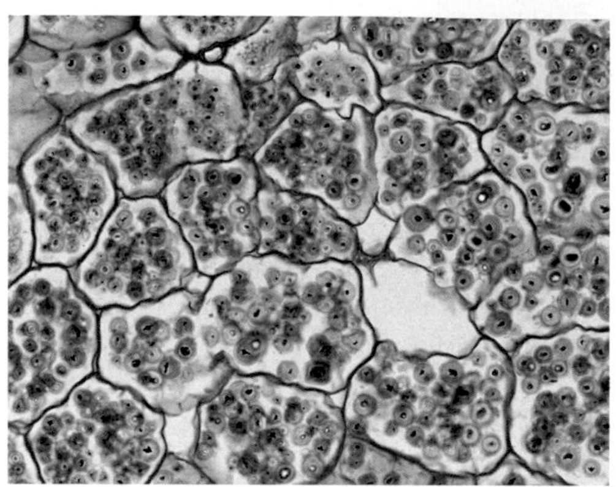

◻ 太子參塊根胚乳的貯藏薄壁組織（貯藏澱粉、蛋白質、脂肪、糖類等）

◻ 根毛的吸收薄壁組織（根毛從外界吸收水分和營養物質，經皮層再到輸導組織）
① 根毛

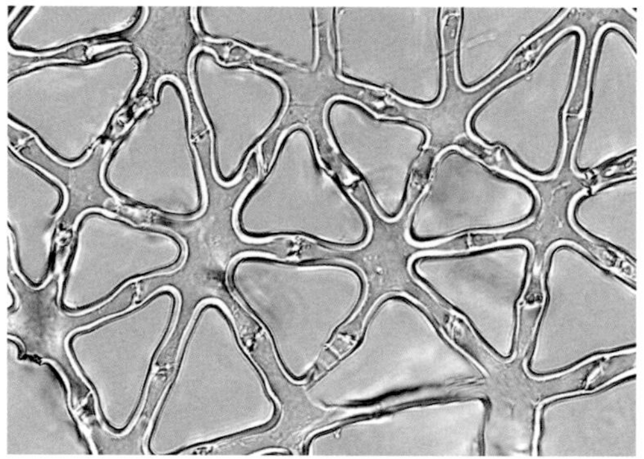

◻ 燈心草莖髓的通氣薄壁組織（細胞間隙發達，利於通氣）

三 保護組織

保護組織包被在植物各個器官的表面，由一層或數層細胞構成，保護著植物的內部組織，控制植物與環境進行氣體交換，減少水分的過分蒸散，防止病蟲的侵害及外界的機械損傷等。保護組織包括表皮和周皮。表皮進行氣體交換的通道是氣孔，雙子葉植物常見的氣孔軸式包括平軸式、直軸式、不等式、不定式、環式。此外，植物體表面還存在腺毛和非腺毛。

1. 表皮、周皮與落皮層

□ 山楂果實外側的表皮細胞

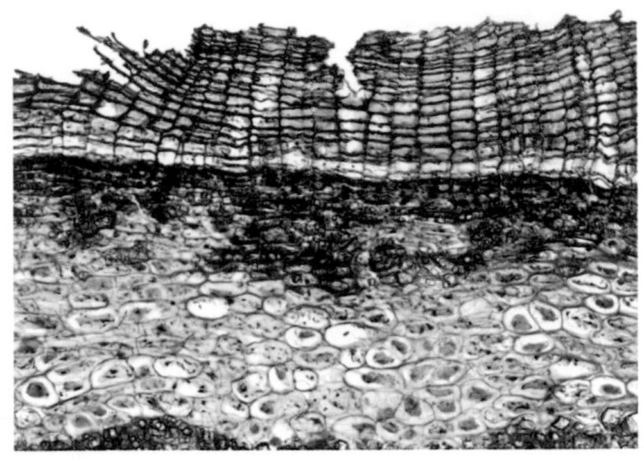

□ 木通莖外側的木栓細胞

□ 杜仲樹皮的落皮層（老周皮內的組織被新周皮隔離後逐漸枯死，這些周皮以及被它隔離的死亡組織的綜合體因常剝落，故稱落皮層）

□ 馬尾松樹皮落皮層的外觀

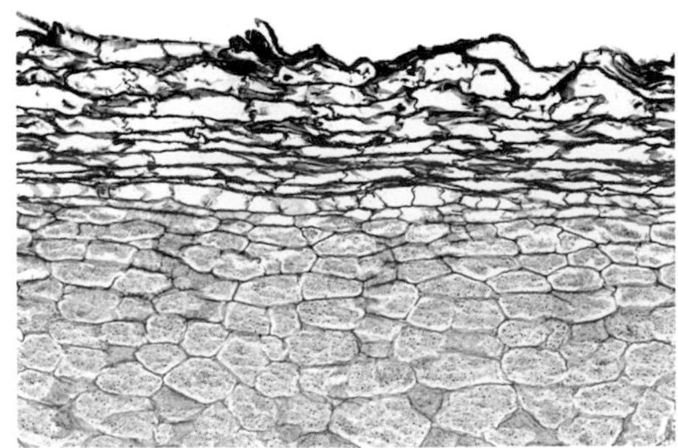

□ 烏頭子根的後生皮層（皮層外部細胞木栓化具保護作用）

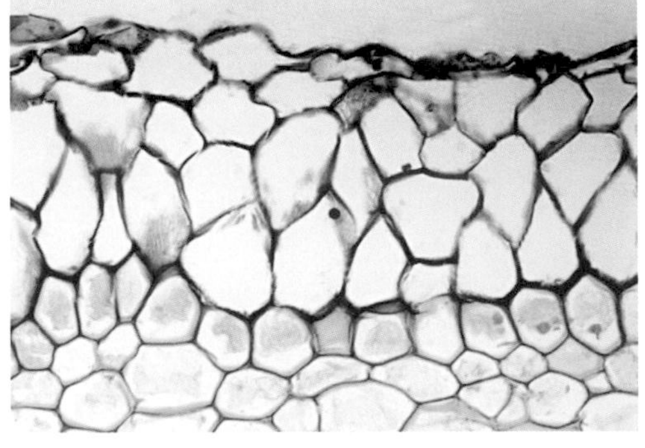

□ 百部塊根的根被（部分單子葉植物的根，其保護組織由分裂成多層細胞的表皮構成，且細胞壁木栓化）

棕紅色的丹參根表面（具保護作用的木栓細胞內含橙色或淡紫棕色物質，這些物質主要為紅色的結晶性菲醌化合物）

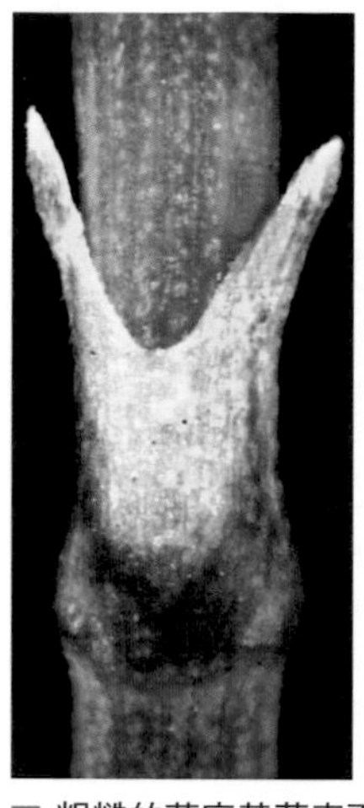

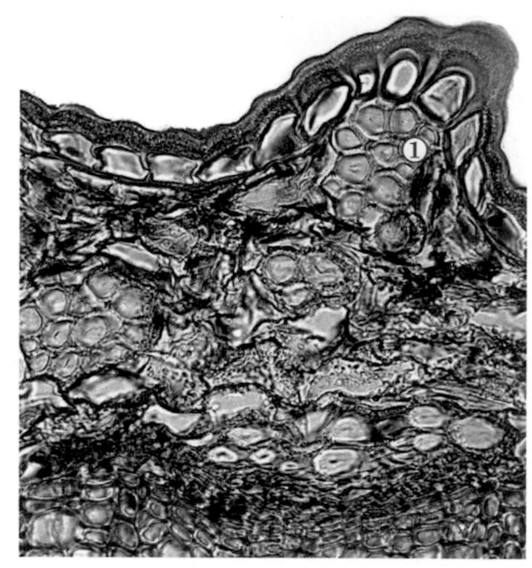

粗糙的草麻黃莖表面〔莖的縱棱線上有多數瘤狀突起（棱線處有非木化的下皮纖維束）〕
① 下皮纖維束

2. 皮孔

周皮形成時，原來位於氣孔下面的木栓形成層向外分生非栓質化的薄壁細胞，被稱為填充細胞。填充細胞數量增多，最終將表皮突破，形成圓形或橢圓形裂口，稱為皮孔。

肉桂樹皮的皮孔組織

3. 氣孔

氣孔是氣孔連同周圍的兩個保衛細胞的合稱。其中，氣孔是表皮上的孔隙，保衛細胞是圍繞孔隙的兩個特化且對合而成的細胞。氣孔多分布在葉片和幼嫩的莖枝上，並在表皮呈現散亂或成行分布。

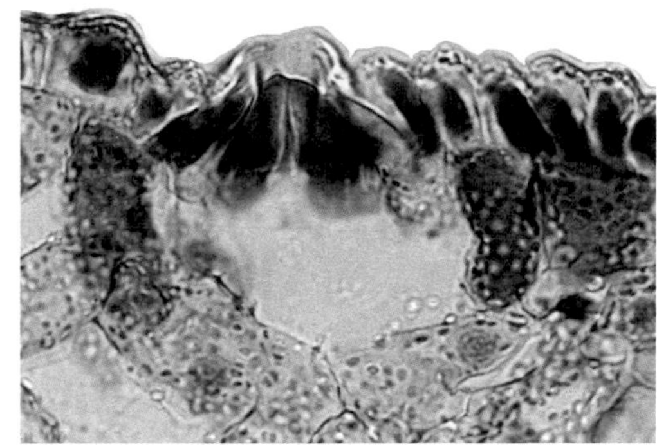

□ 裸子植物側柏葉的內陷型氣孔側面觀

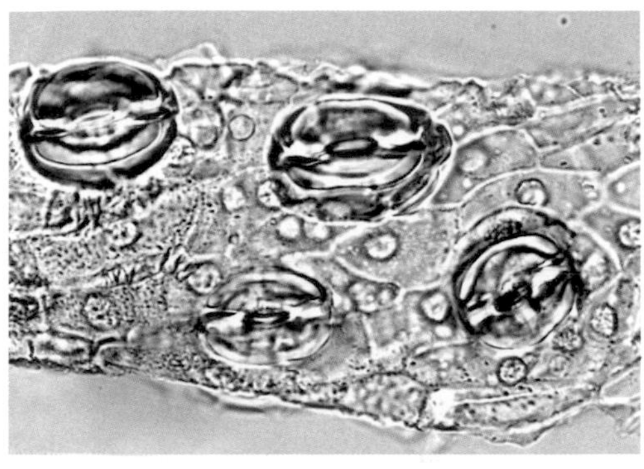

□ 裸子植物側柏葉的內陷型氣孔表面觀

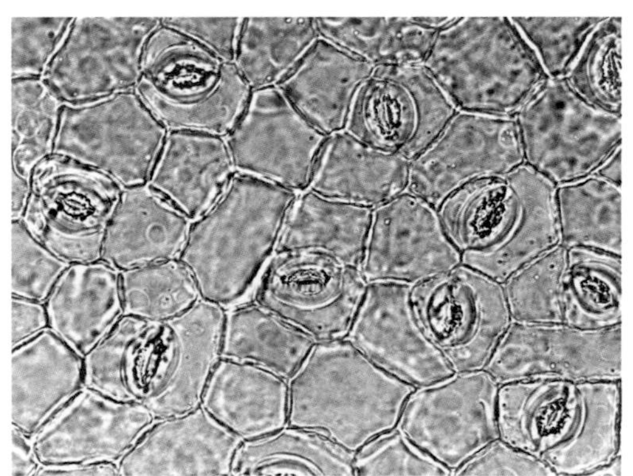

□ 雙子葉植物狹葉番瀉小葉的平軸式氣孔

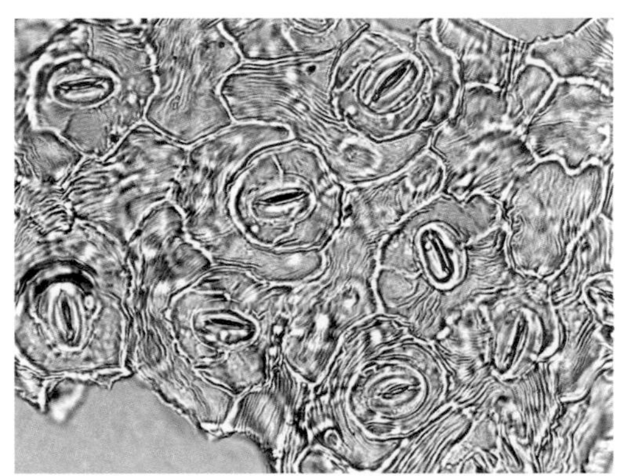

□ 雙子葉植物毛葉地瓜兒苗葉的直軸式氣孔

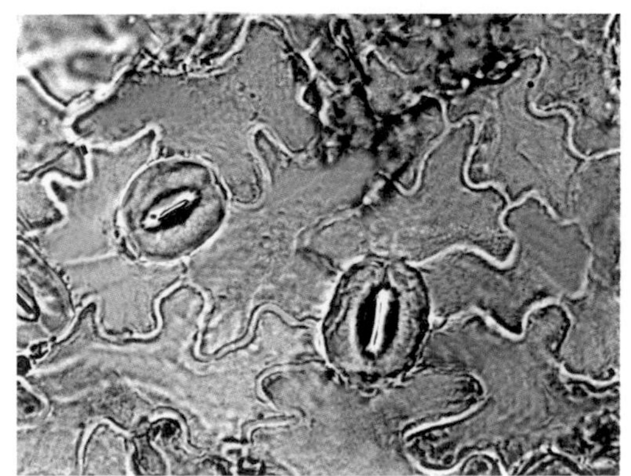

□ 雙子葉植物淫羊藿葉的不定式氣孔

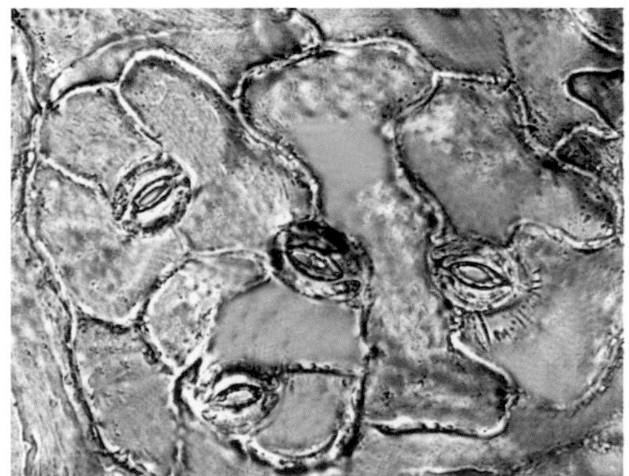

□ 雙子葉植物菘藍葉的不等式氣孔

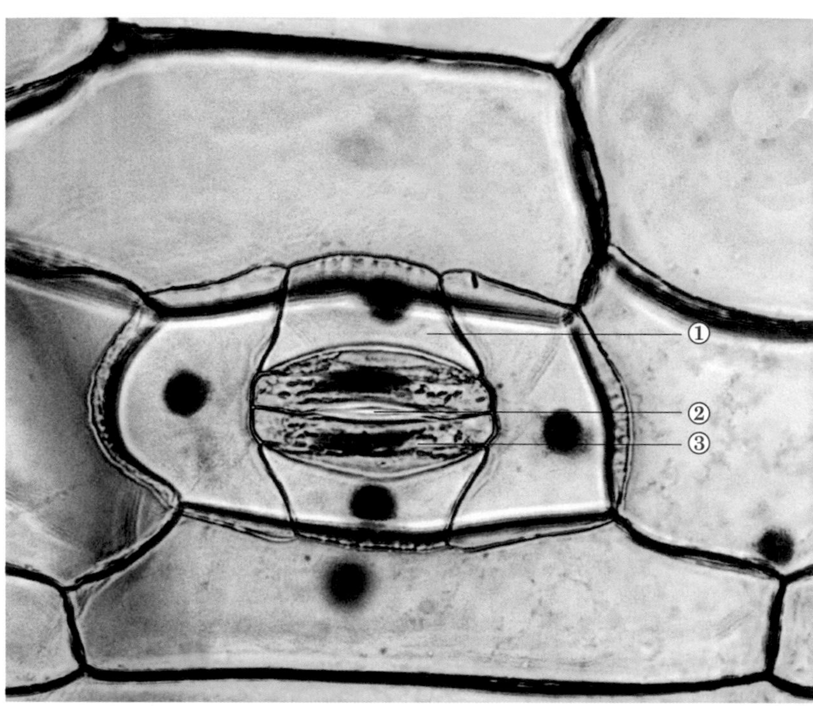

□
單子葉植物狹長的保衛細胞（它們好像並排的一對啞鈴，副衛細胞與保衛細胞平行）
① 副衛細胞
② 氣孔
③ 保衛細胞

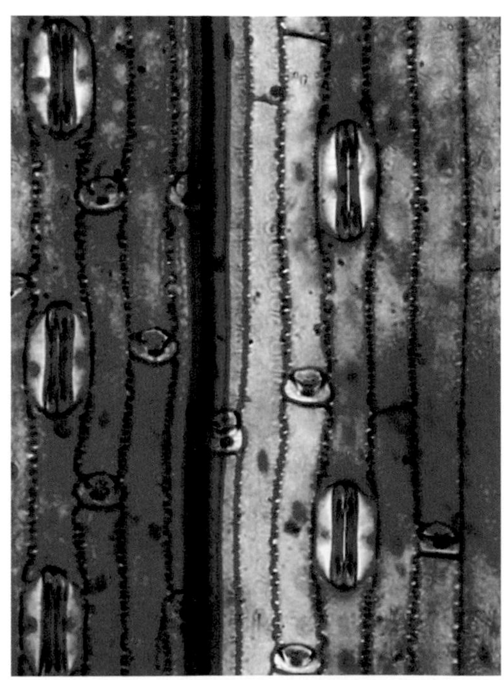

□ 單子葉植物小麥葉下表皮的氣孔

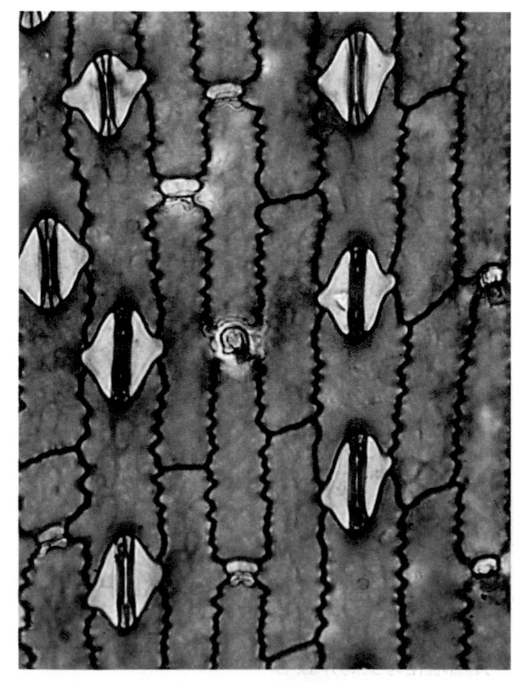

□ 單子葉植物玉米葉下表皮的氣孔

4. 毛被

□ 毛曼陀羅葉背葉脈上的腺毛

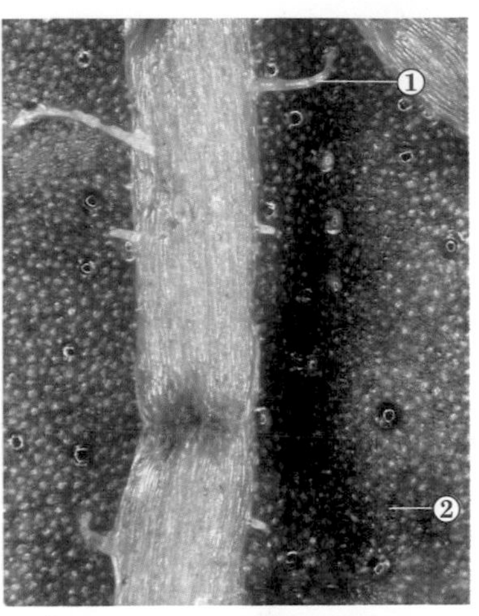

□ 薄荷葉背脈上的腺鱗和非腺毛
① 非腺毛 ② 腺鱗

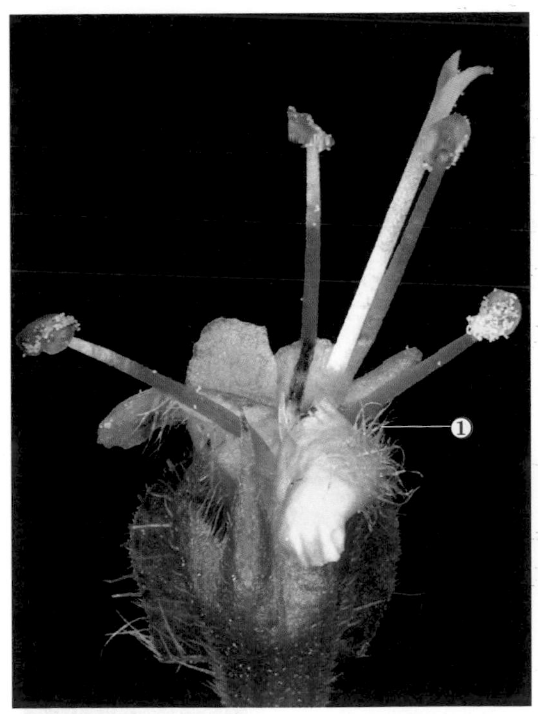

□ 九層塔花萼上的非腺毛
① 非腺毛

□ 錫葉藤葉片上的剛毛
① 剛毛體 ② 毛基盤

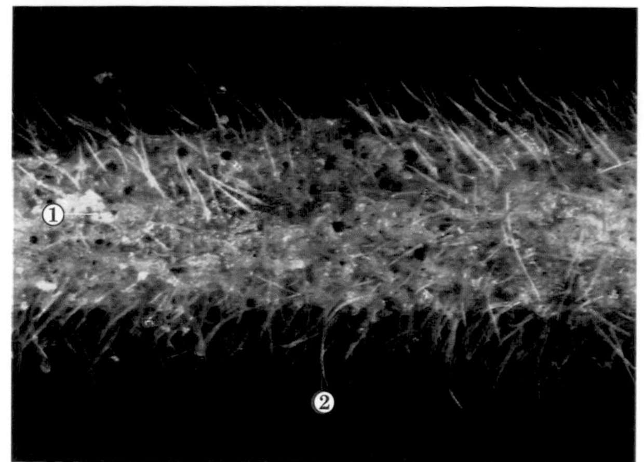

□ 忍冬花蕾花冠的腺毛和非腺毛
① 腺毛 ② 非腺毛

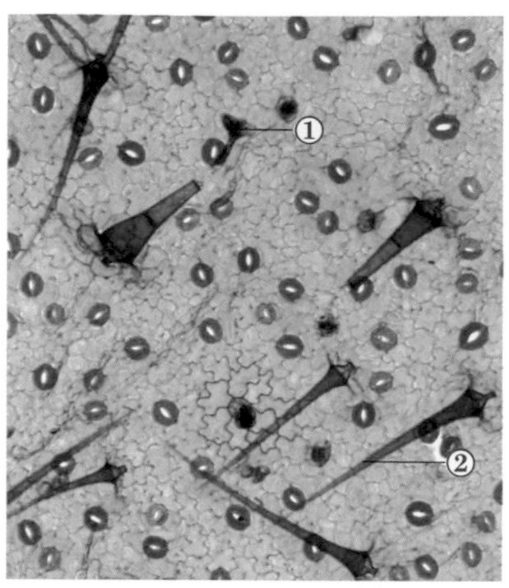

□ 天竺葵葉表皮的腺毛和非腺毛
① 腺毛 ② 非腺毛

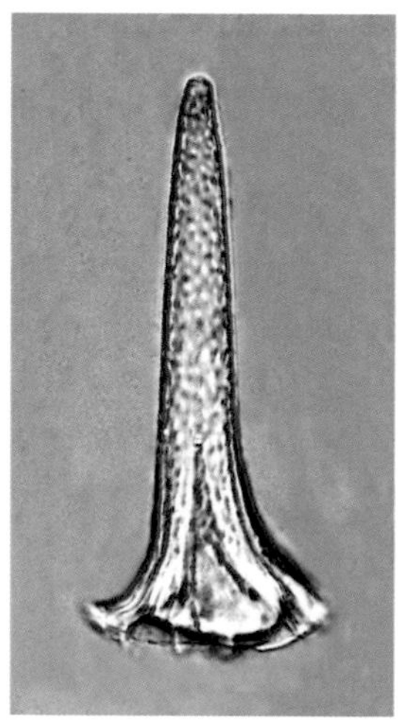

□ 穿心蓮地上部分的單細胞非腺毛

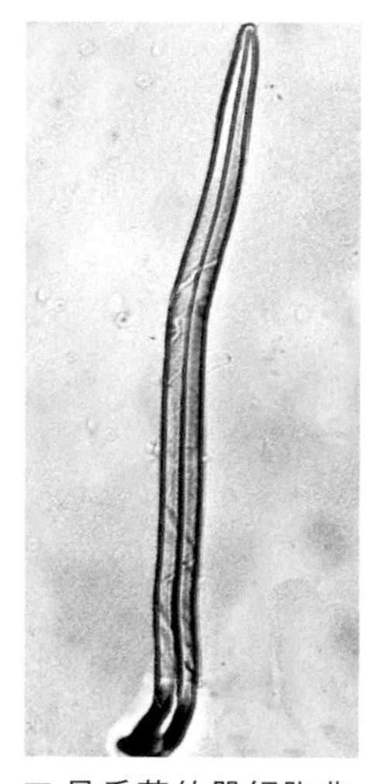

□ 月季花的單細胞非腺毛

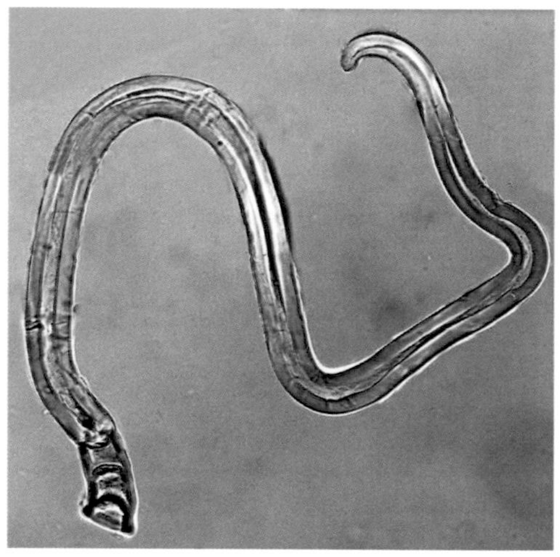

□ 柔毛淫羊藿地上部分的多細胞非腺毛

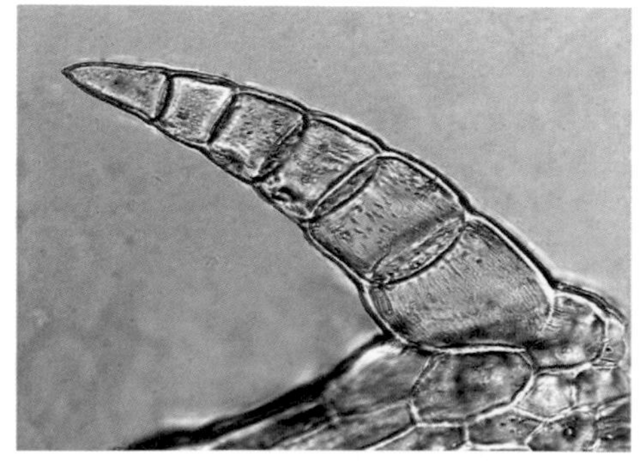

□ 線紋香茶菜地上部分的多細胞非腺毛

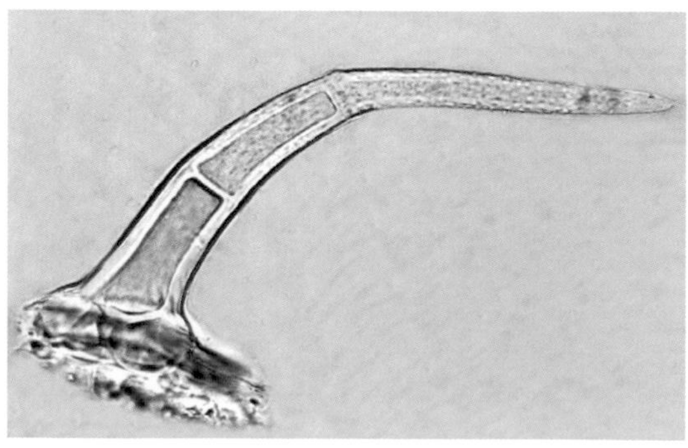

□ 荊芥花穗的多細胞非腺毛

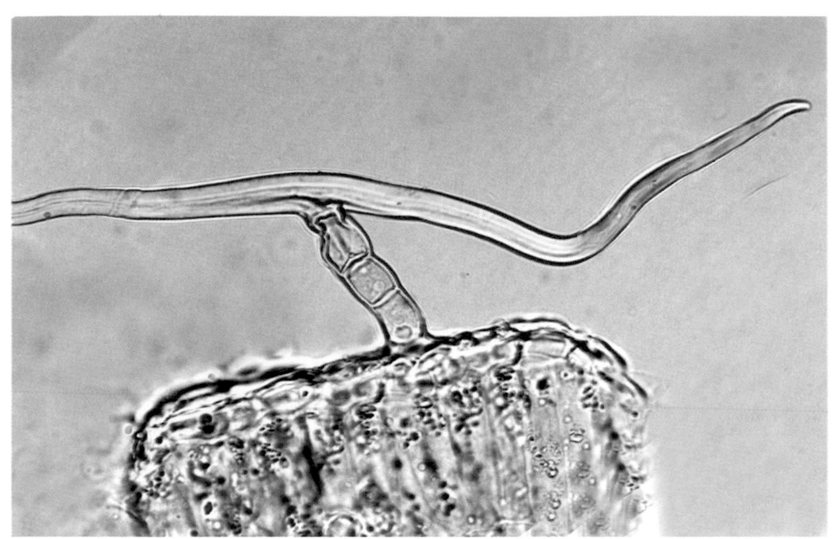

艾葉的多細胞丁字形非腺毛

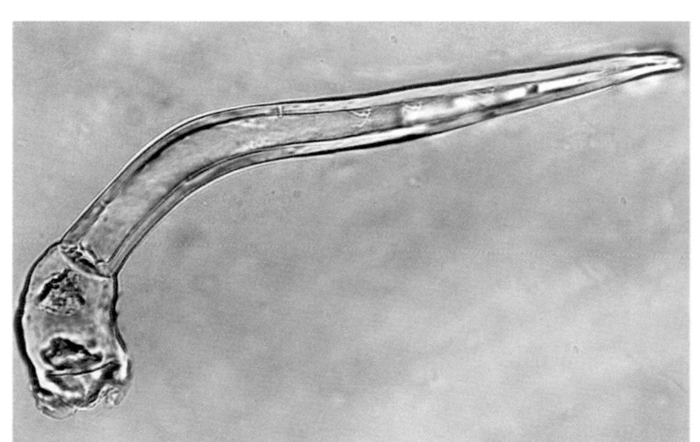

望春花花蕾的多細胞非腺毛

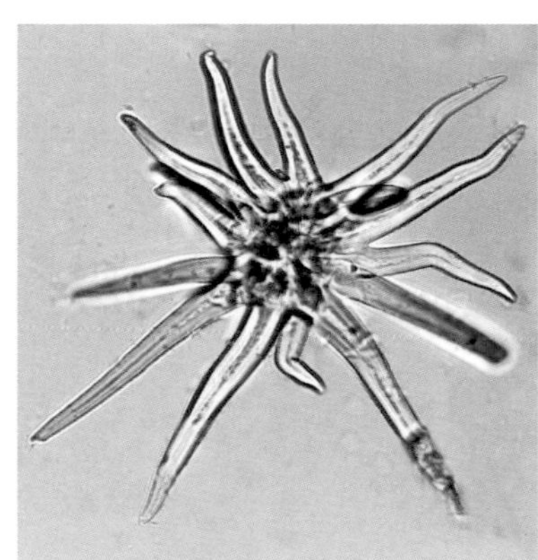

蜀葵葉的星狀非腺毛

四 機械組織

機械組織在植物體內具有鞏固和支持植物體的作用，其特點是細胞多為細長形，細胞壁全面或局部增厚。根據細胞的結構、形態及細胞壁增厚的方式，可分為厚角組織和厚壁組織。其中，厚壁組織主要有纖維和石細胞兩種類型。

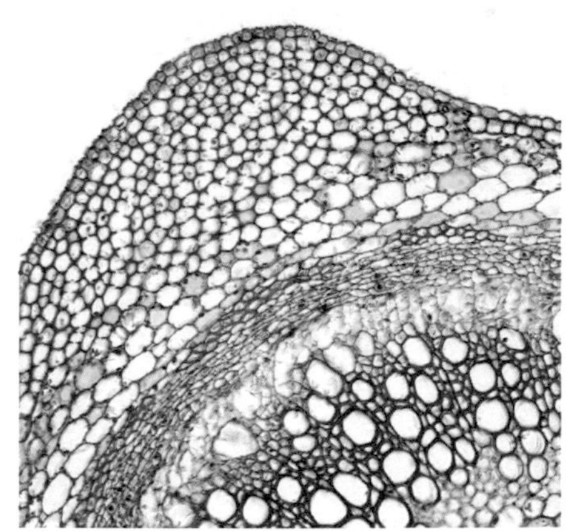

□ 廣藿香莖的厚角組織

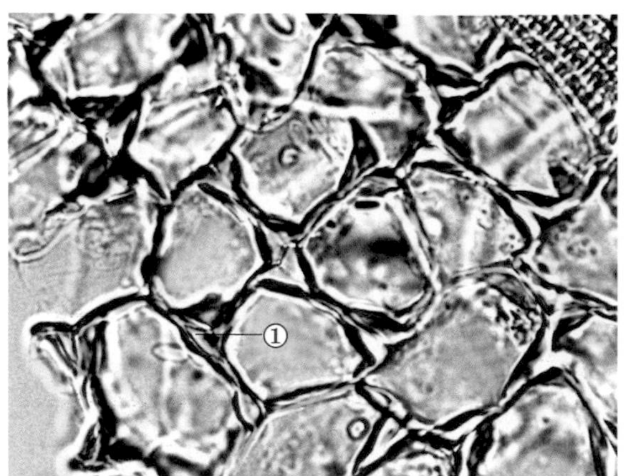

□ 葉下珠果實的厚角組織
① 細胞角隅加厚

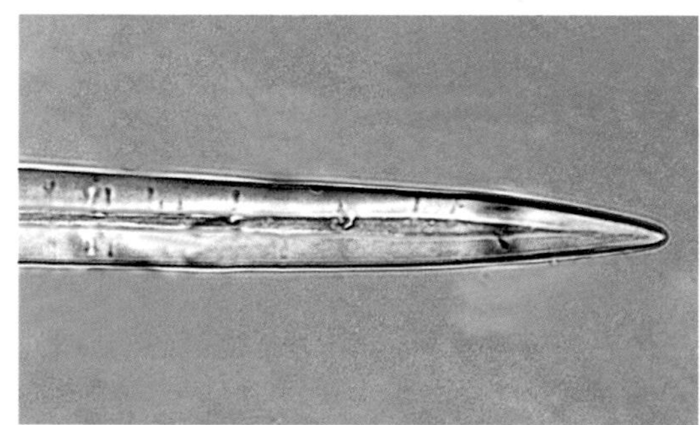

□ 馬藍根的韌皮纖維

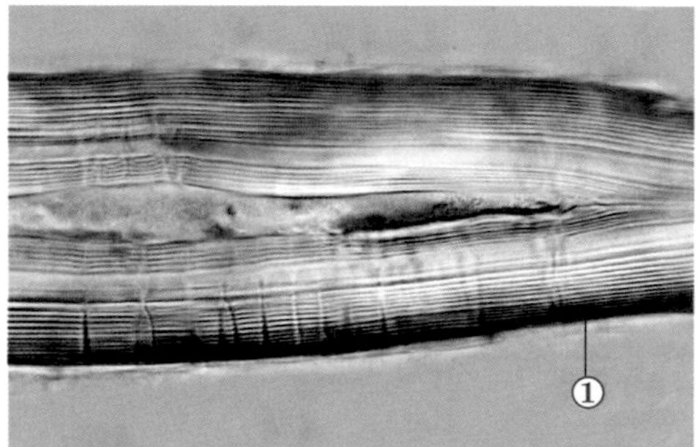

□ 白鮮根皮的韌皮纖維
① 加厚層紋

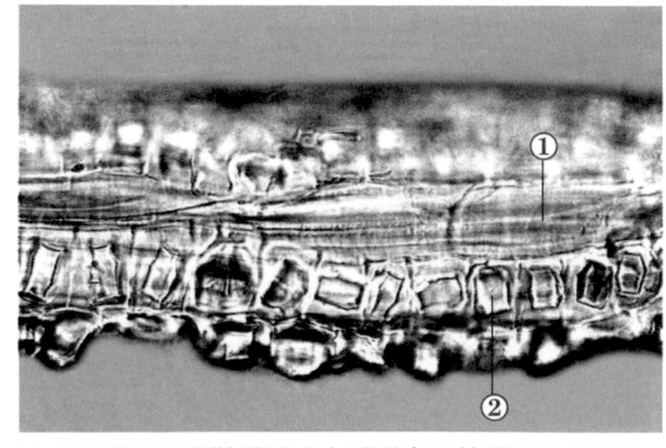

□ 甘葛藤根的晶鞘纖維（由纖維束及其外側包圍著的許多含有晶體的薄壁細胞所組成的複合體）
① 纖維 ② 草酸鈣方晶

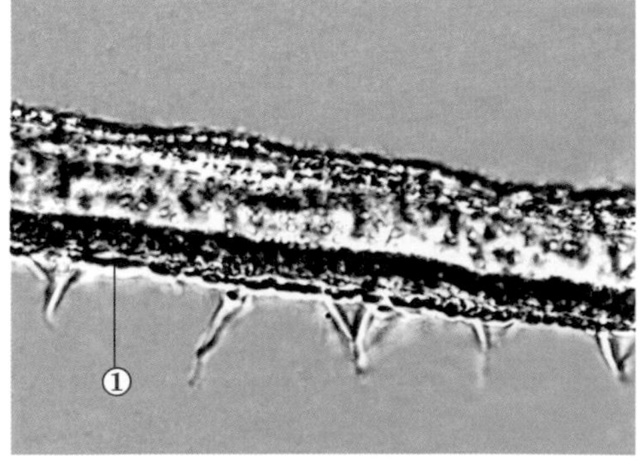

□ 草麻黃莖的嵌晶纖維（纖維細胞次生壁外層嵌有一些細小的草酸鈣方晶和砂晶）
① 草酸鈣砂晶

□ 柴胡根（其質地堅韌是因為其所含纖維組織較多）

□ 川牛膝根的「筋脈點」（即藥材組織內的纖維束或維管束）

① 筋脈點

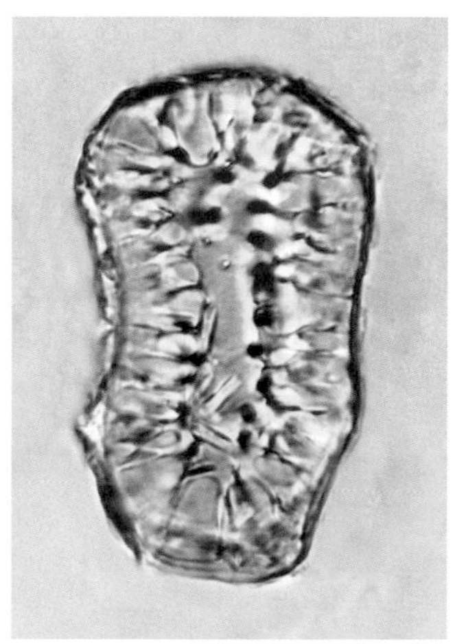

□ 白豆蔻果實的石細胞

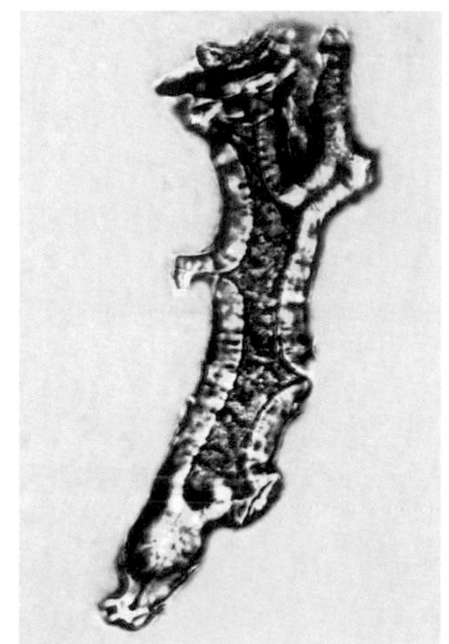

□ 茶葉的石細胞

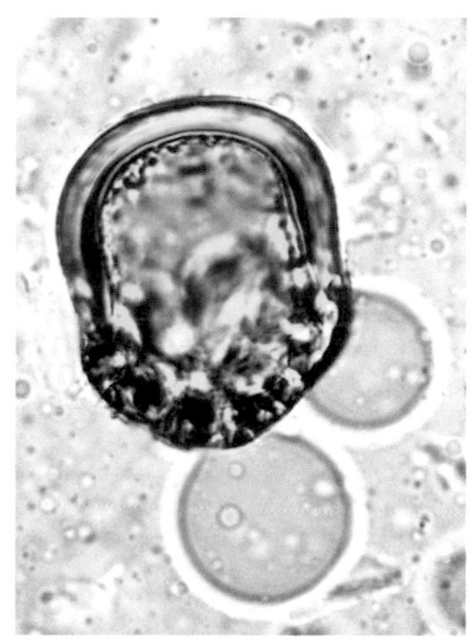

□ 郁李種子的石細胞

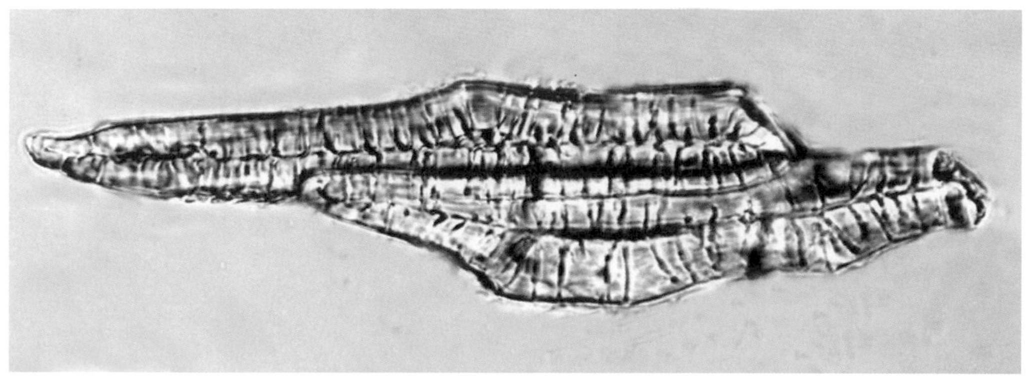

□ 丹參根的石細胞

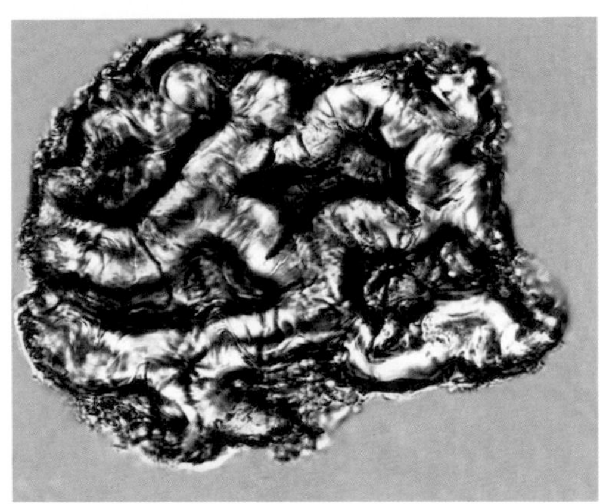

◻ 寧夏枸杞果實的含晶石細胞

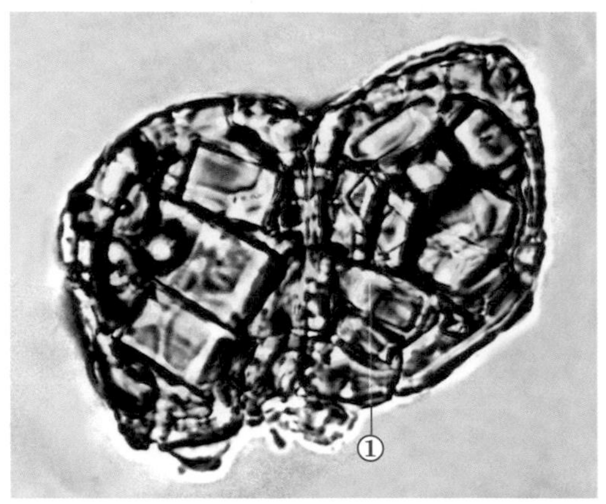

◻ 金果欖塊根的含晶石細胞
① 草酸鈣方晶

五 輸導組織

輸導組織是植物體內運輸水分和養料的組織，可分為兩類。一類是木質部中的導管和管胞，主要運輸水分和溶解於水中的無機鹽；另一類是韌皮部中的篩管、伴胞和篩胞，主要運輸溶解狀態的同化產物。

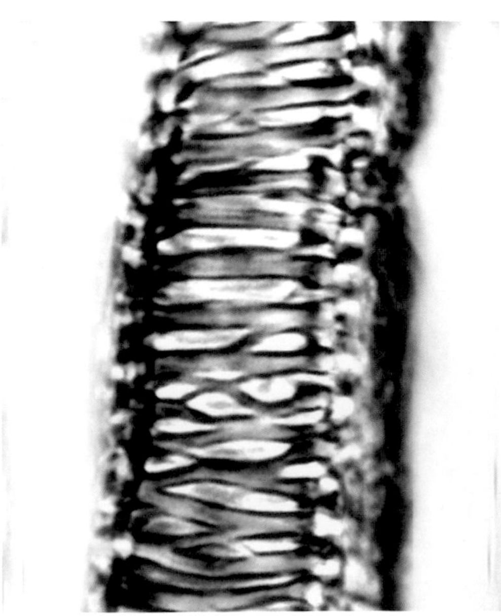

◻ 銀杏葉的梯紋管胞

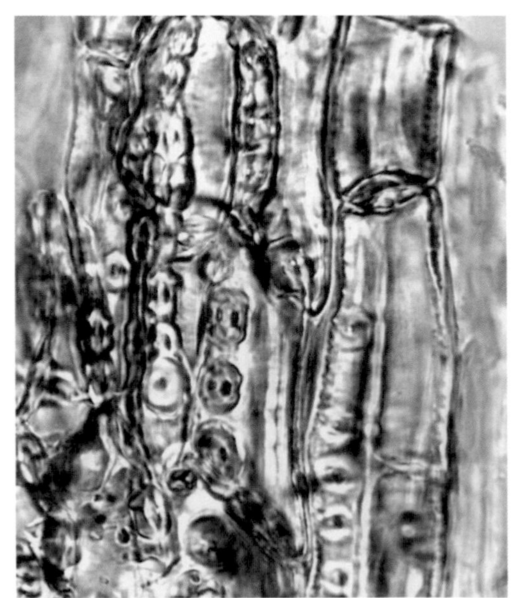

◻ 側柏葉的管胞

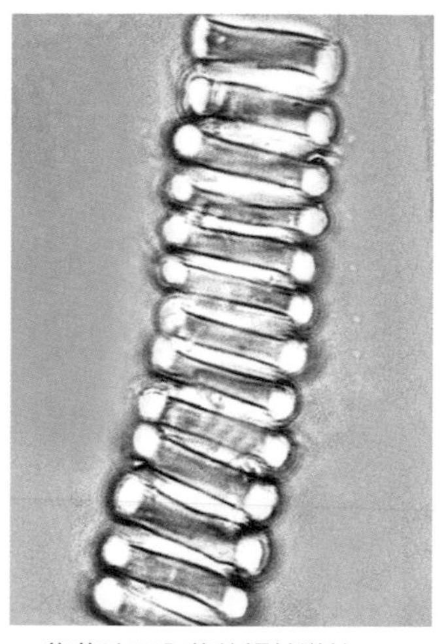
□ 紫花地丁全草的螺紋導管

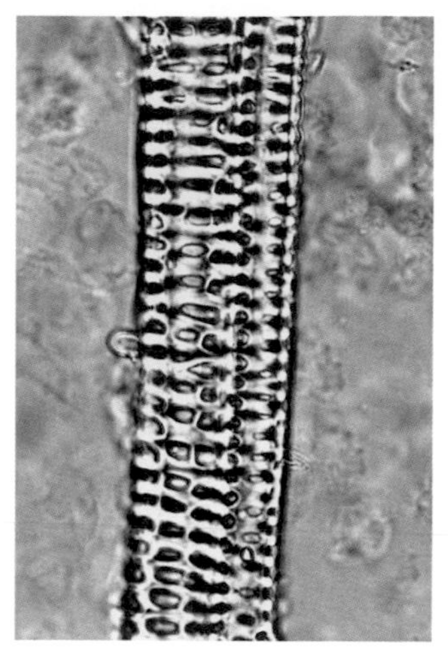
□ 人參根的網紋導管

□ 天麻塊莖的梯紋導管

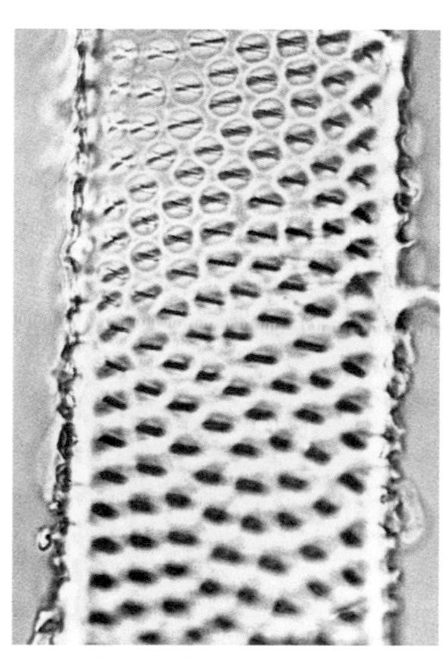
□ 紫蘇莖的具緣紋孔導管

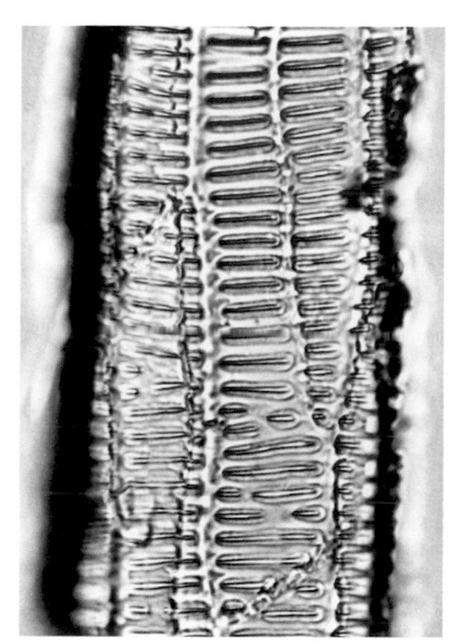
□ 菝葜根莖的梯狀具緣紋孔導管

六 分泌組織

某些植物細胞能合成一些特殊的有機物或無機物，並把它們排出體外、細胞外或積累於細胞內，這種現象稱為分泌現象。能分泌某些特殊物質的細胞稱為分泌細胞。由分泌細胞所構成的組織稱為分泌組織。分泌細胞所排出的分泌物是積累在植物體內還是排出體外，把分泌組織分為外部分泌組織和內部分泌組織。

1. 外部分泌組織

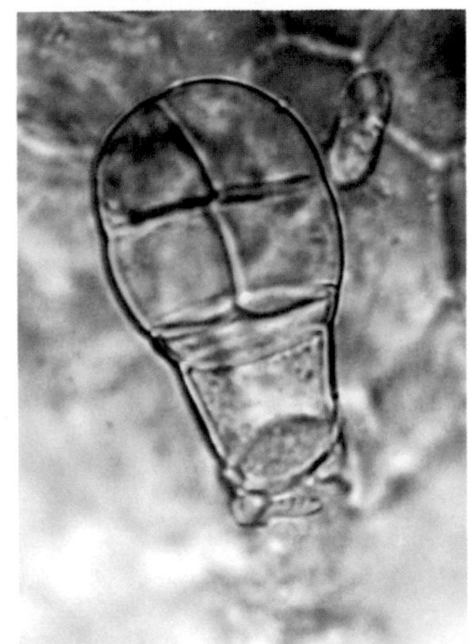

□ 絞股藍全草的腺毛

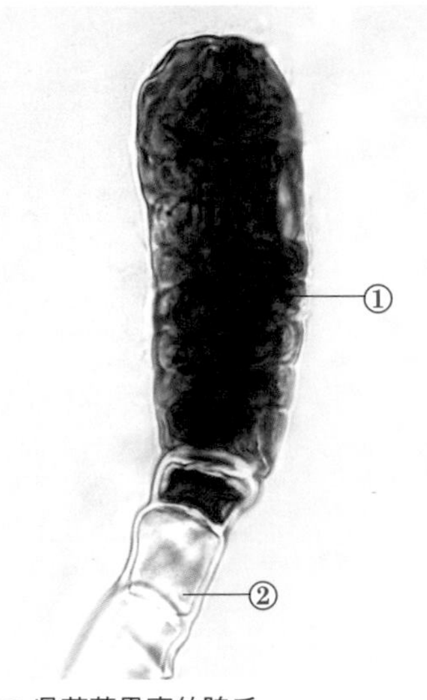

□ 吳茱萸果實的腺毛
① 頭部 ② 腺柄

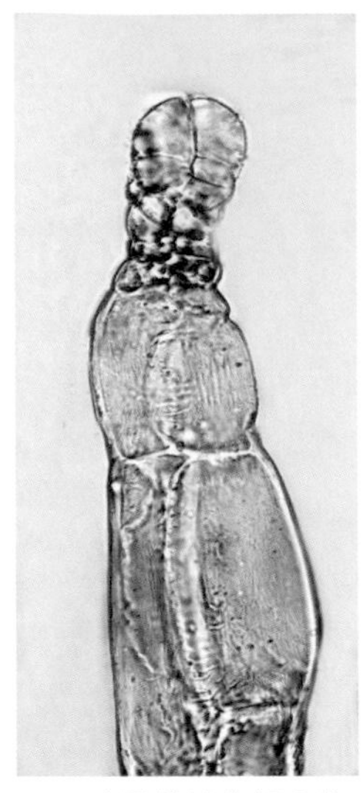

□ 天山雪蓮地上部分的腺毛

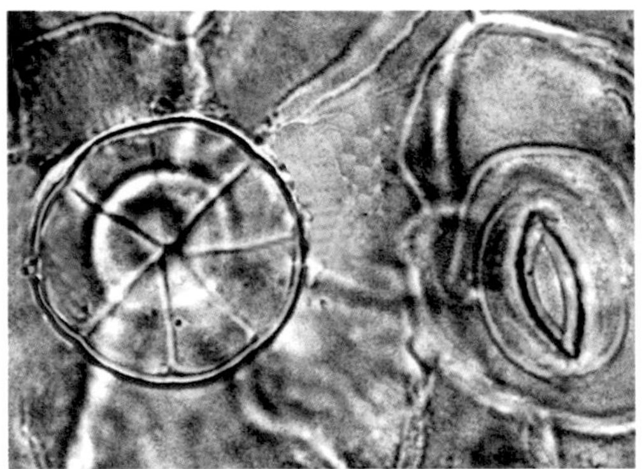

□ 穿心蓮地上部分的腺鱗

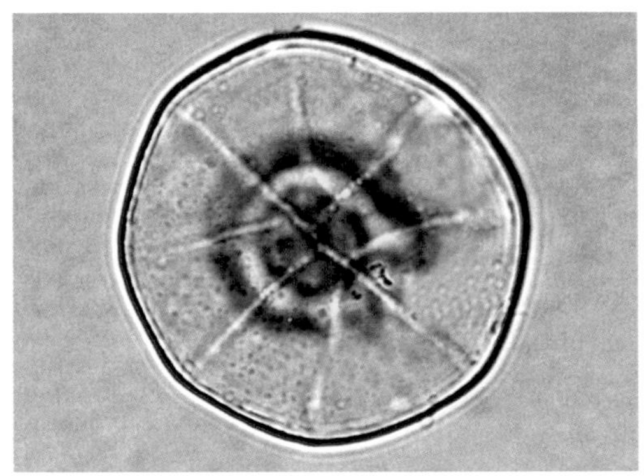

□ 紫蘇葉的腺鱗

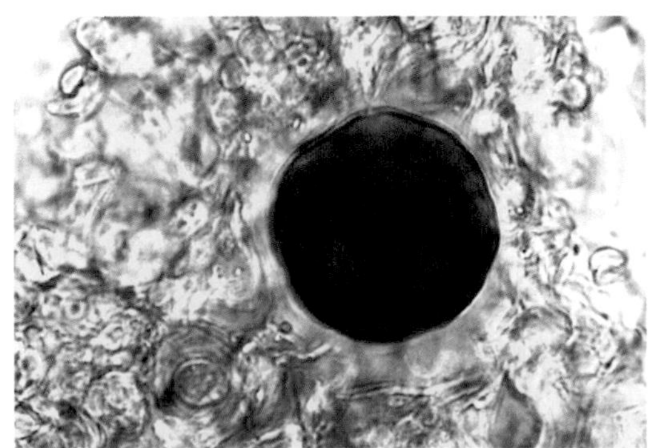

□ 線紋香茶菜地上部分的腺鱗

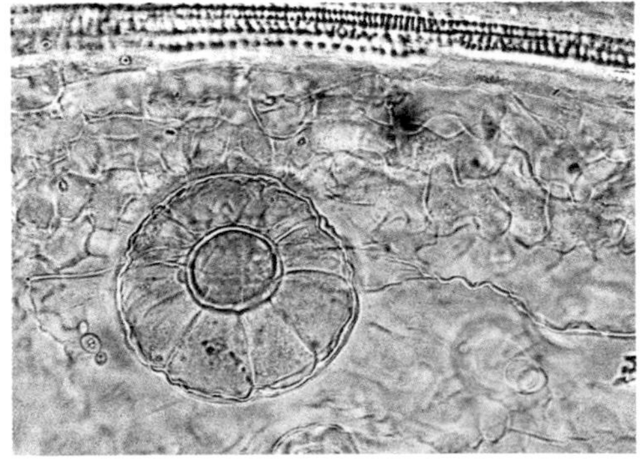

□ 荊芥花穗的腺鱗

2. 內部分泌組織

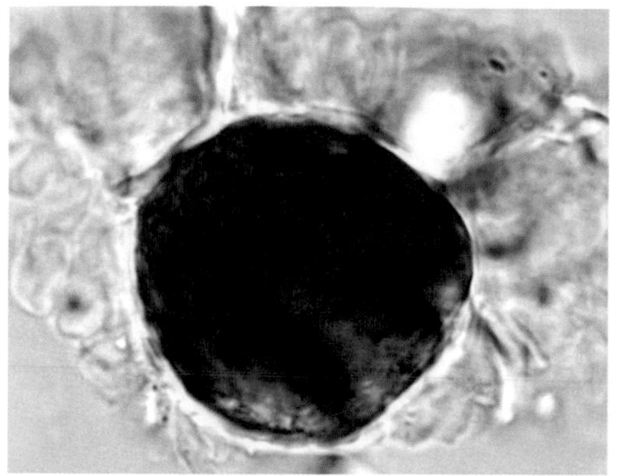

□ 石菖蒲根莖的油細胞

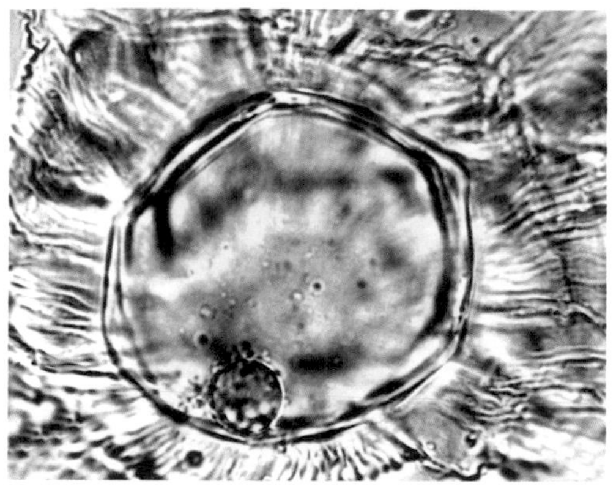

□ 蕺菜（魚腥草）地上部分的油細胞

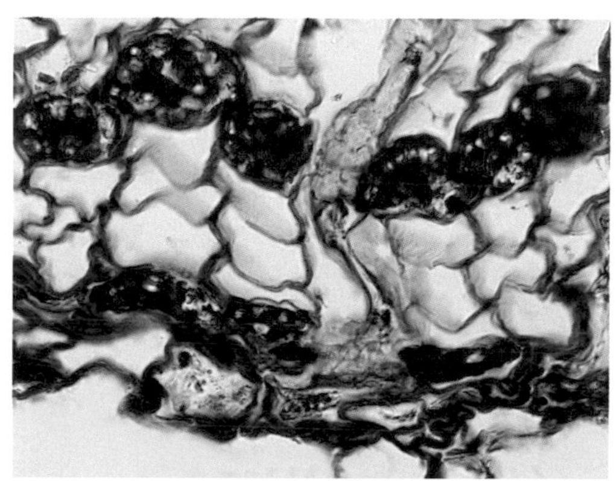

□ 金錢松根皮橫切面的樹脂細胞

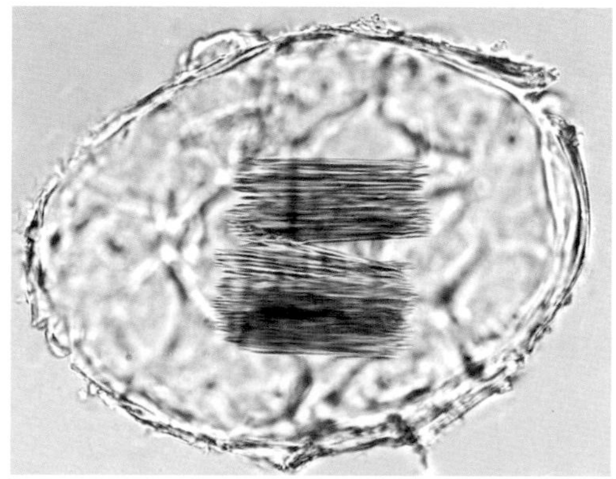

□ 知母根莖的黏液細胞

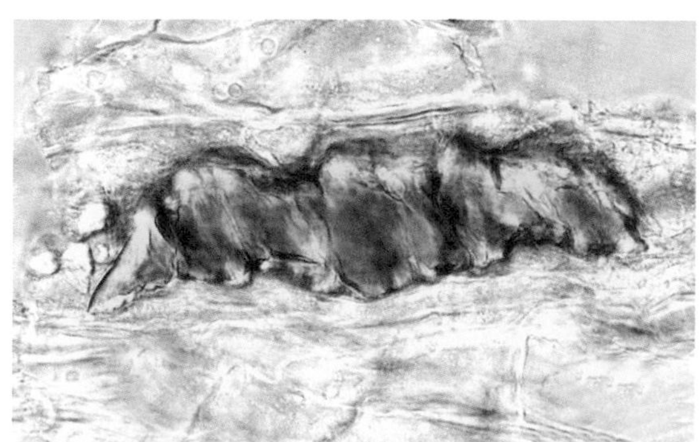

□ 西洋參根的樹脂道

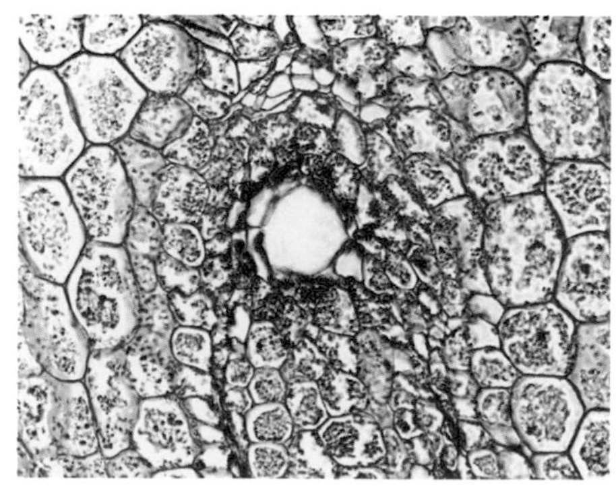

□ 三七根橫切面的樹脂道

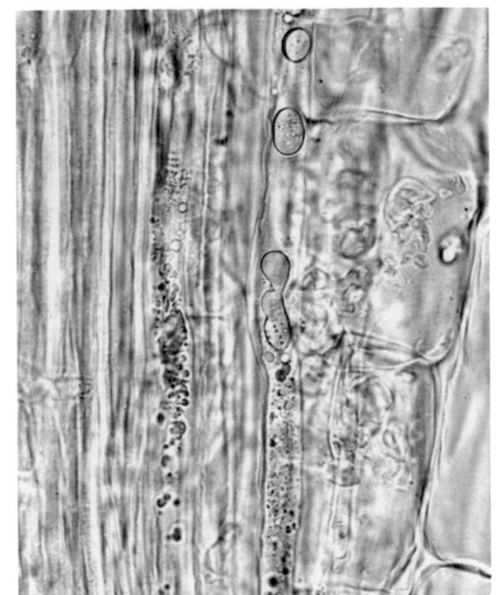

□ 蒲公英全草的乳汁管

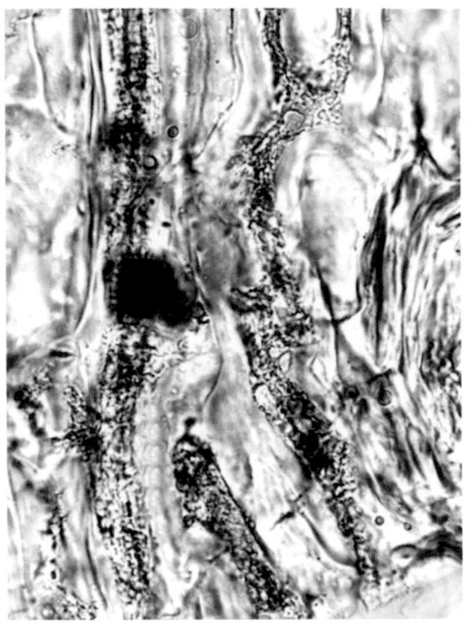

□ 沙參根的乳汁管

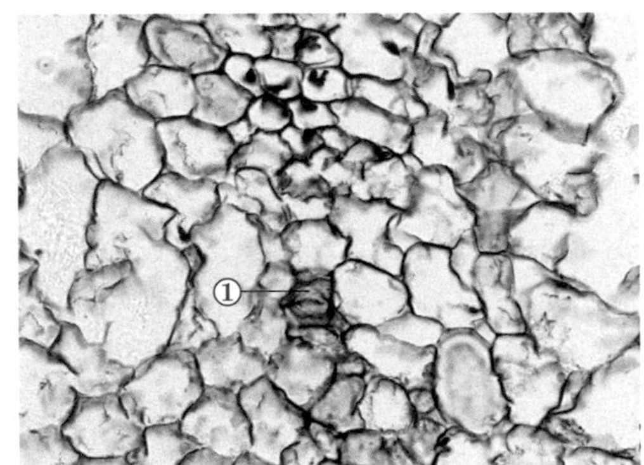

□ 桔梗根橫切面的乳汁管
① 乳汁管

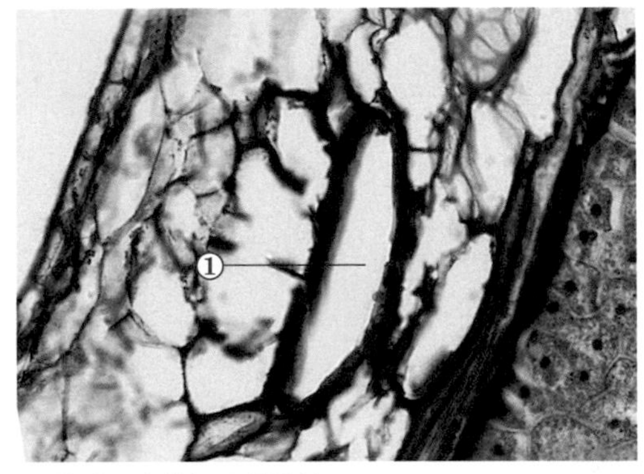

□ 茴香果實橫切面的油管
① 油管

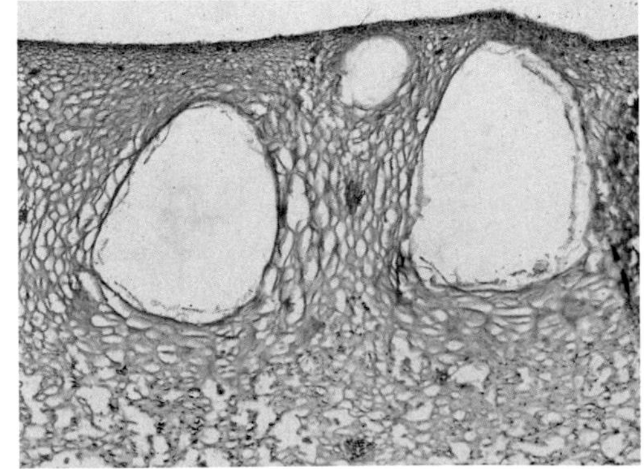

□ 橘果皮的溶生式分泌腔

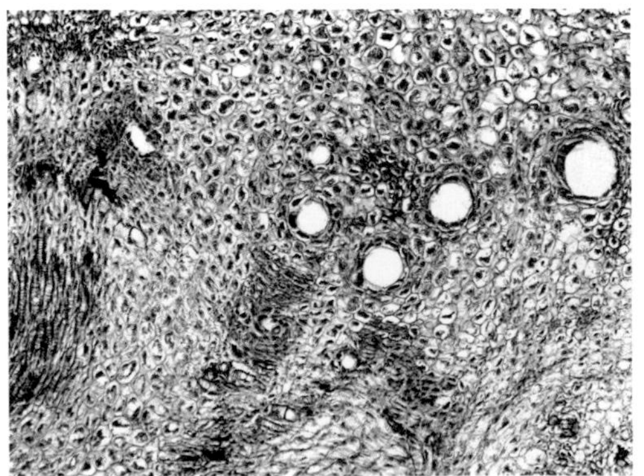

□ 川芎根莖的裂生式分泌腔

3. 蜜腺與腺點

蜜腺體是植物特殊的一類外部分泌組織，它能向外分泌蜜汁。蜜腺形狀各異，呈突起、扁點、小槽、喇叭狀或瘤瘤狀等。一般位於花瓣、花萼、子房、花柱的基部或花盤上，稱為花蜜腺，以便吸引昆蟲來授粉。有的蜜腺生長在托葉、葉片、葉腋、花柄等處，稱為花外蜜腺，可吸引螞蟻、蜘蛛、寄生蜂等，有防禦害蟲等作用。

腺點是植物特殊的一類內部分泌組織，分泌揮發油、樹脂等物質，常分布於葉片、苞片或花瓣上，呈肉眼可見透明點或色點。一些植物的腺點則是用於固定空氣中的氮，如香港大沙葉的葉上散布固氮菌瘤，它和根瘤有相同的作用。

蜜腺和腺點是植物適應生存環境而表現出的功能進化。

餘甘子花盤上的蜜腺

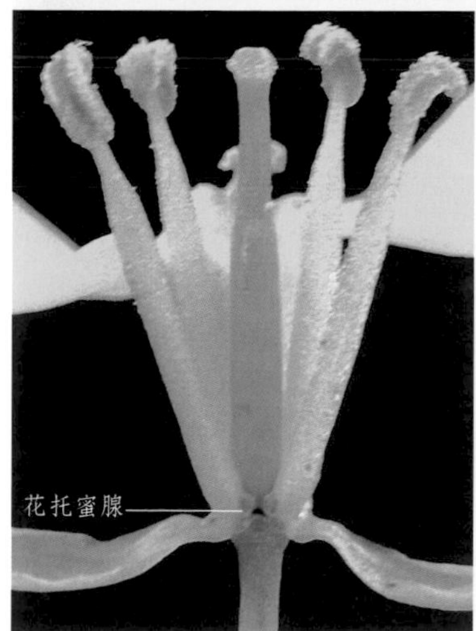

歐洲油菜花托上的蜜腺

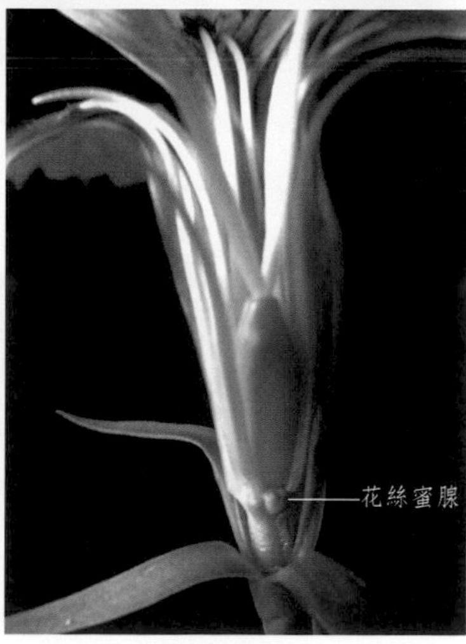

石竹花絲基部的蜜腺

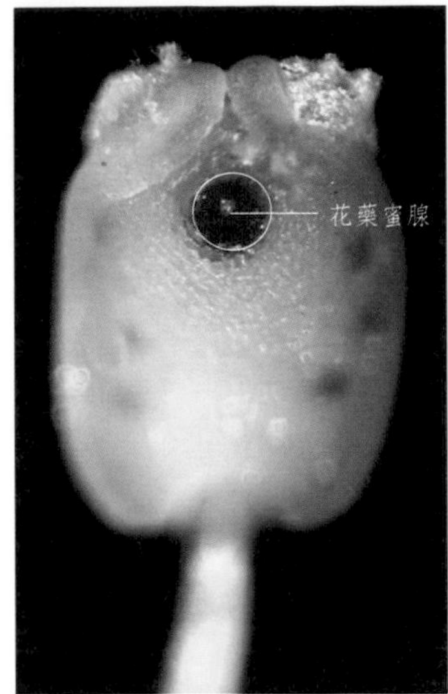

□ 多花蒲桃花藥上的蜜腺

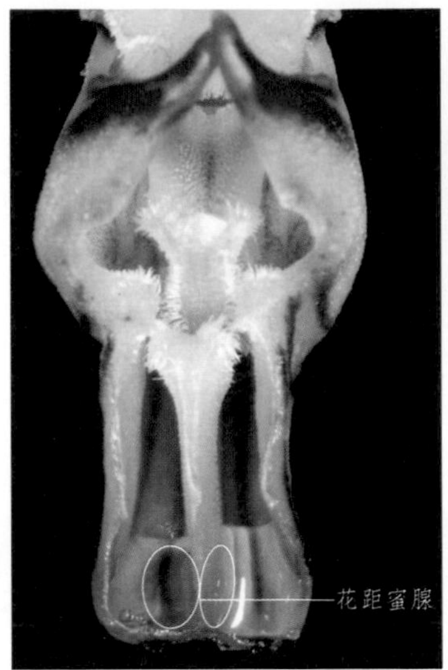

□ 廣東隔距蘭花距內的蜜腺

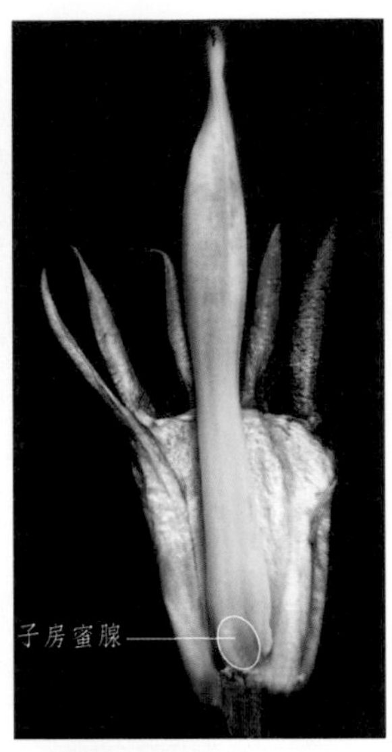

□ 龍膽子房基部的蜜腺

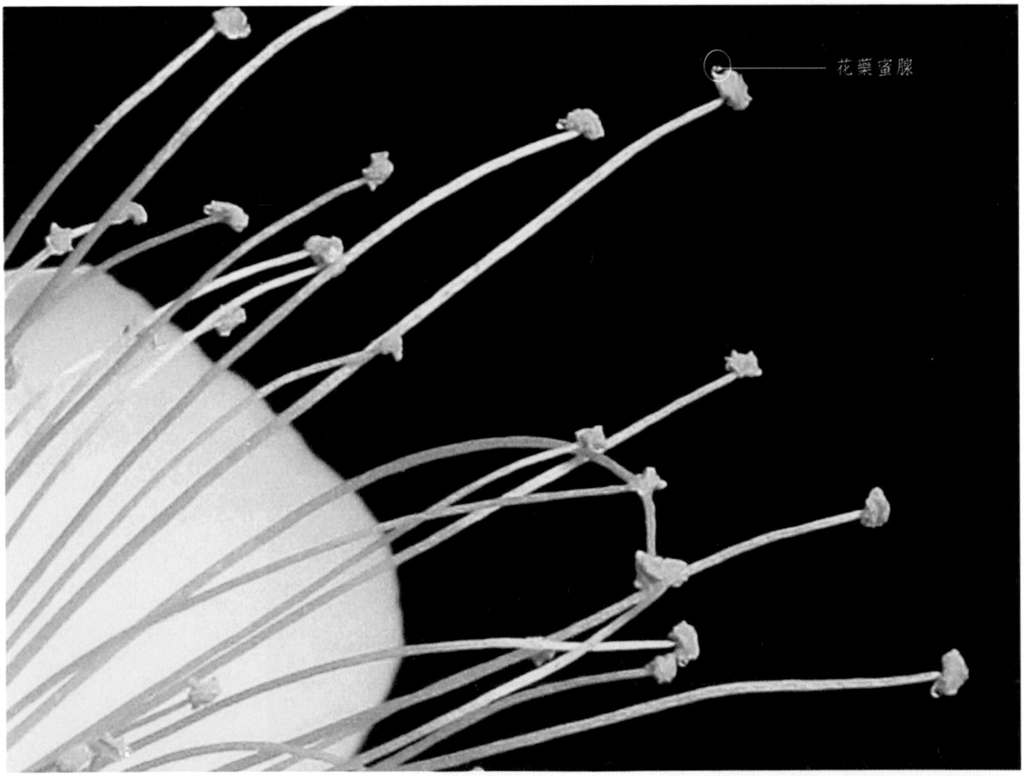

□ 金絲桃花藥頂端的蜜腺

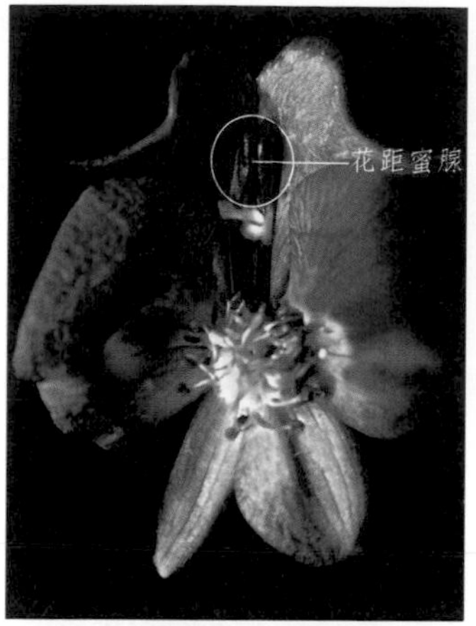

□ 烏頭變態花瓣距內的蜜腺

□ 一品紅杯狀聚傘花序旁的蜜腺

□ 大戟杯狀聚傘花序旁的蜜腺

□ 山血丹葉片和果皮遍布紫紅色腺點

□ 山血丹花被和雄蕊遍布腺點

貫葉連翹花瓣邊緣及花藥上的黑色腺點

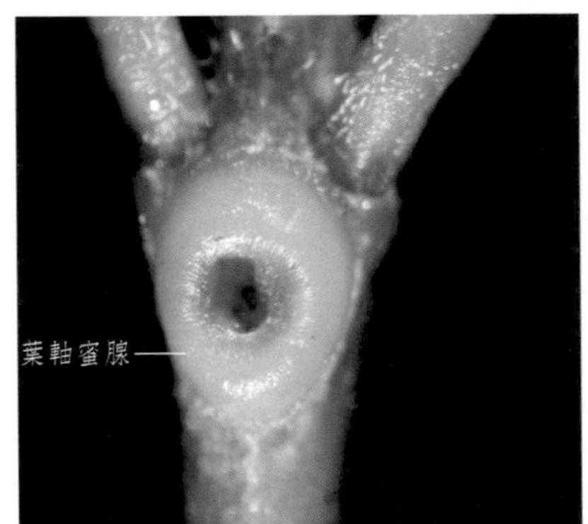

銀合歡葉軸上的杯狀蜜腺

龍珠果葉柄近基部的蜜腺

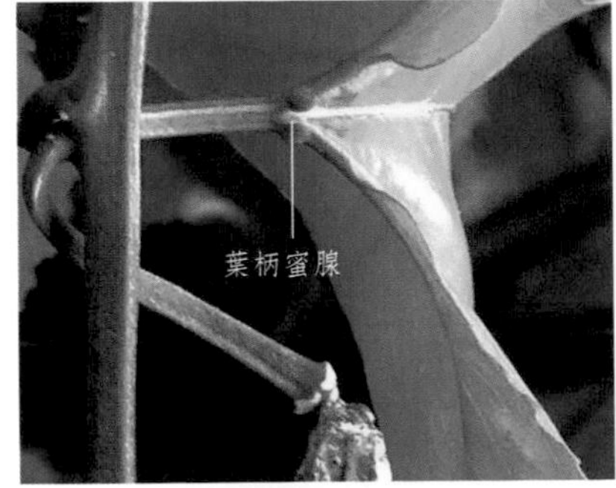

雞蛋果葉柄與葉片交界處的蜜腺

三角葉西番蓮葉柄近基部的蜜腺

□ 蠶豆托葉上的深紫色蜜腺

□ 蓖麻葉柄與葉片交界處的蜜腺

□ 烏桕葉柄與葉片交界處的蜜腺

□ 檸檬葉片上的透明腺點

□ 樟樹葉片的脈腋腺點

□ 香港大沙葉葉片上散布的固氮菌瘤腺點

□ 香港大沙葉葉片的正反面觀

七 維管束及其類型

維管束是由韌皮部與木質部構成的束狀的輸導系統。無限維管束是指維管束的韌皮部與木質部之間有形成層。有限維管束是指蕨類和單子葉植物的維管束中沒有形成層。

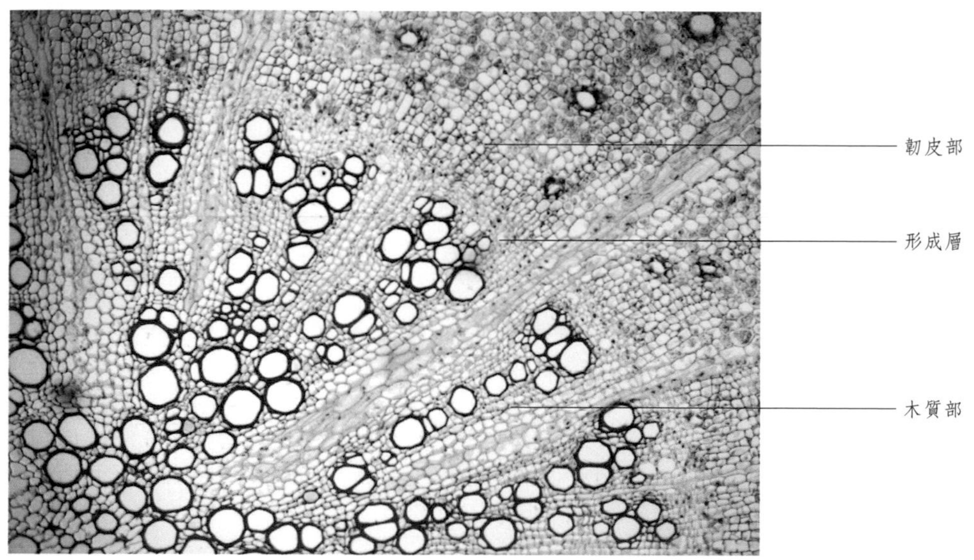

◘ 白芷根的無限外韌維管束（韌皮部位於外側，木質部位於內側，中間有形成層）

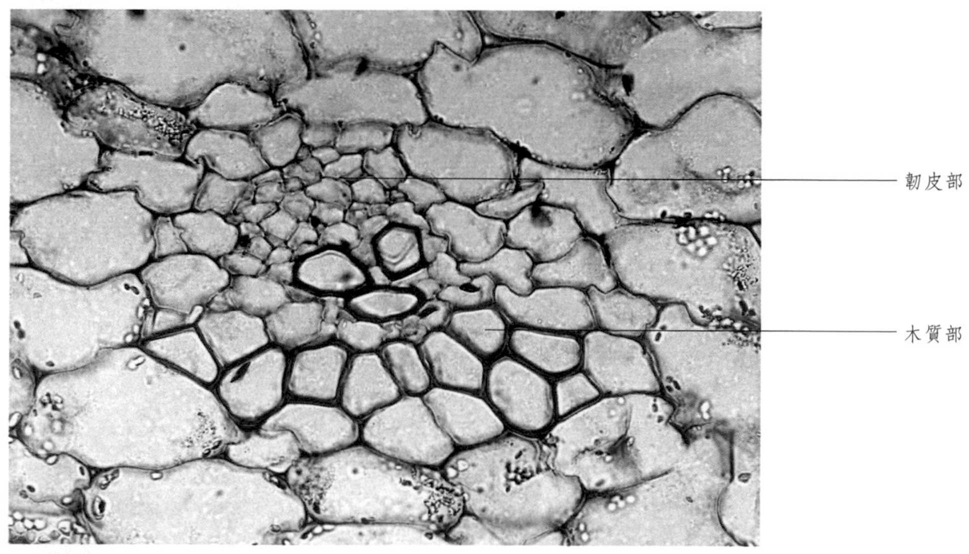

◘ 薑根莖的有限外韌維管束（韌皮部位於外側，木質部位於內側，中間沒有形成層）

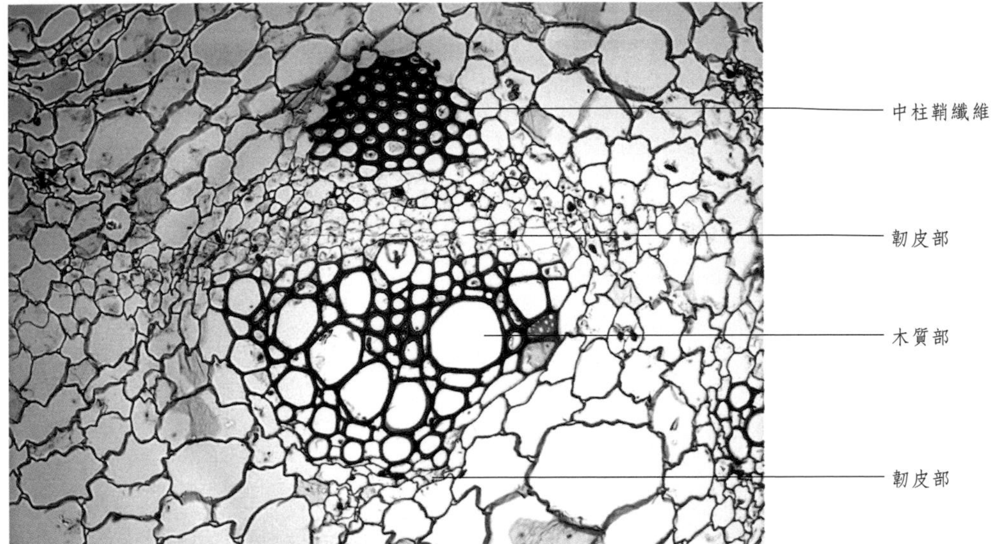

□ 南瓜莖的雙韌維管束（木質部內外兩側均有韌皮部）

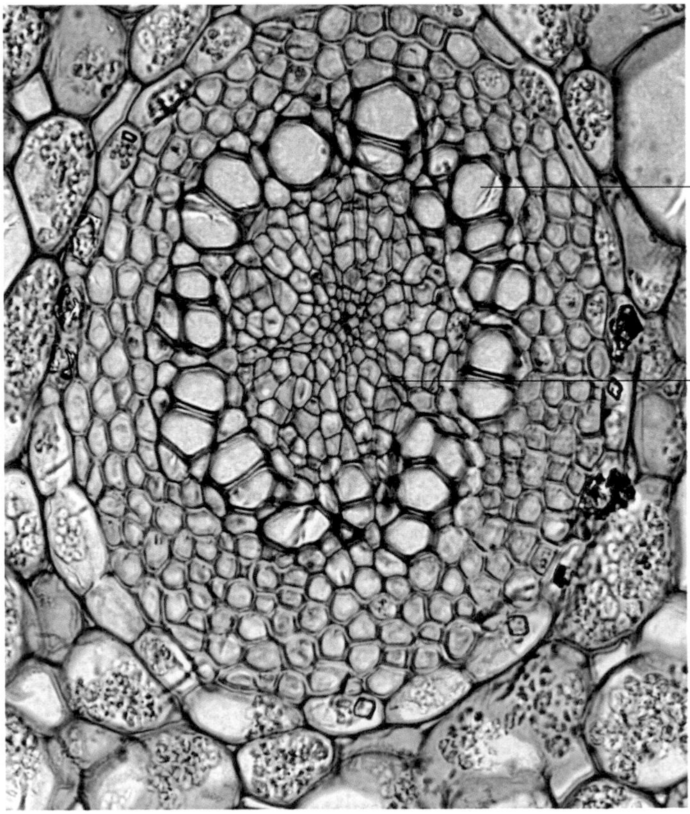

木質部
韌皮部

□ 石菖蒲根莖的周木維管束（韌皮部位於中間，木質部圍繞在韌皮部的四周）

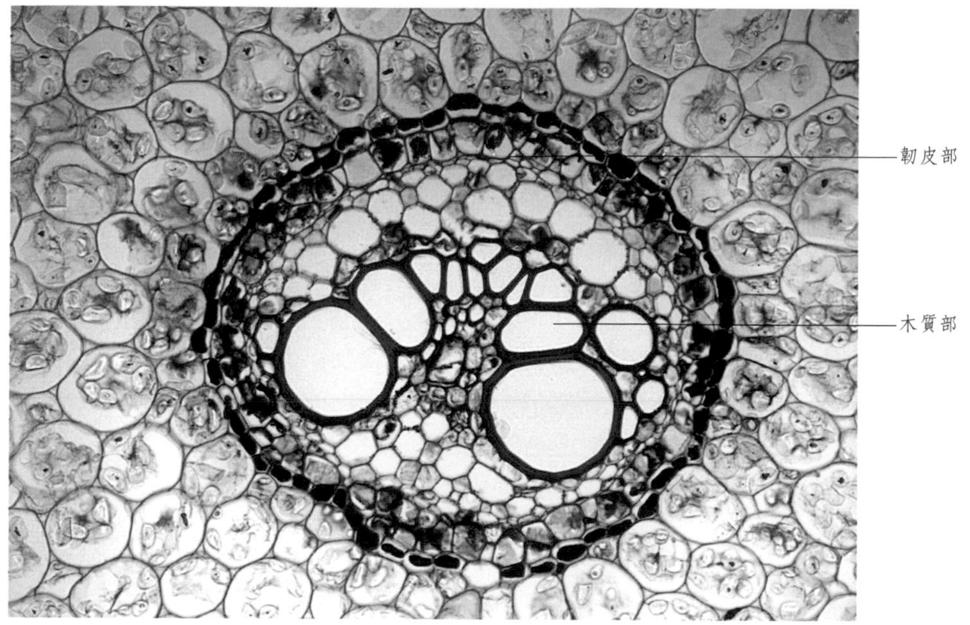

□ 蕨幼葉柄部的周韌維管束（木質部位於中間，韌皮部圍繞在木質部的四周）

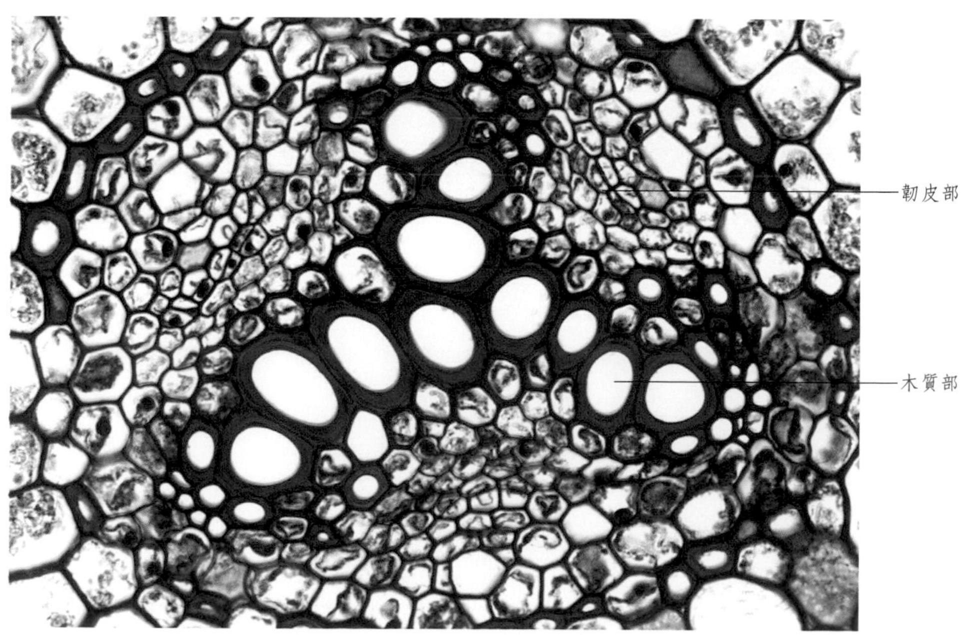

□ 毛茛根的輻射維管束（韌皮部和木質部相互間隔成輻射維管束）

CHAPTER 3

第三章 植物器官的組織構造

一 根的組織構造

根尖最先端為根冠，向上依次為分生區、伸長區、成熟區，在成熟區出現表面根毛，自此向上相繼分化為初生構造、次生構造，甚至三生構造。根的初生構造從外到內可分為表皮、皮層和維管柱三部分。絕大多數蕨類植物和單子葉植物的根在整個生活期中，一直保存著初生構造；而一般雙子葉植物和裸子植物的根則可以次生增粗，形成次生構造。某些雙子葉植物的根除了正常的次生構造外，還產生一些額外的維管束及附加維管束、木間木栓等，形成了根的異常構造。

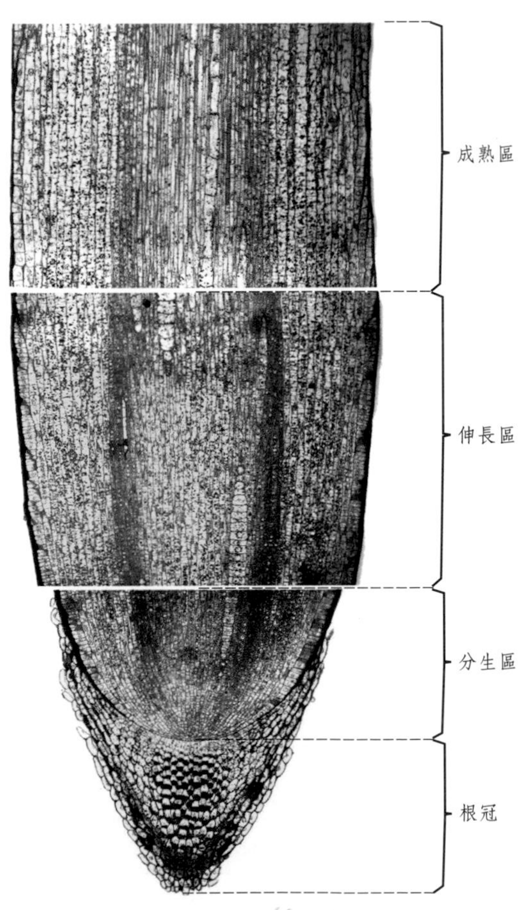

根尖的結構（縱切面）

1. 雙子葉植物根的初生構造

雙子葉植物根的初生構造從外到內可分為表皮、皮層、維管柱三部分。

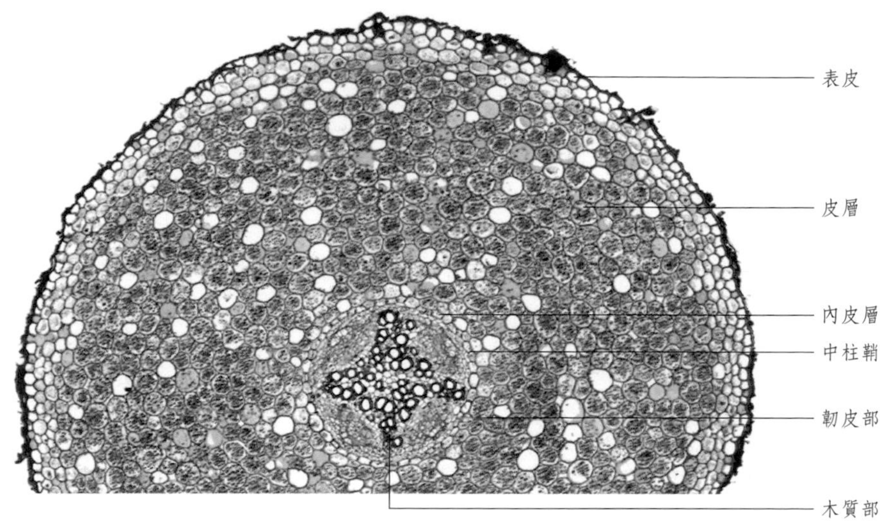

□ 遼細辛根的初生構造

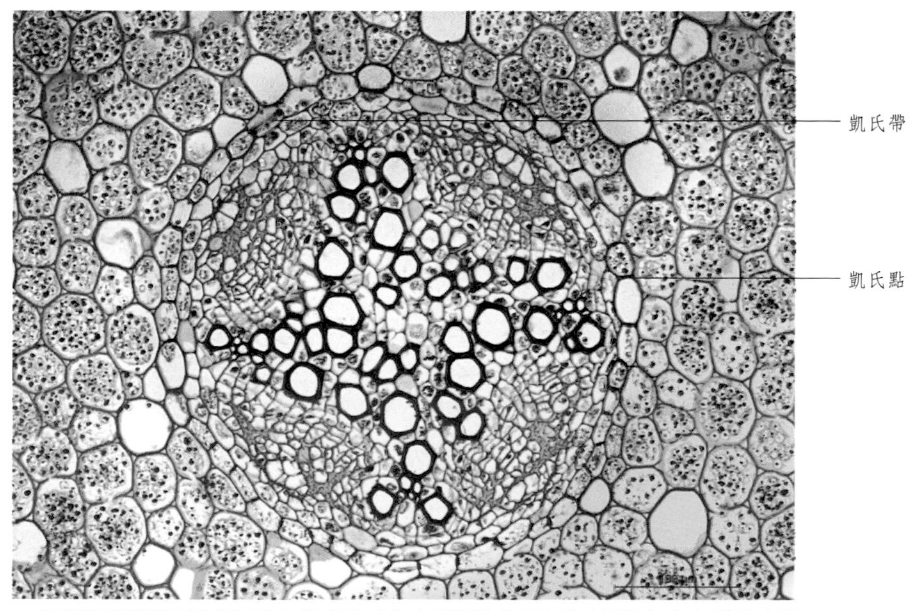

□ 遼細辛根橫切面的凱氏帶和凱氏點〔內皮層細胞的徑向壁（側壁）和上下壁（橫壁）局部增厚（木質化或木栓化），增厚部分呈帶狀，環繞徑向壁和上下壁一整圈，稱為凱氏帶；因增厚部分寬度常遠比其所在的細胞壁狹窄，從橫切面觀察，徑向壁增厚的部分呈點狀，稱為凱氏點〕

2. 雙子葉植物根的次生構造

雙子葉植物根的次生構造橫斷面呈放射狀結構，形成層環紋明顯，中央無髓部。

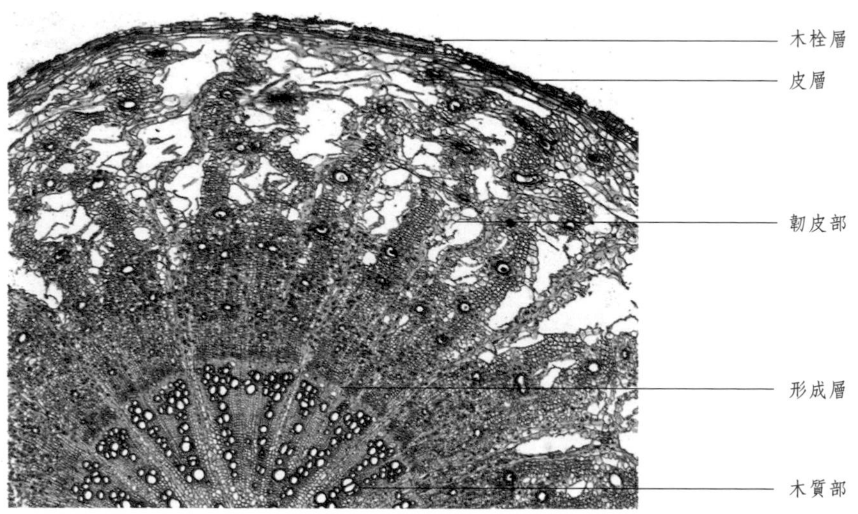

◻ 白芷根的次生構造

3. 單子葉植物根的次生構造

單子葉植物根的次生構造橫斷面不呈放射狀結構，內皮層環紋明顯，中心有髓。

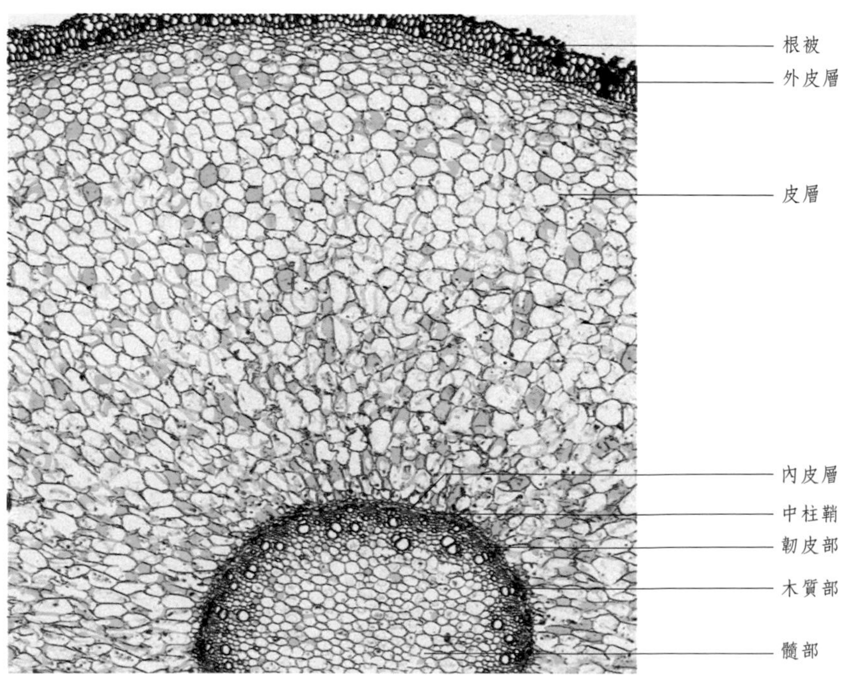

◻ 蔓生百部根的次生構造

4. 根的異常維管束

商陸藥材的「羅盤紋」（指其同心環狀的異常維管束）

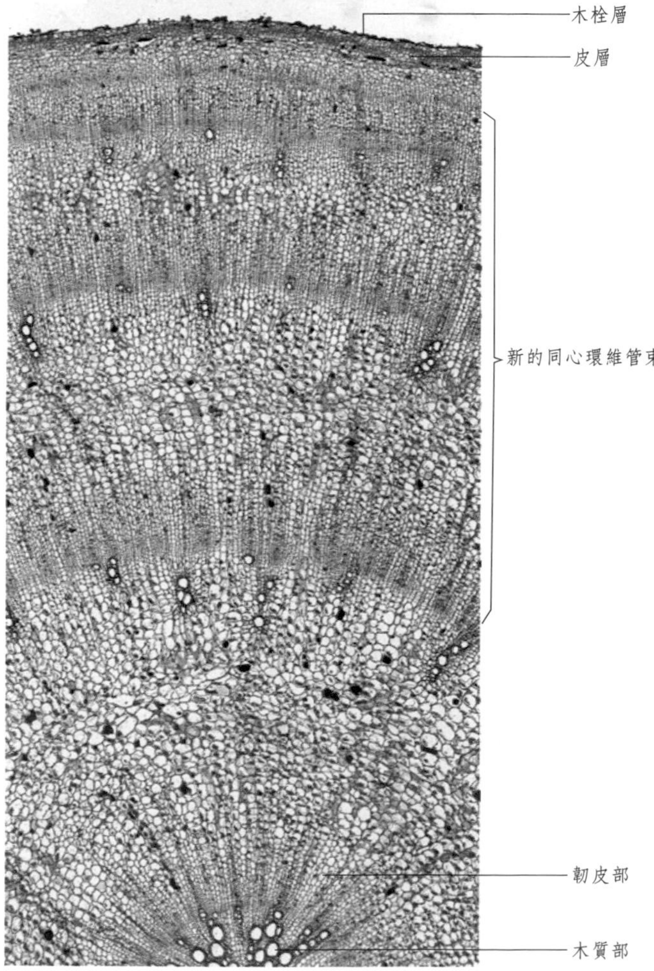

商陸根的同心環狀異常維管束（中央正常維管束外周產生新的同心環維管束）

何首烏塊根橫切面的「雲錦花紋」（指塊根橫切面皮層中由多個異型維管束組成的雲朵狀花紋，是由維管柱外圍的薄壁組織中產生新的附加維管柱而形成的異常構造）

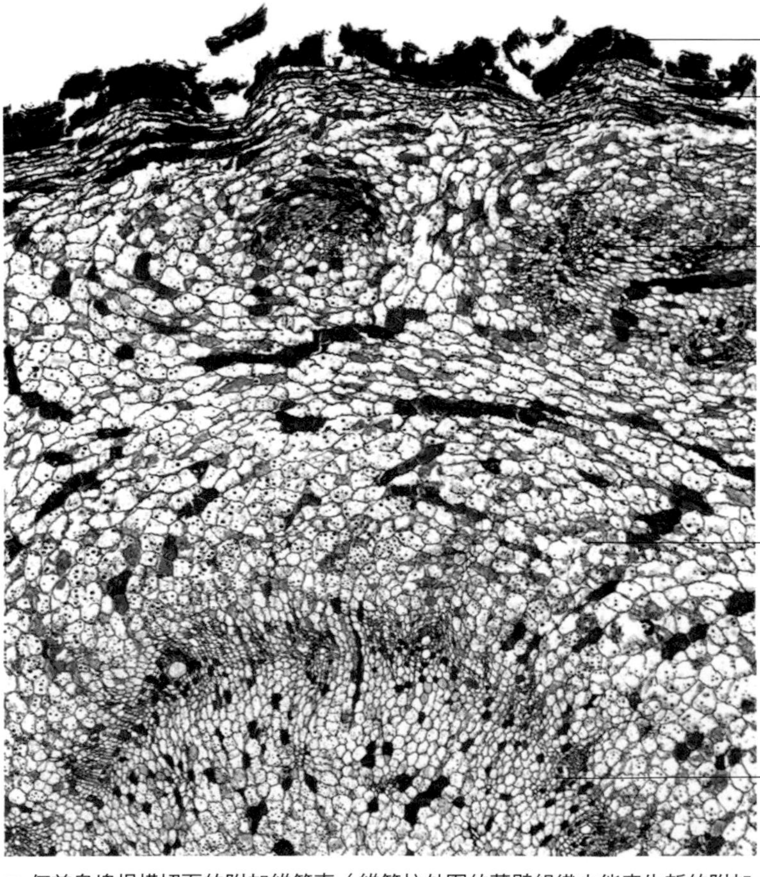

木栓層
皮層
附加維管柱
韌皮部
木質部

何首烏塊根橫切面的附加維管束（維管柱外圍的薄壁組織中能產生新的附加維管柱，形成異常構造）

黃芩老根中央的木栓環（次生木質部內形成的木栓帶）

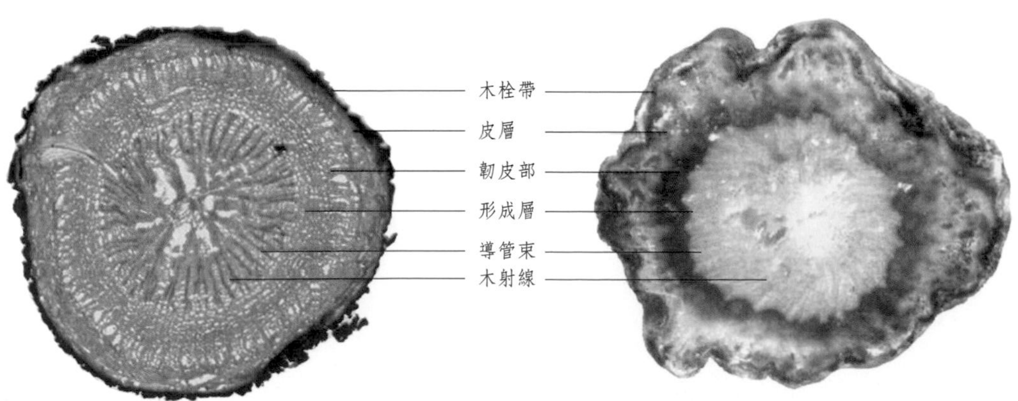

狹葉柴胡根橫切斷面特徵與內部組織構造的關係

二 莖的組織構造

雙子葉植物莖的初生構造從外到內可分為表皮、皮層和維管柱三部分。在初生構造形成後，接著進行次生生長，形成的次生構造使莖加粗。某些雙子葉植物的莖和根狀莖除了形成一般的正常構造外，通常有部分薄壁細胞能恢復分生能力，轉化成形成層，透過這些形成層活動產生多數異型維管束，形成了異常構造。

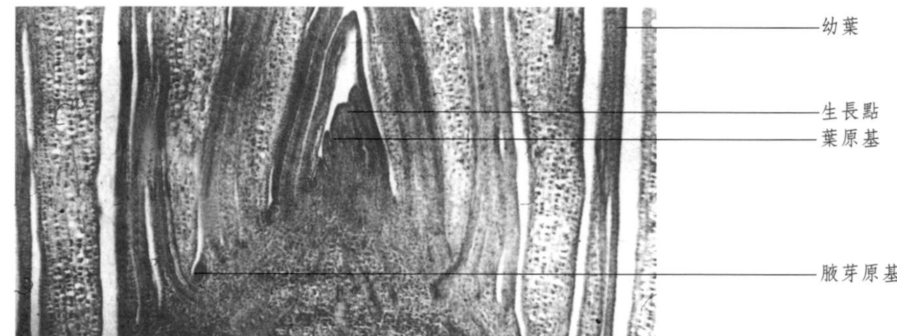

□ 玉米的莖尖

1. 裸子植物莖的構造

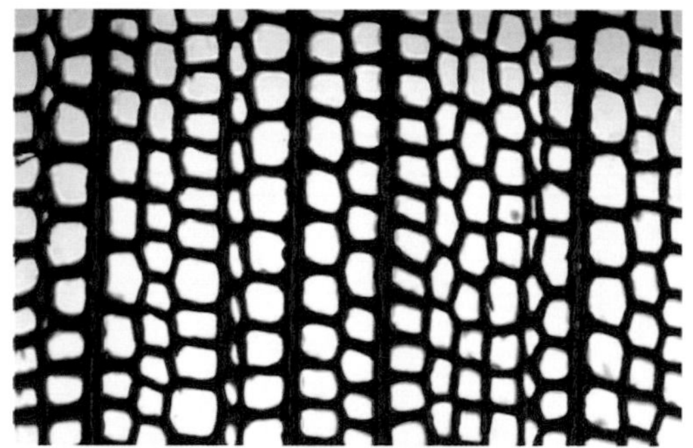

□ 松莖的橫切面（顯示射線的長度和寬度）

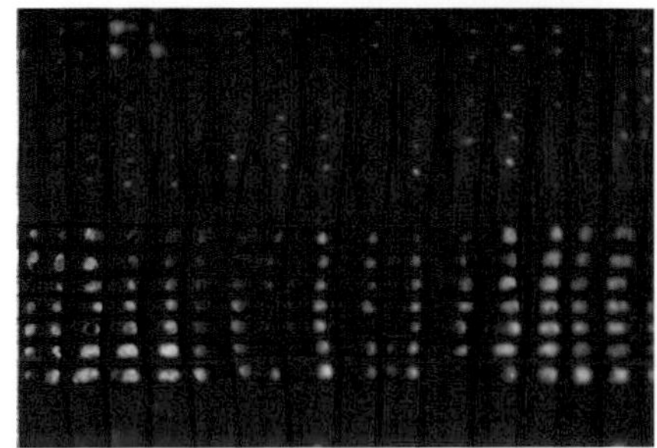

□ 松莖的徑向切面（顯示射線的高度和長度）

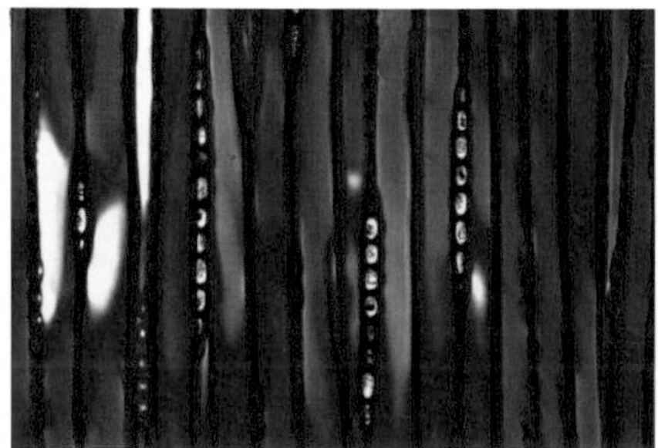

□ 松莖的切向切面（顯示射線的高度、寬度和細胞列數）

2. 雙子葉植物草質莖的構造

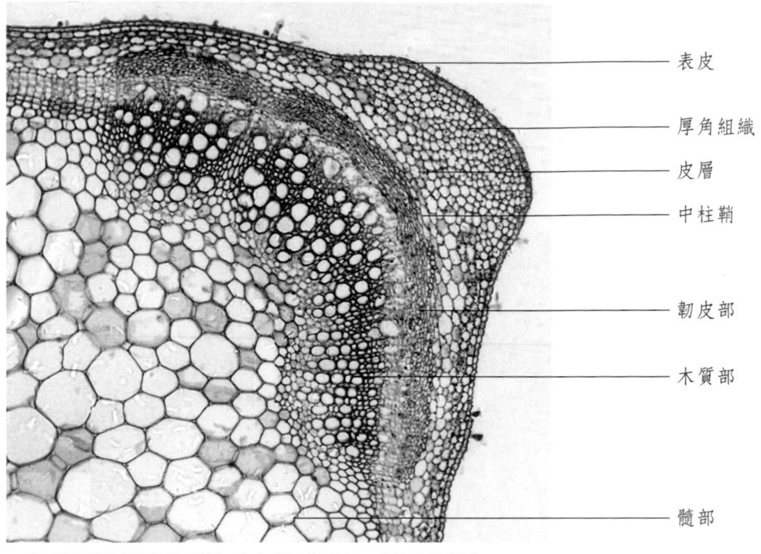

□ 廣藿香草質莖的構造（木質部較窄，髓部發達）

3. 雙子葉植物木質莖的構造

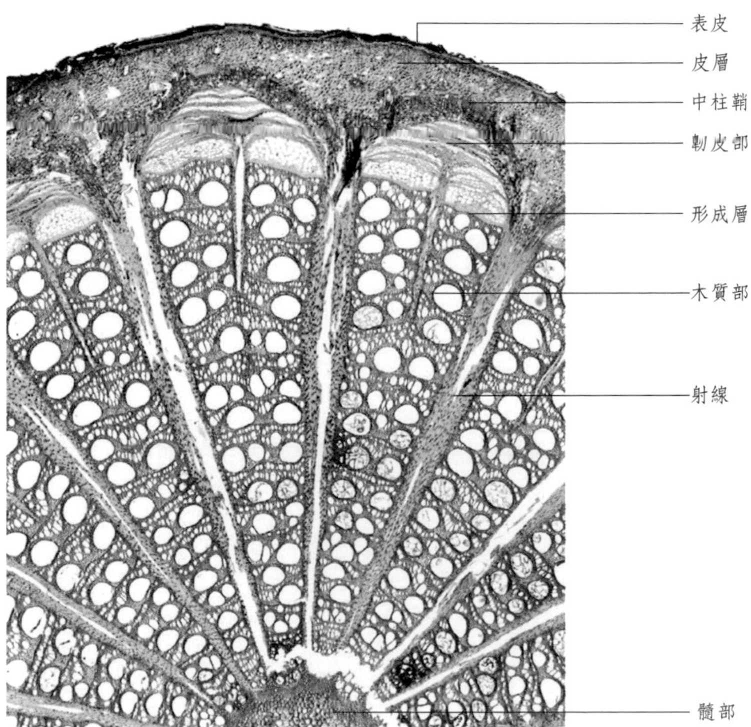

□ 青藤木質莖的構造（維管束常呈環狀排列，具形成層，中心有髓）

4. 雙子葉植物木質莖的年輪

雙子葉植物形成層在春季或熱帶的雨季時活動旺盛，形成細胞徑大、壁薄、質地較疏鬆、色澤較淡的次生木質部，稱為春材。形成層在夏末秋初或熱帶的旱季時活動減弱，形成細胞徑小、壁厚、質地緊密、色澤較深的次生木質部，稱為秋材。在雙子葉植物木質莖中，當年的秋材與第二年的春材界限分明，形成的同心環層稱為年輪。

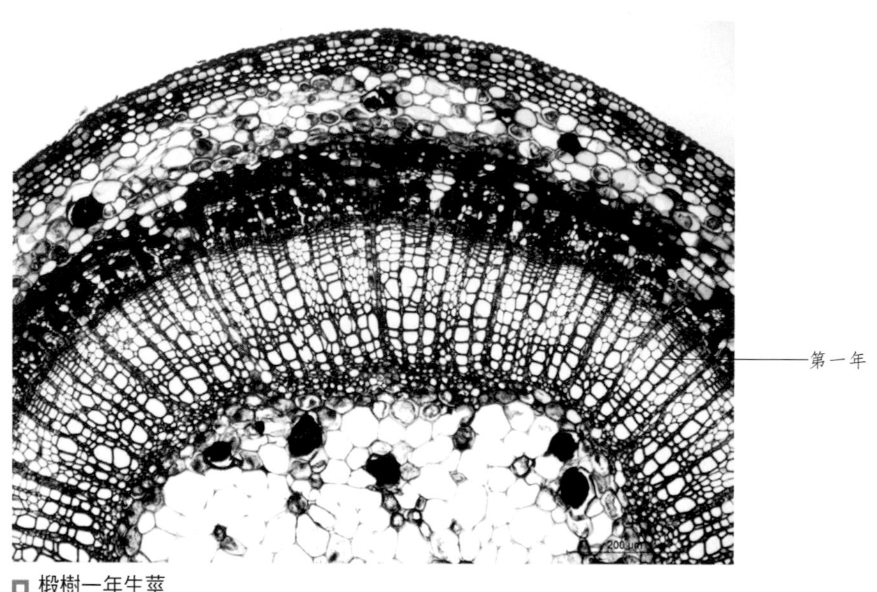

□ 椴樹一年生莖

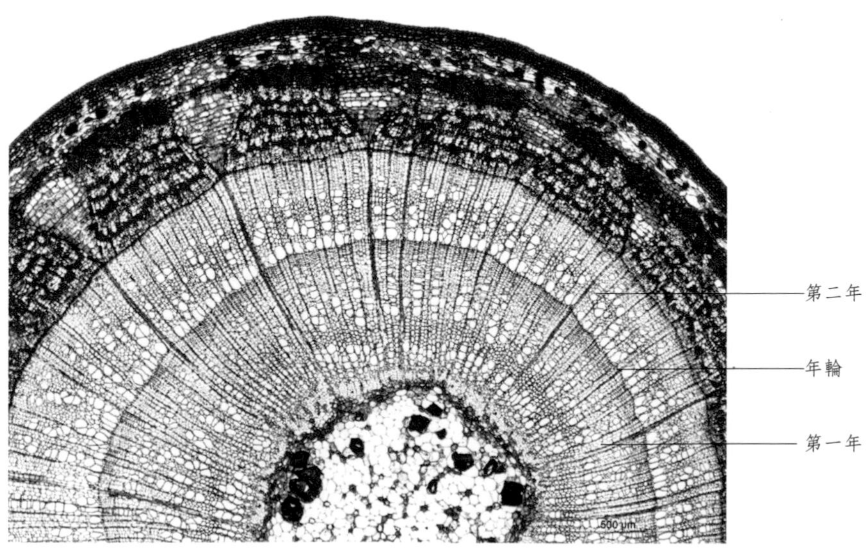

□ 椴樹兩年生莖

5. 單子葉植物莖的構造

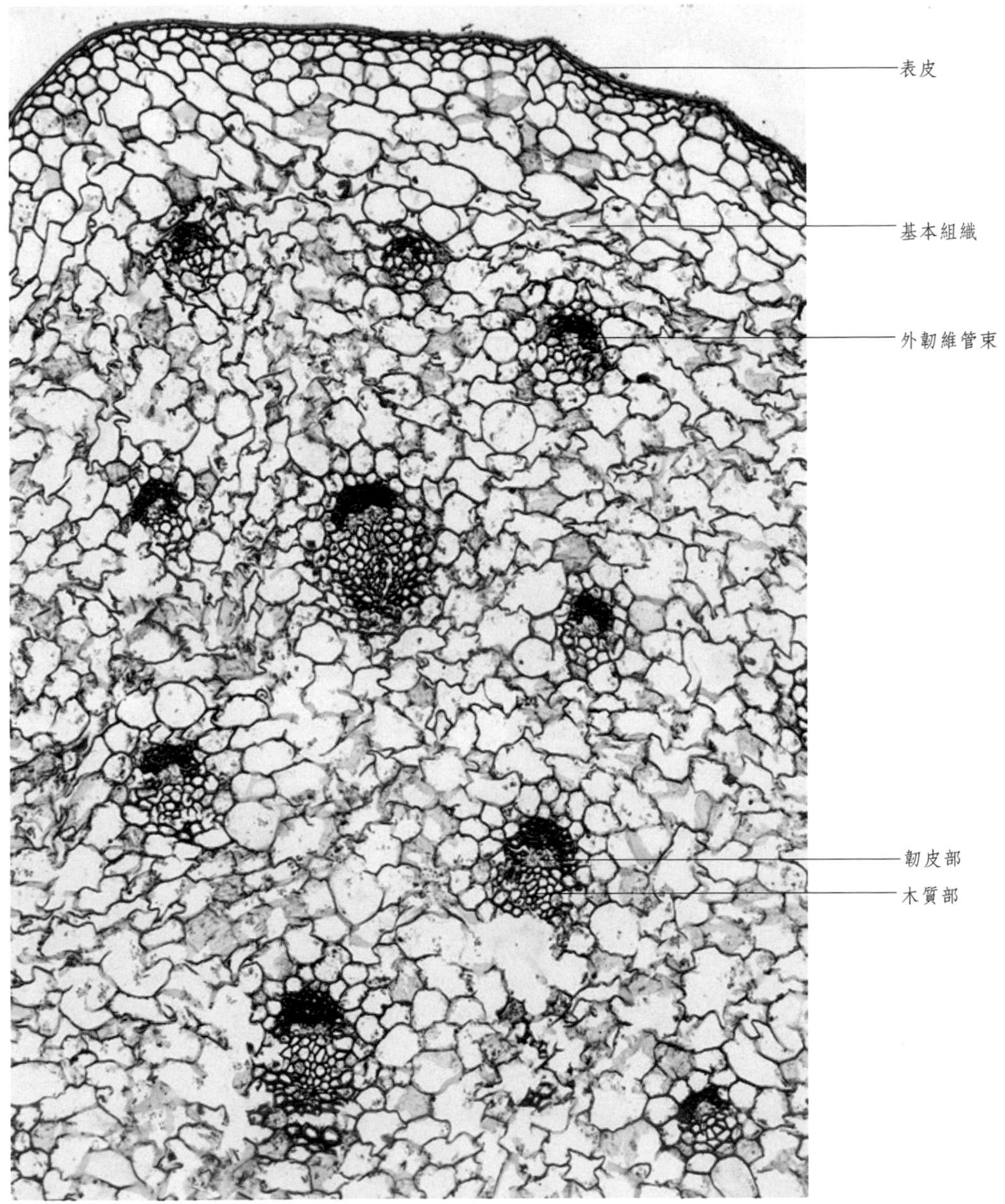

□ 金釵石斛莖的構造（沒有形成層和木栓形成層，不能無限增粗，終生只具初生構造，無皮層、髓及髓射線之分，維管束散列）

6. 雙子葉植物根莖的構造

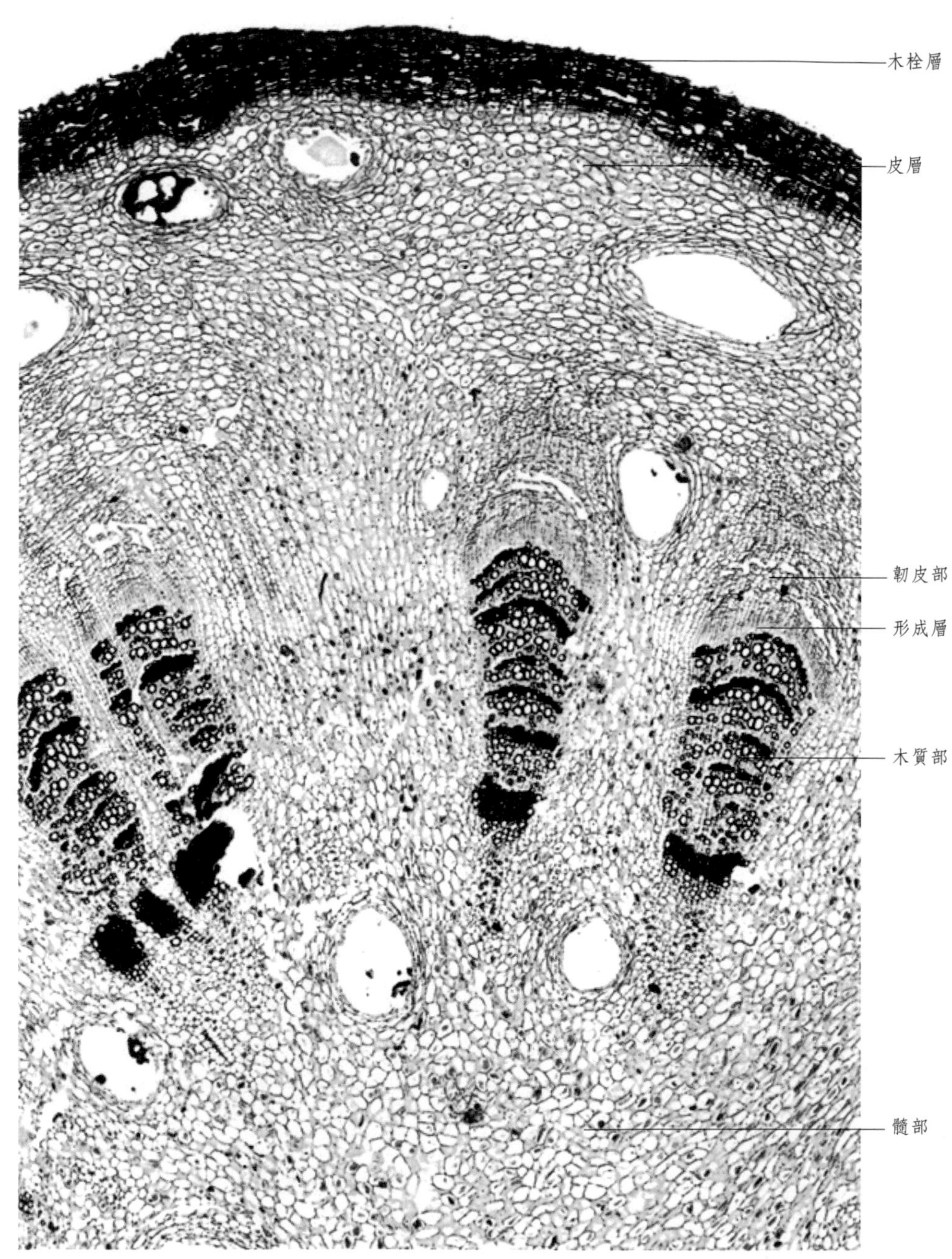

□ 茅蒼朮根狀莖的構造（表面通常具木栓組織，少數有表皮；維管束排列呈環狀，中央髓部明顯）

7. 單子葉植物根莖的構造

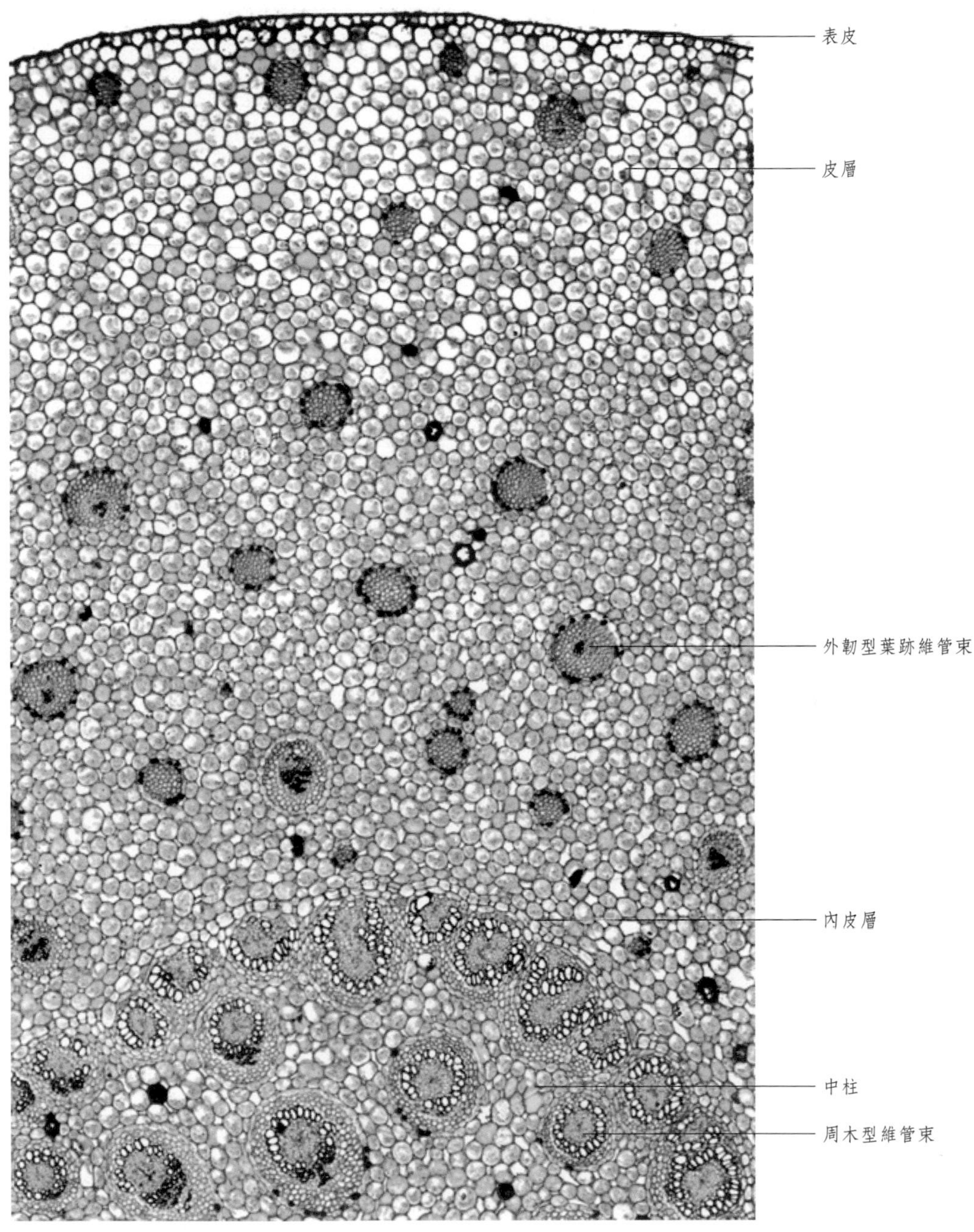

◻ 石菖蒲根莖的構造（皮層寬，散有纖維束及外韌型葉跡維管束，內皮層明顯，中柱維管束為周木型及外韌型）

8. 莖的異常維管束

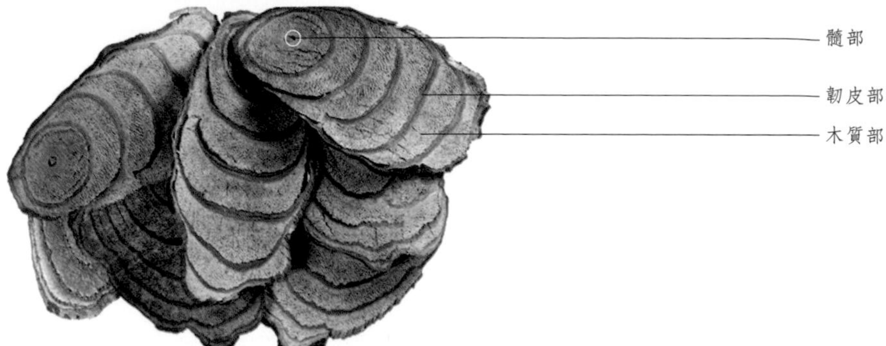

□ 密花豆藤莖切面的偏心性半圓形環（由其木質部和韌皮部以髓部為中心點相間排列而形成）

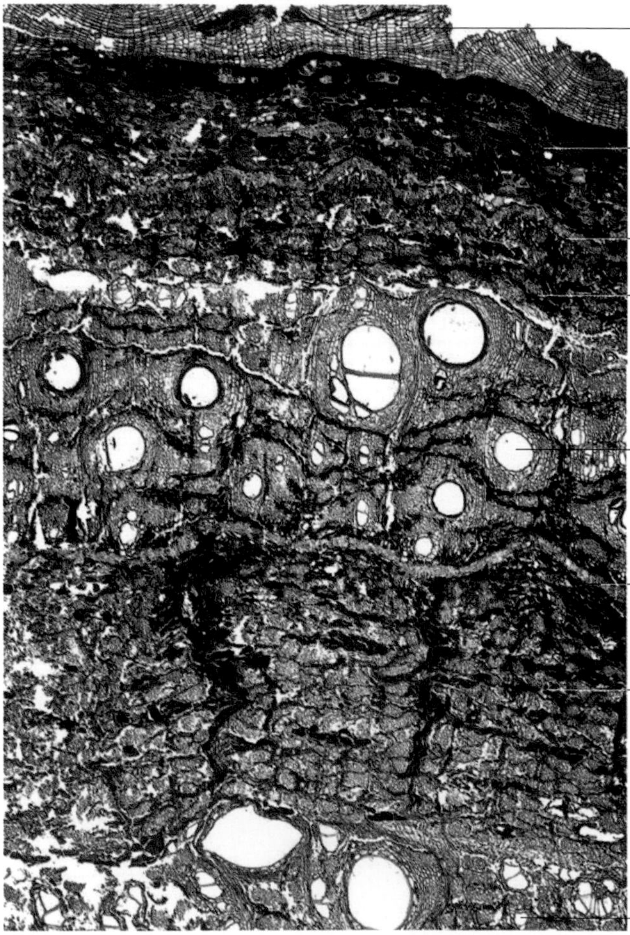

木栓層
皮層
厚壁細胞
韌皮部
木質部
厚壁細胞
韌皮部
木質部

□ 密花豆藤莖橫切面的異常維管束構造（厚壁細胞層、韌皮部和木質部相間排列成數輪）

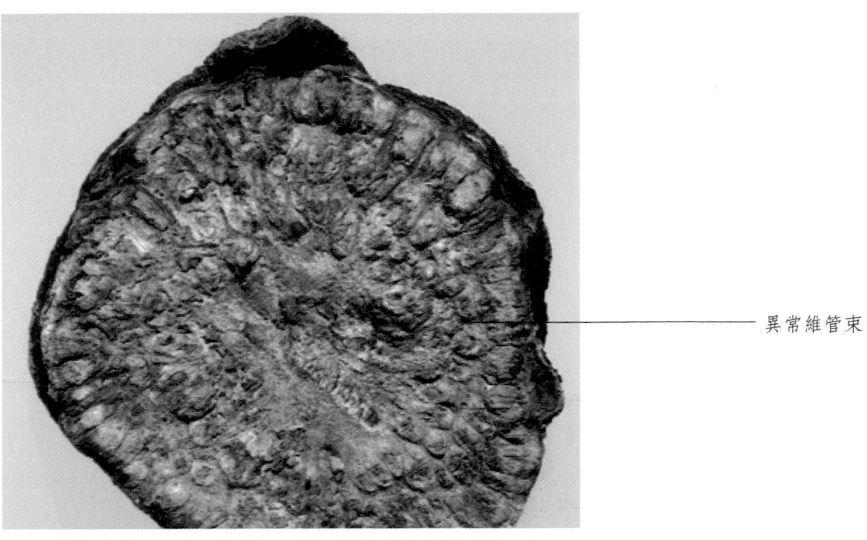

大黃根莖橫切面的「星點」（根莖髓部的異常維管束）

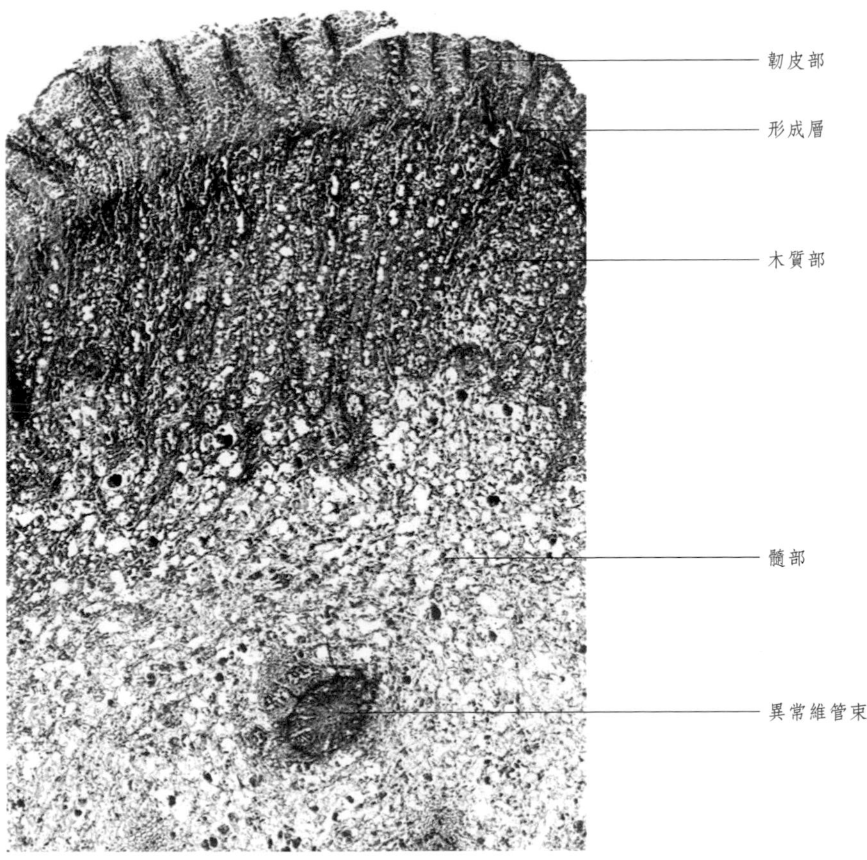

大黃根莖橫切面的異常維管束構造（根莖髓部散有維管束，形成「星點」）

三　葉的組織構造

葉片的組織構造可分為表皮、葉肉和葉脈三部分。在內部構造中，柵欄組織緊接上表皮下方，海綿組織位於柵欄組織與下表皮之間。葉肉組織明顯地分化為柵欄組織和海綿組織的葉片，稱為兩面葉。葉肉沒有柵欄組織和海綿組織的分化，或在上下表皮內側均有柵欄組織結構的葉片，稱為等面葉。

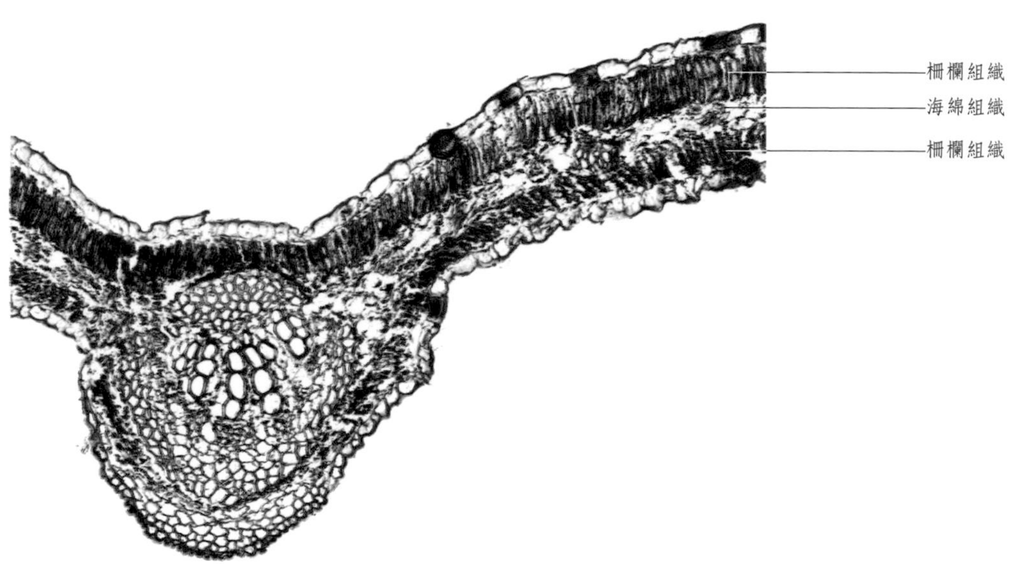

狹葉番瀉小葉的構造（等面葉）

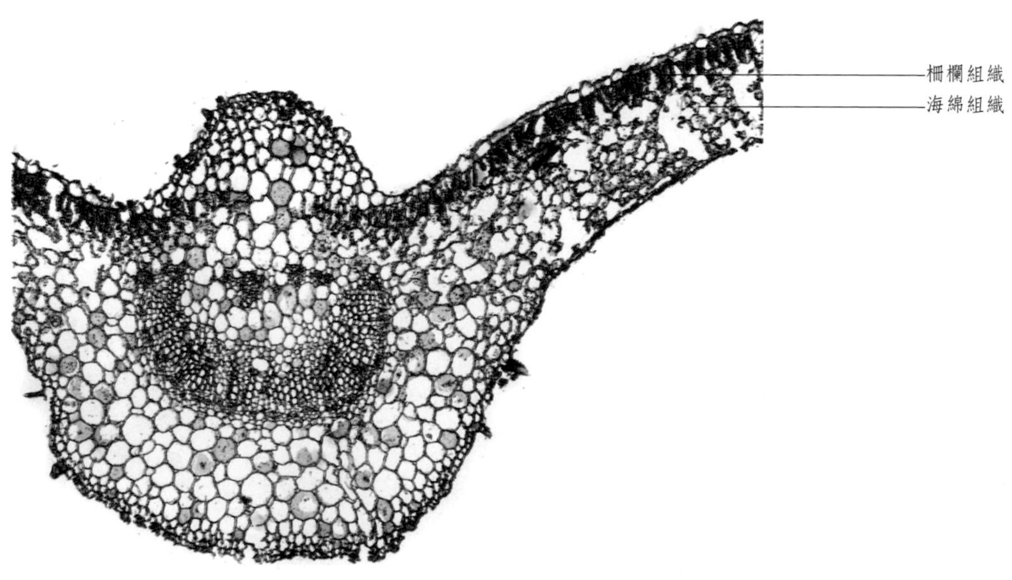

廣藿香葉的構造（兩面葉）

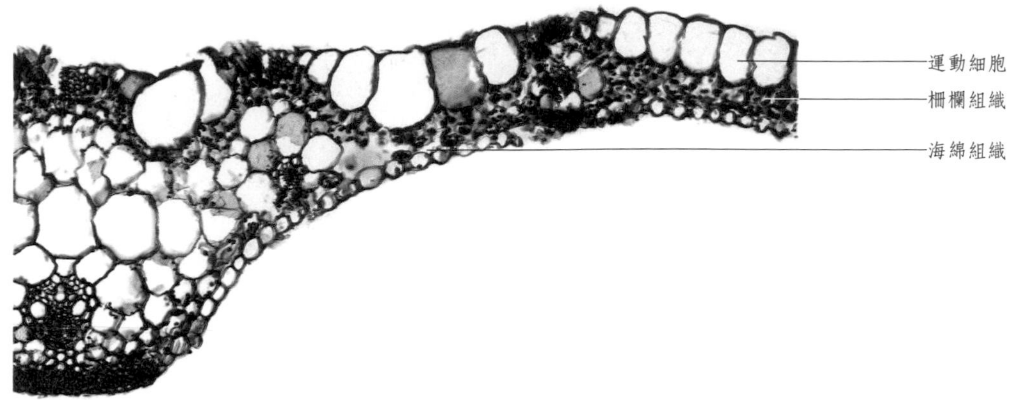

◘ 淡竹葉葉片的運動細胞（上表皮中的一些特殊大型的薄壁細胞，在乾旱時，由於這些細胞失水收縮，使葉片捲曲成筒，可減少水分的蒸發）

四 花的組織構造

花的主要功能是進行生殖，其雄蕊的主要構成為花藥，雌蕊主要則是由柱頭、花柱和子房組成。

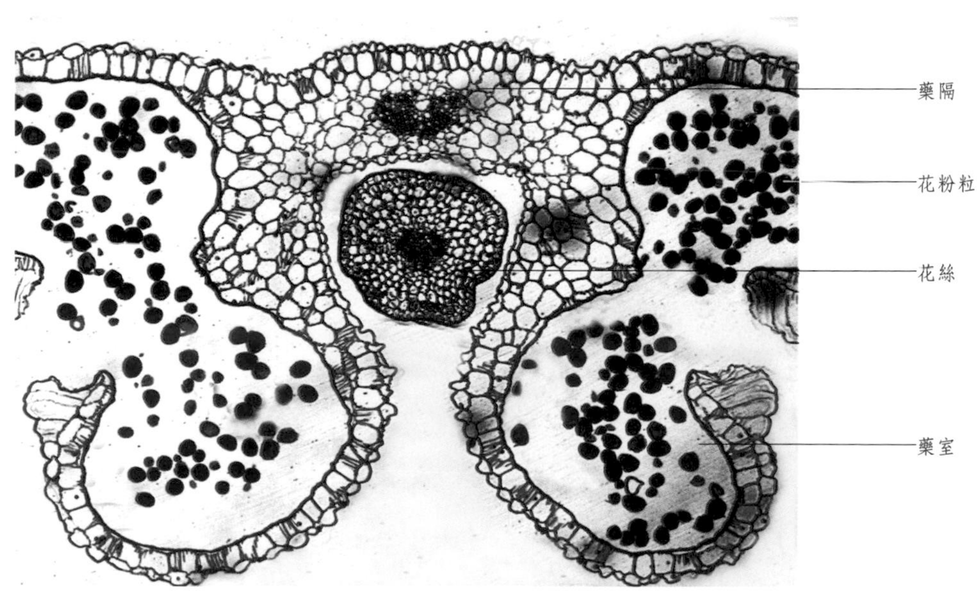

◘ 百合成熟花藥的構造（花粉母細胞通過減數分裂形成的 4 個子細胞，連在一起，稱為四分體）

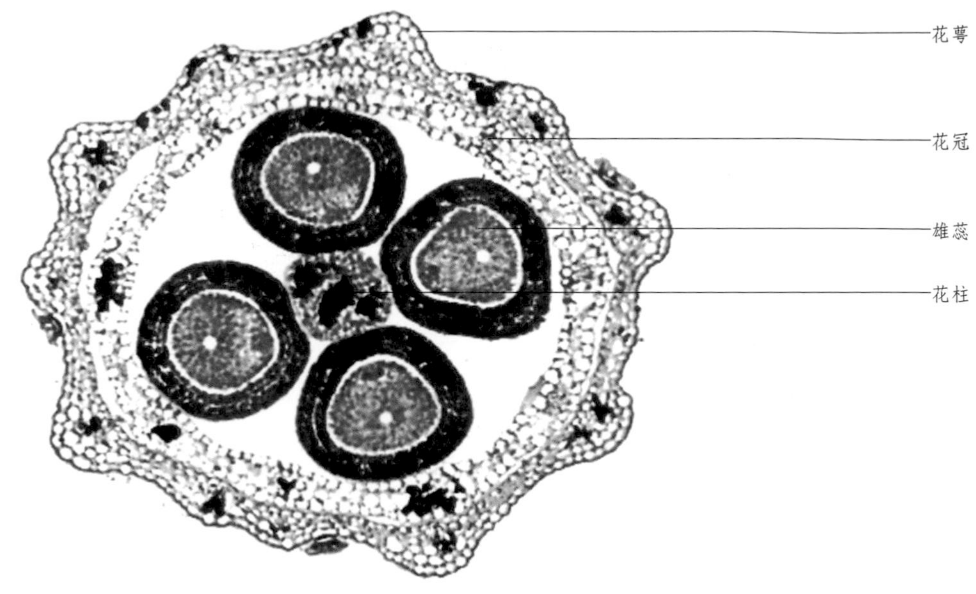

□ 薄荷花蕾的構造（雄蕊 4 枚，花柱常著生於 4 裂子房的底部）

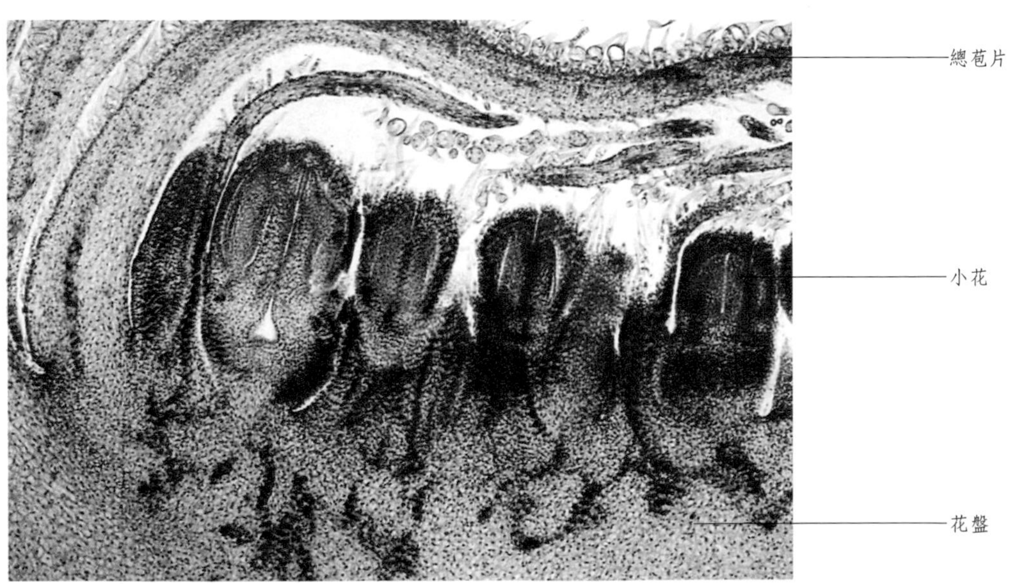

□ 向日葵頭狀花序的構造

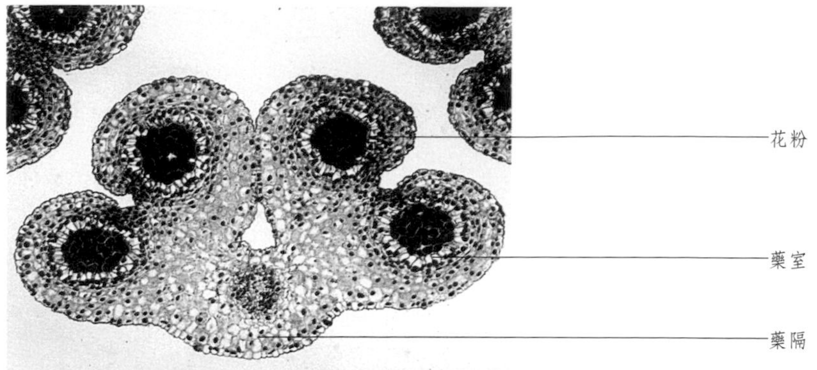

□ 百合的花藥構造

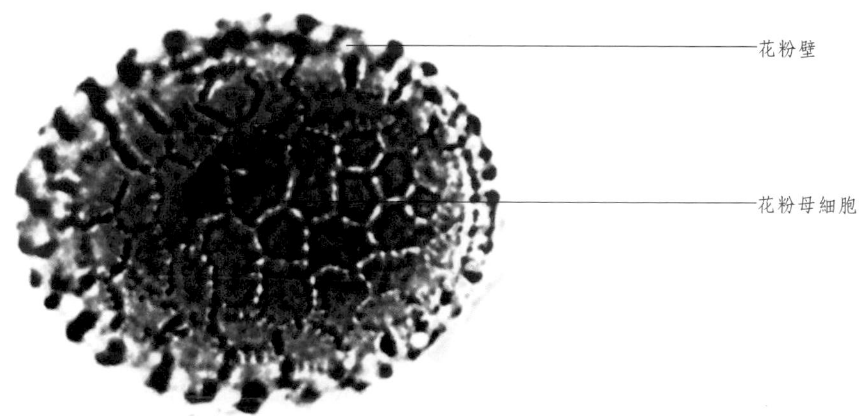

□ 百合的花粉構造

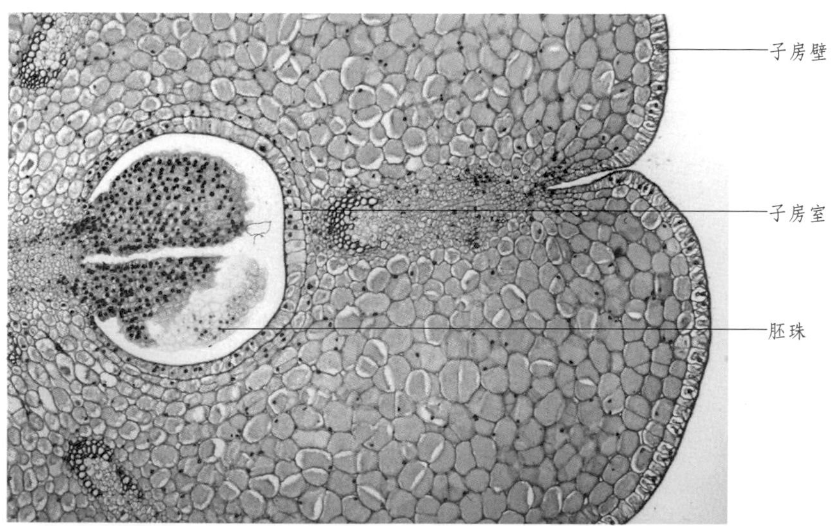

□ 百合的子房構造（示子房室和胚珠）

五 果實的組織構造

果實由果皮和種子構成。果實的構造一般是指果皮的構造，通常可分為三層，由外向內為外果皮、中果皮、內果皮。外果皮一般是果實最外層，單層表皮細胞，外被角質層或蠟被、毛茸等。中果皮位於果實中層，由薄壁細胞組成，具維管束，有時含石細胞、纖維、油管、油室、油細胞等。內果皮位於果皮最內層，由一層薄壁細胞組成，有的具一至多層石細胞。

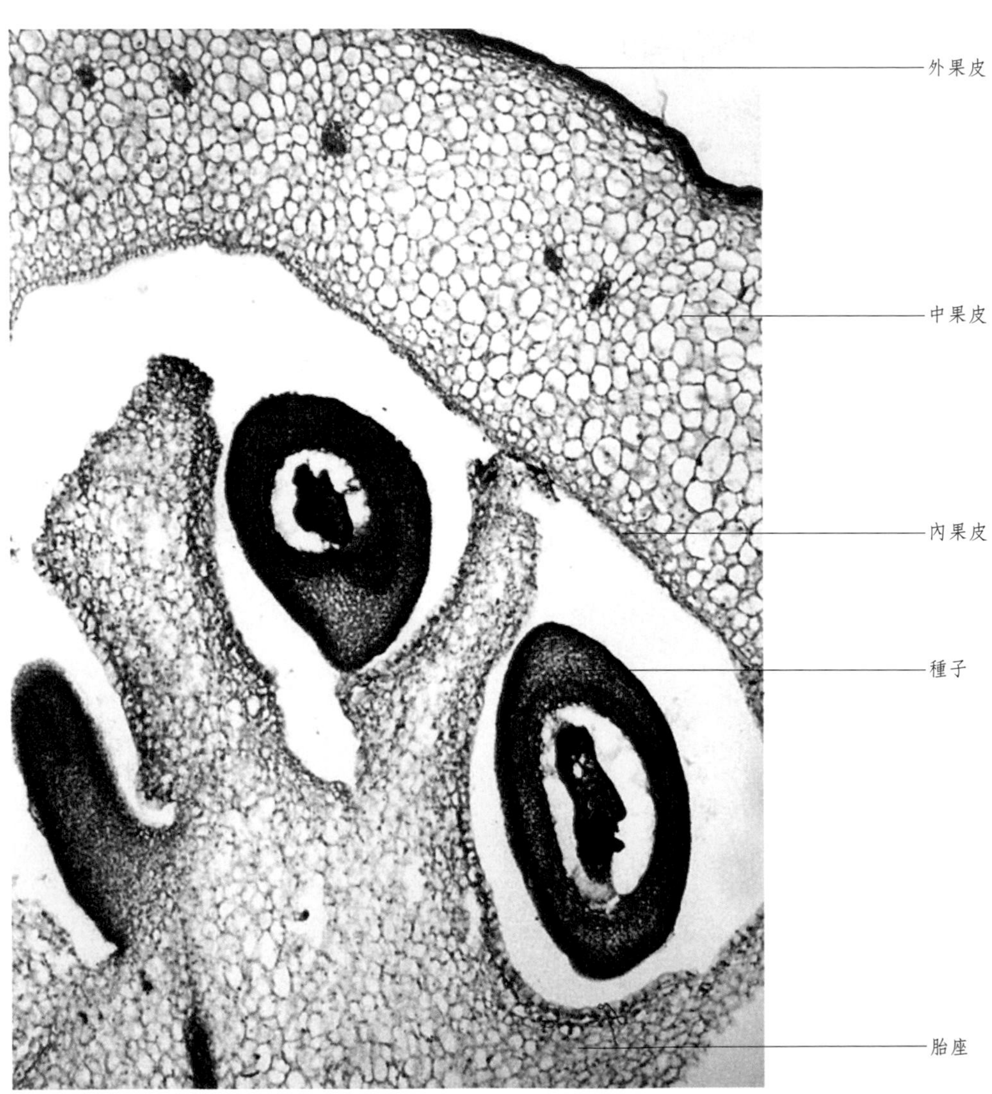

□ 番茄果實的構造（漿果）

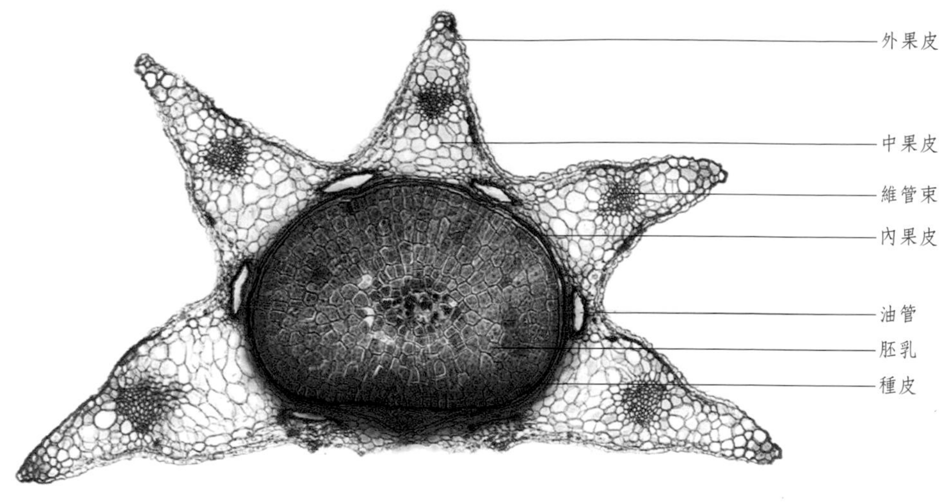

□ 蛇床分果的構造

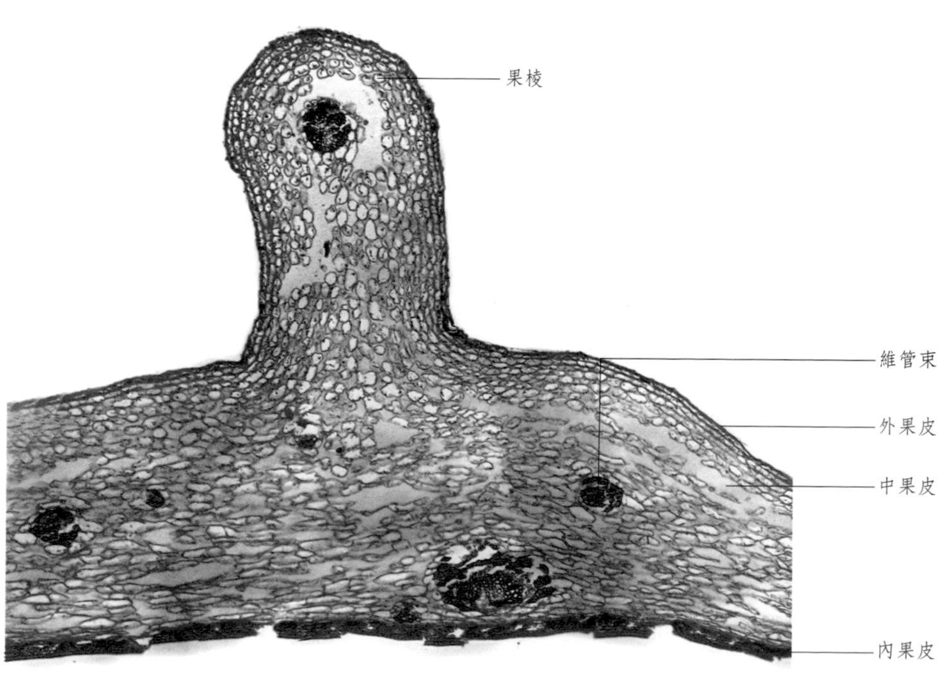

□ 梔子果皮的構造

六 種子的組織構造

種子的結構一般由種皮、胚、胚乳三部分組成，有的種子沒有胚乳，有的種子還具有外胚乳。

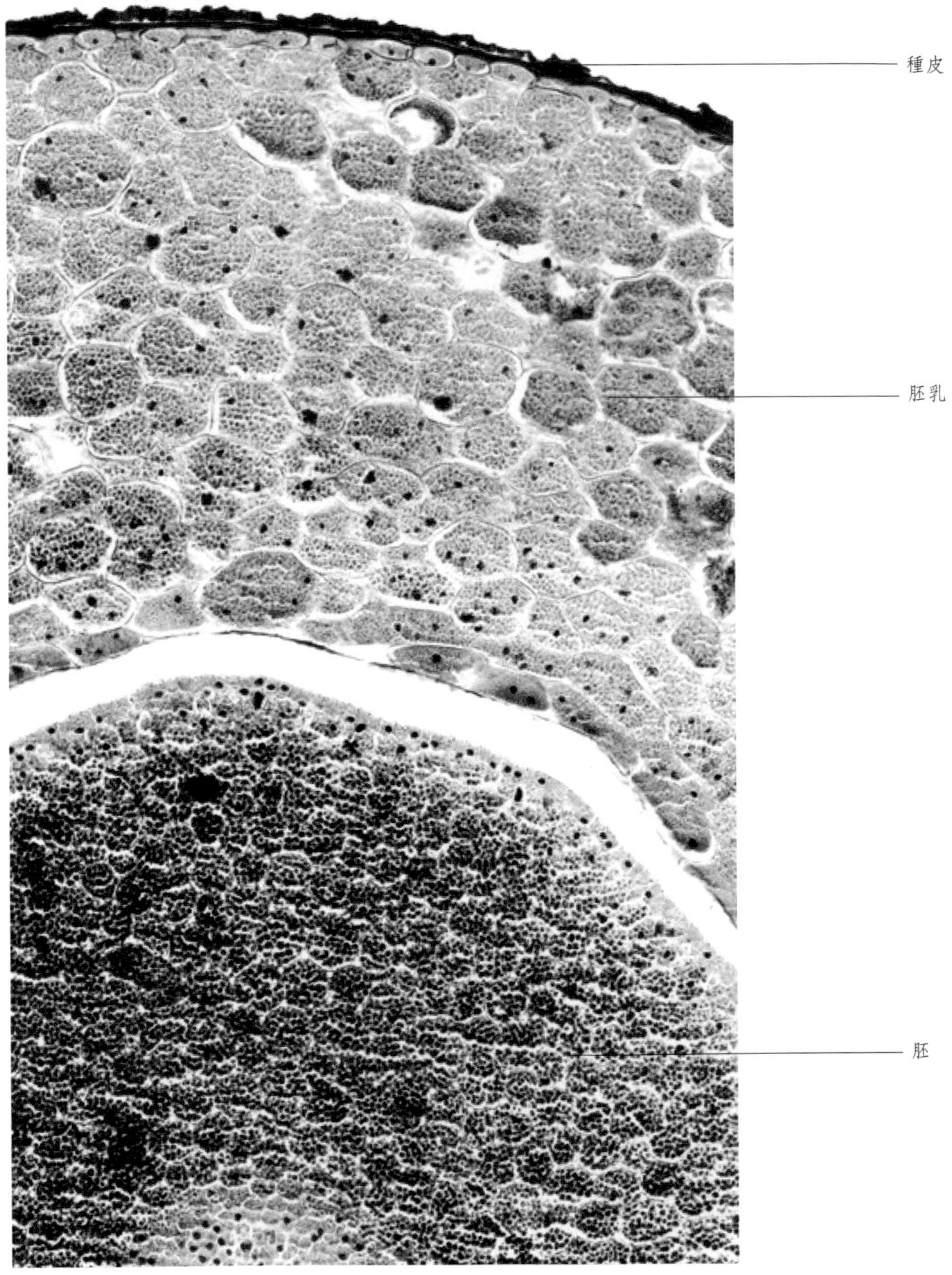

□ 側柏種仁的構造

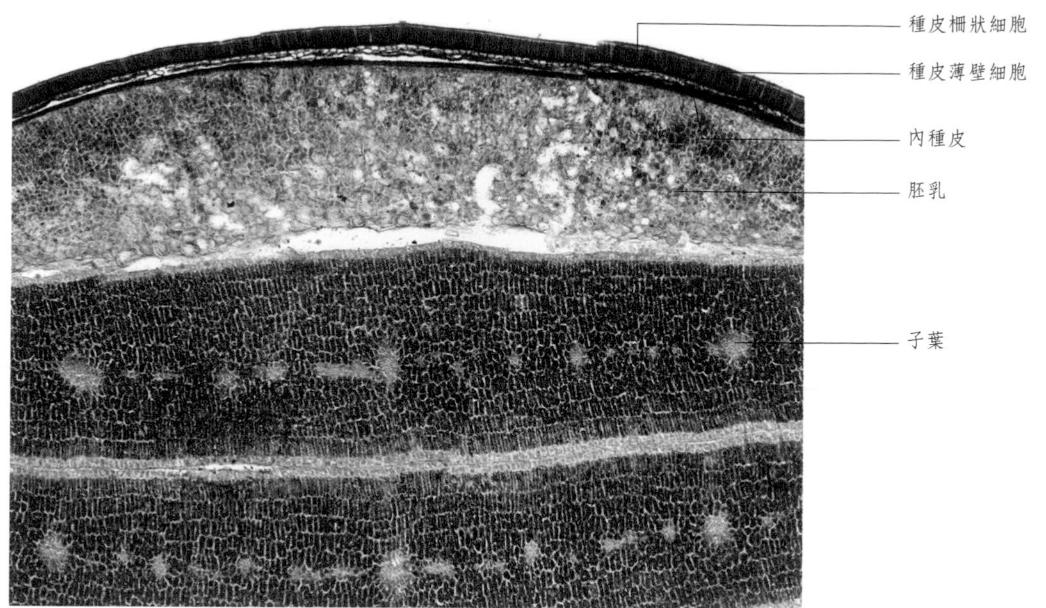

□ 酸棗種子的構造

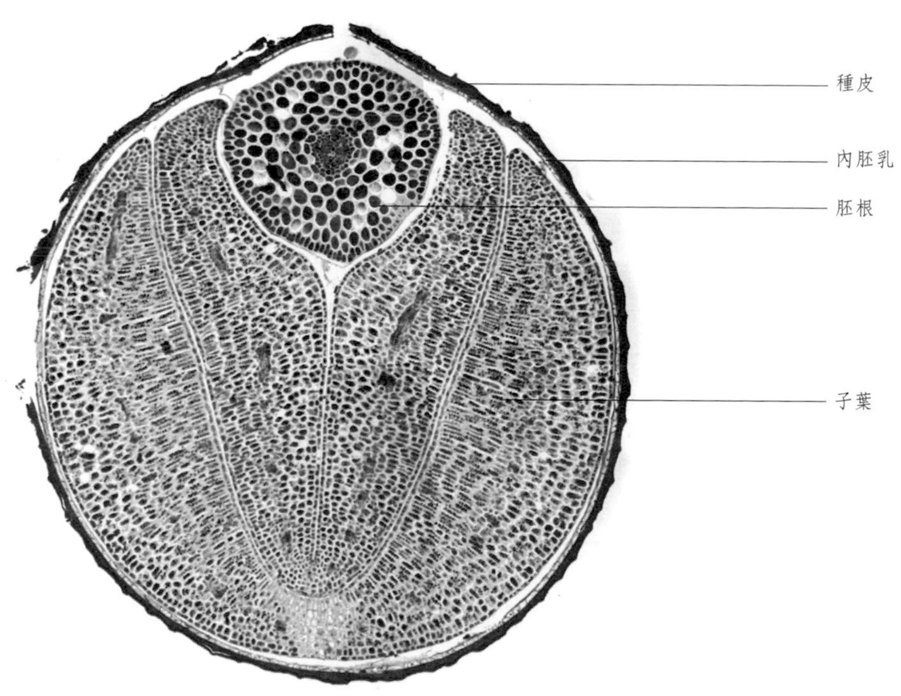

□ 芥種子的構造

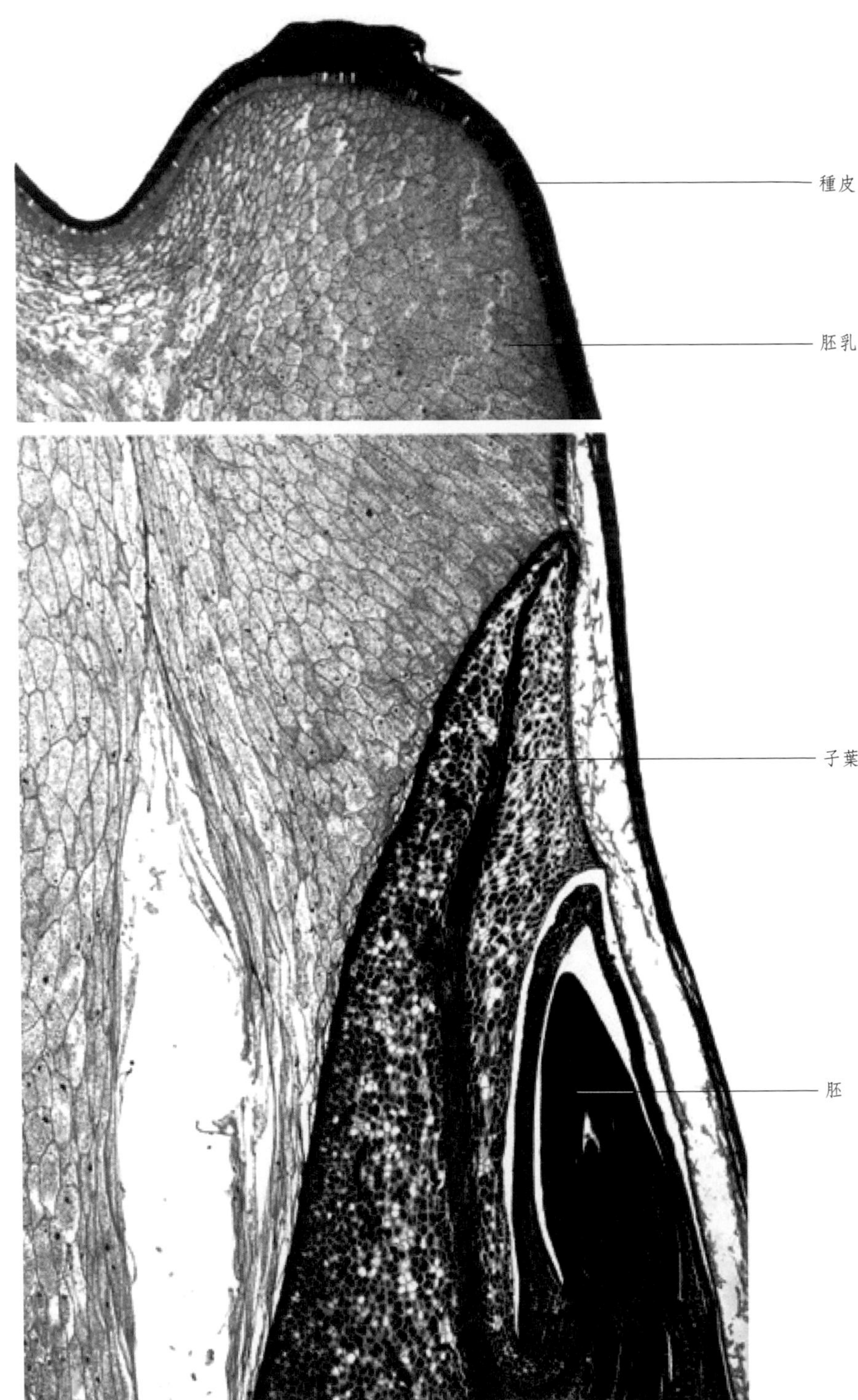

□ 玉米種子的構造

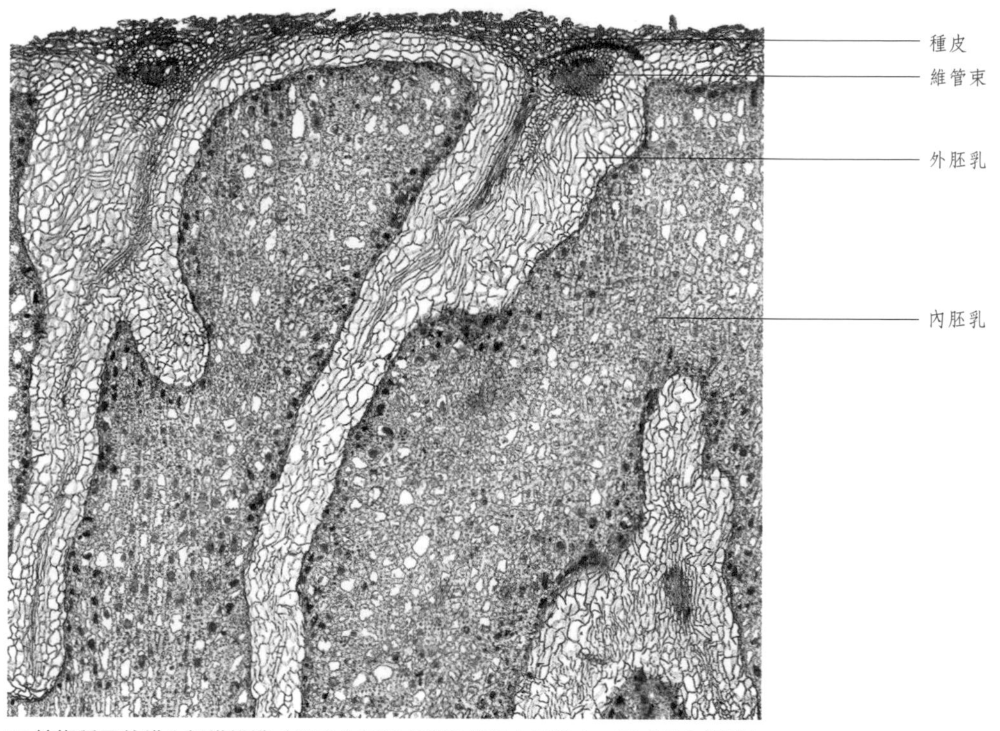

□ 檳榔種子的錯入組織構造（種皮內層和外胚乳常插入胚乳中，形成錯入組織）

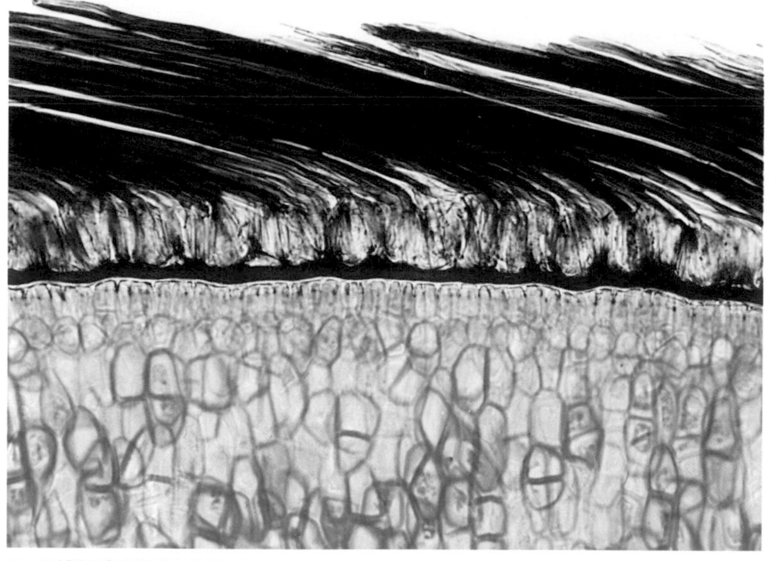
□ 馬錢種皮外面的非腺毛

CHAPTER 4

第四章 植物器官的形態

植物器官是由多種組織構成的，具有一定的外部形態和內部結構，並執行一定生理功能的植物體的組成部分。被子植物器官一般可分為根、莖、葉、花、果實和種子六個部分，依據它們的生理功能，通常分為營養器官（根、莖和葉）和繁殖器官（花、果實和種子）。

一 根

根具有向地性、向濕性和背光性，一般不生芽、葉和花，細胞中不含葉綠體。根據其發育可分為主根、側根和纖維根；根據其發生起源可分為定根和不定根；根據其形態的不同，可分為直根系和鬚根系。為了適應生活環境的變化，根的形態構造產生了許多變態類型，常見種類包括貯藏根（可細分為肉質直根、塊根）、支持根、氣生根、攀緣根、水生根、寄生根。

1. 根的組成與根系

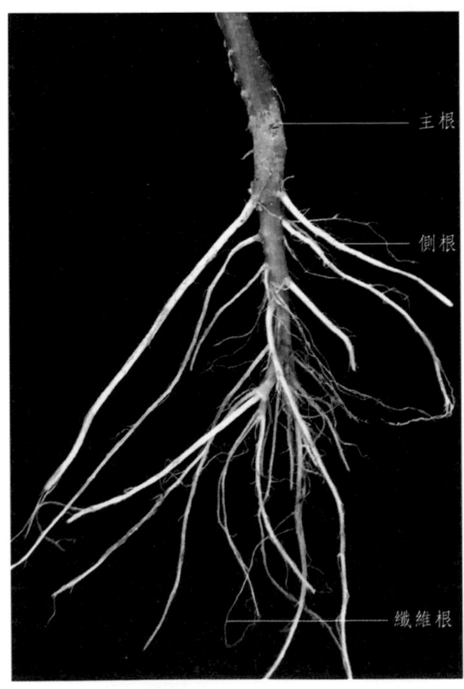

◘ 莧的定根型的直根系

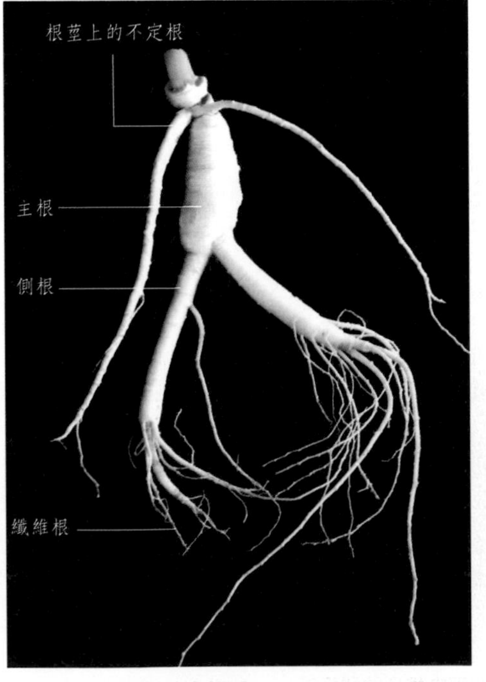

◘ 人參的定根型的直根系

□ 平車前的定根型的直根系

□ 禾本科植物的不定根型的鬚根系

□ 蔥的不定根型的鬚根系

□ 金釵石斛的不定根型的鬚根系

2. 根的變態類型

□ 胡蘿蔔的圓柱根

□ 蘿蔔的圓柱根

□ 孩兒參的圓錐根

□ 蘿蔔的圓球根

□ 紫萍的水生根

□ 大薸的水生根

天門冬的塊根

玄參的塊根

麥冬的塊根

吊蘭的氣生根

石斛的氣生根

錦屏藤的氣生根

榕樹的氣生根

□ 薜荔的攀緣根

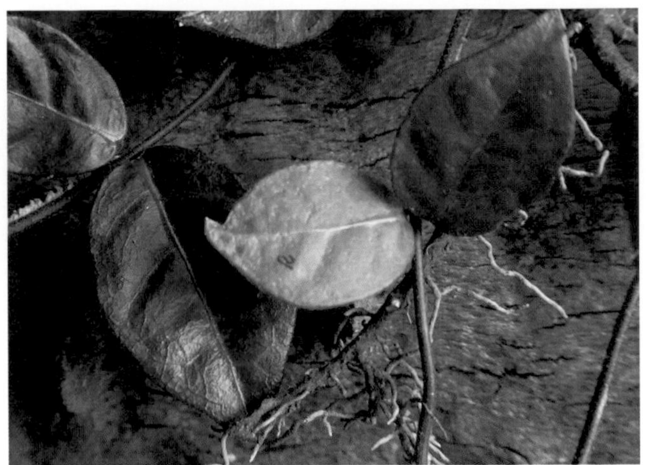
□ 絡石的攀緣根

□ 樸樹上、桑寄生的樹皮寄生根

□ 樸樹上、桑寄生的皮內寄生根

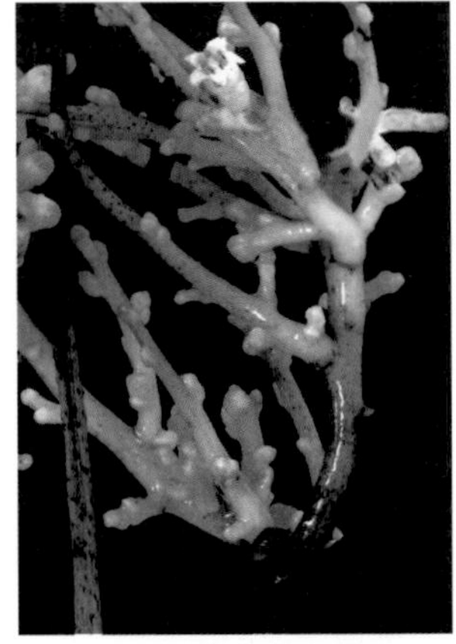
□ 日本菟絲子的寄生根

□ 霍山石斛的附生根

□ 細葉榕的柱狀支持根

□ 高梁的鬚狀支持根

□ 印度榕的板狀支持根

二 莖

莖與根在外形上的主要區別是莖具有節和節間。莖按質地可分為木質莖、草質莖和肉質莖；按生長習性可劃分為直立莖、纏繞莖、攀緣莖和匍匐莖。莖的地上莖變態類型有葉狀莖、刺狀莖、鉤狀莖、莖卷鬚、小塊莖和假鱗莖；地下莖的變態類型有根狀莖、塊莖、球莖、鱗莖。

1. 莖枝與芽

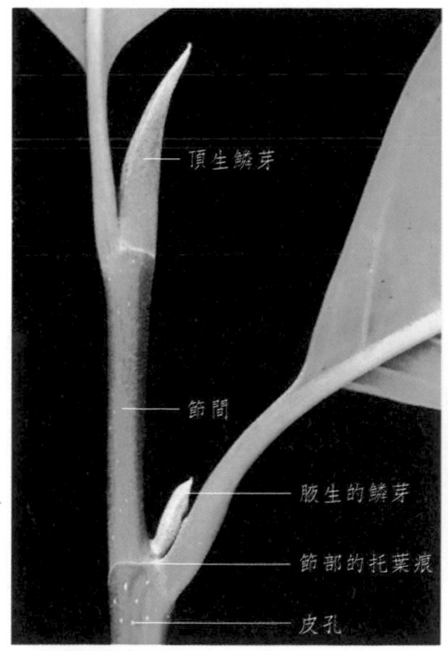

□ 白蘭莖的各部

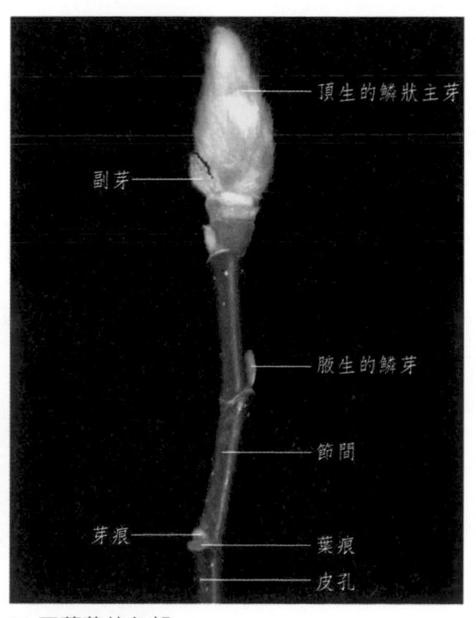

□ 玉蘭莖的各部

第四章 植物器官的形態

□ 龍船花的裸芽

□ 金錢松的長枝與短枝

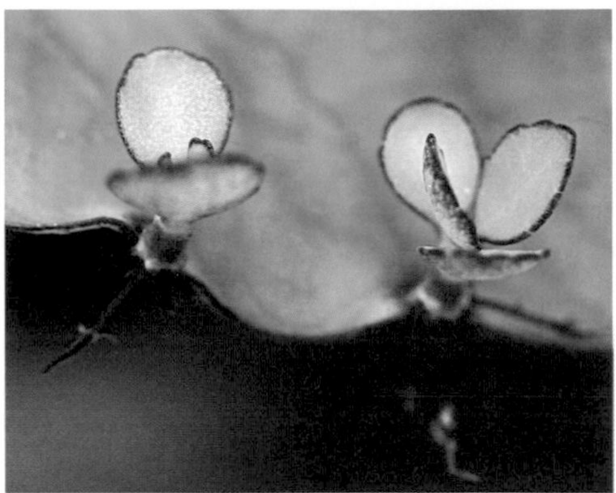

□ 落地生根葉上的不定芽

短枝
長枝

□ 銀杏的長枝與短枝

2. 莖的類型

□ 落羽杉（喬木）的木質莖

□ 連翹（灌木）的木質莖

□ 密花豆（木質藤本）的木質莖

□ 牡丹（亞灌木）的木質莖

□ 牽牛（草質藤本）的草質莖

□ 黃鵪菜（直立草本）的草質莖

□ 蔓莖堇菜（匍匐草本）的草質莖

馬齒莧（附地草本）的草質平臥莖

垂盆草（肉質草本）的肉質莖

圓柏直立的木質莖

薜荔攀緣的木質莖

華南忍冬纏繞的木質莖

地錦匍匐的草質莖

▫ 爬山虎具吸盤且能攀緣的木質莖

▫ 爬山虎的吸盤

3. 莖的分枝

▫ 羅漢松的單軸分枝

▫ 毛曼陀羅的合軸分枝

□ 桑枝的主芽變成花芽，側芽發育為側枝，形成合軸分枝

□ 松葉蕨的二叉分枝

□ 麥藍菜的假二叉狀分枝

4. 莖的變態

□ 山皂莢的刺狀莖

□ 鉤藤的鉤狀莖

□ 龍鬚藤的莖卷鬚

□ 皂莢的刺狀莖

□ 虎刺梅的皮刺

□ 石仙桃的假鱗莖

□ 天門冬的葉狀莖

□ 竹節蓼的葉狀莖

□ 天麻的塊莖（藥材鑑別上稱的「芝麻點」是塊莖節上的芽眼；「肚臍眼」是自母體脫落後留下的疤痕；「鸚哥嘴」是塊莖頂端的紅色芽苞）

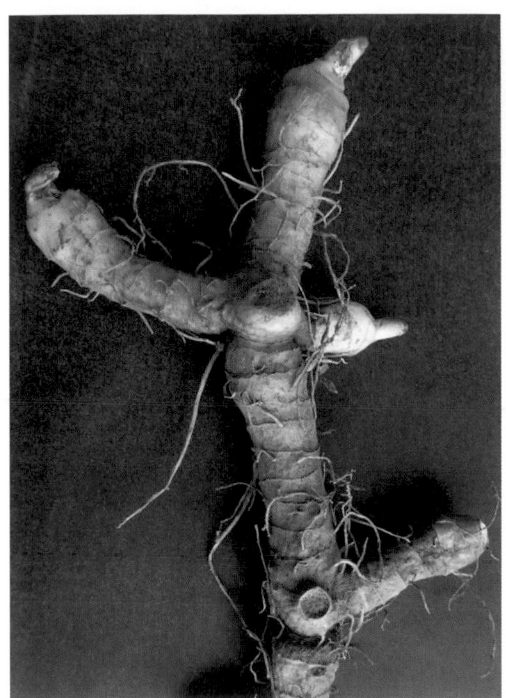

□ 玉竹的根狀莖

□ 白茅的根狀莖

□ 大蒜的有被鱗莖

□ 百合的無被鱗莖

□ 荸薺的球莖

5. 珠芽

珠芽是某些植物的葉緣、葉腋或花序節部形成的珠狀小鱗莖。珠芽掉落地面能長出新株，故珠芽可以用來做無性繁殖。有時珠芽在植株上發芽，長根出葉，出現「胎生」現象，掉落地面能更快地長出新株。這是植物以營養繁殖的方式補充或補救有性生殖的不足或受損，是植物適應環境變化的對策。

□ 珠芽狗脊葉片上的珠芽

□ 落葵薯葉腋的珠芽

□ 地錦苗葉腋的珠芽

□ 珠芽魔芋小葉柄交叉處的珠芽

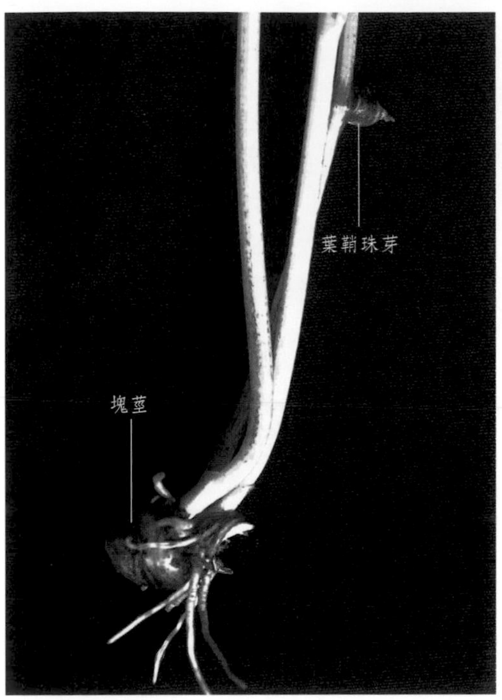

半夏葉鞘的珠芽

雙翅舞花薑花序上的珠芽

峨眉舞花薑果序上的珠芽

□ 珠芽蓼花序上的珠芽

□ 山麥冬果序上的珠芽

□ 卷丹葉腋的珠芽

□ 通江百合葉腋的珠芽

□ 薯蕷葉腋的珠芽

□ 黃獨葉腋的珠芽

□ 參薯葉腋的珠芽

□ 落地生根葉緣上的珠芽

□ 落地生根珠芽上可以再生珠芽

□ 大葉落地生根葉緣上的珠芽

6. 節外生枝與節外生花現象

植物的營養枝或花果枝除頂生以外，一般都生於節上葉腋。然而在特殊情況下也會出現節外生枝與節外生花的現象，這是植物多樣性的表現。

◘ 梔子的節外生枝（腋芽脫離葉腋，與莖移行生長，出現節外生枝）

◘ 百部的節外生花（花芽脫離葉腋，與葉柄和主脈移行生長，出現節外生花）

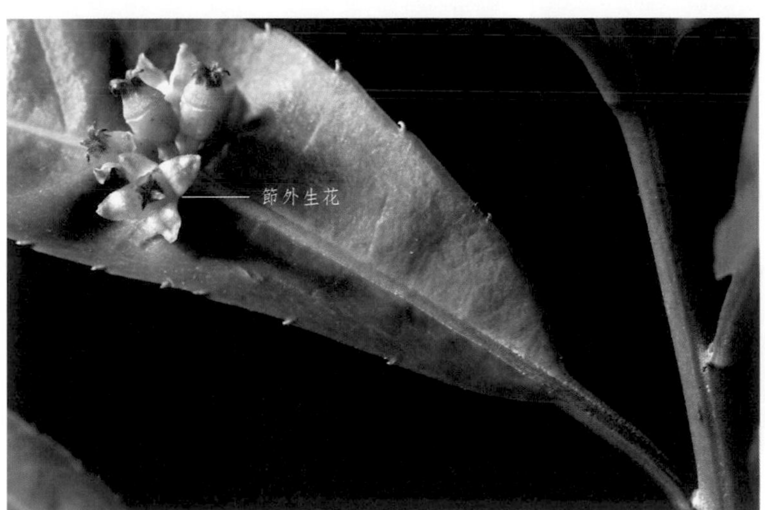

◘ 中華青莢葉的節外生花〔花芽脫離葉腋，與葉柄和主脈移行生長，出現節外生花（葉上花）〕

第四章　植物器官的形態

□ 青莢葉的節外生花（花芽脫離葉腋，與葉柄和主脈移行生長，出現節外開花結果）

□ 龍葵的節外生花（花芽脫離葉腋，與莖移行生長，出現節外生花）

□ 菖蒲的節外生花（花芽脫離葉腋，與葉脈移行生長，出現節外生花）

三 葉

由葉片、葉柄、托葉三部分組成的葉稱為完全葉。葉片的形狀包括葉片的全形、葉的尖端、葉的基部、葉邊緣的形狀和葉脈的分布等。植物的葉有單葉和複葉兩類，根據小葉的數目和在葉軸上排列方式的不同，複葉又可分為三出複葉、掌狀複葉、羽狀複葉和單身複葉。葉在莖枝上排列的次序或方式稱葉序，常見的葉序有互生、對生、輪生、簇生。葉的變態種類很多，常見的包括苞片、鱗葉、刺狀葉、葉卷鬚、捕蟲葉等。

1. 葉的組成

□ 香葉天竺葵的完全葉

□ 榆葉梅的完全葉

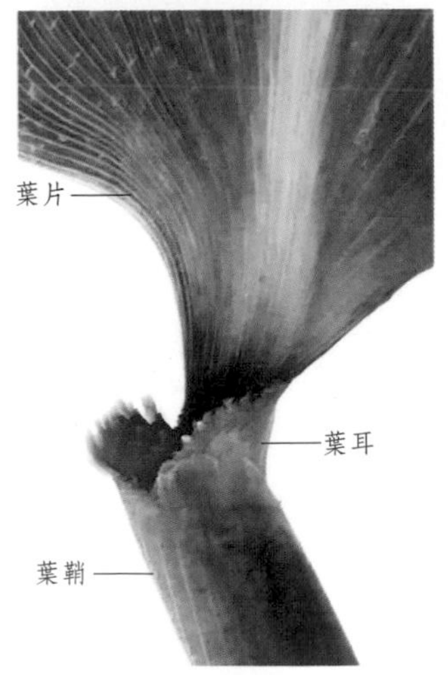

□ 箬竹具葉鞘及葉耳的葉

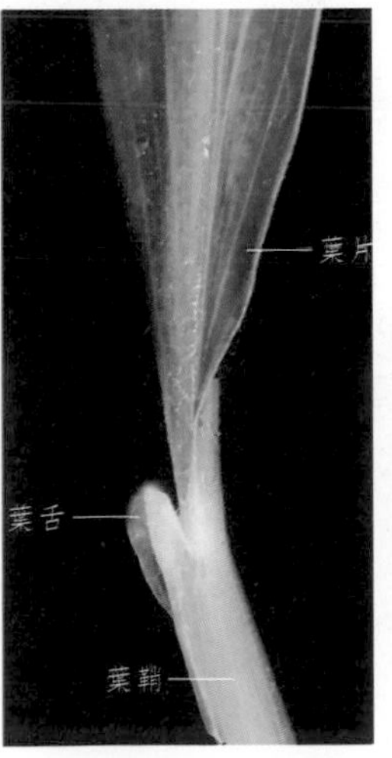

□ 草豆蔻具葉鞘及葉舌的葉

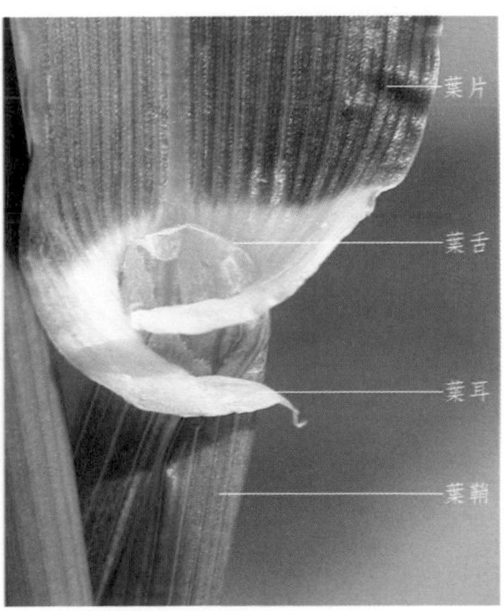

□ 大麥具葉鞘、葉舌及葉耳的葉

2. 葉柄和托葉的變態

□ 鳳眼蓮具氣囊的葉柄

□ 棕竹具纖維的鞘狀柄

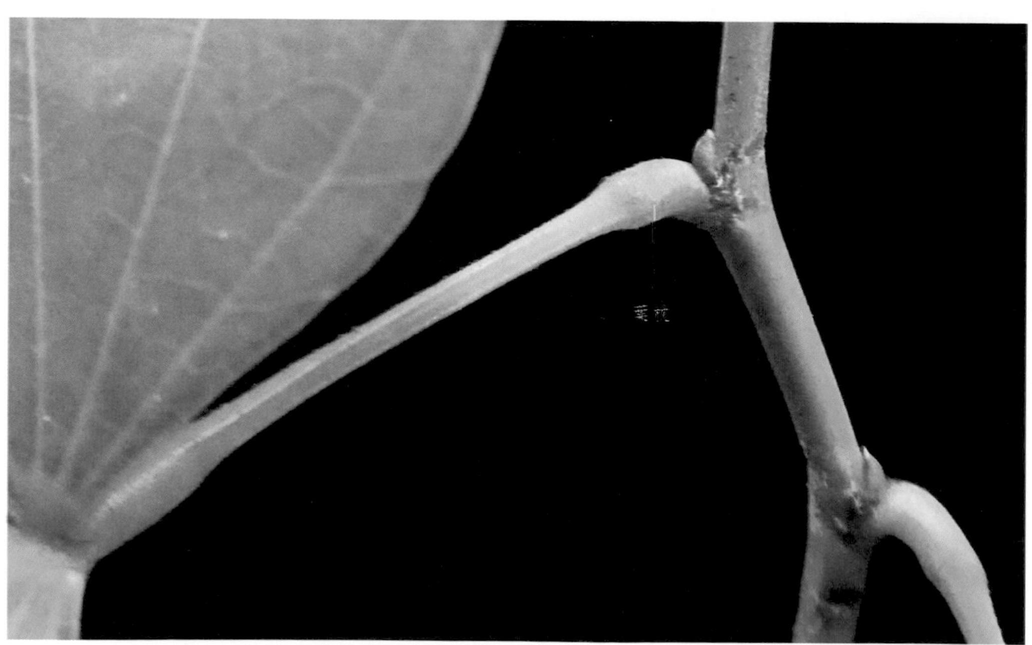

□ 羊蹄甲具葉枕的葉柄

□ 菝葜的托葉卷鬚

□ 小檗的托葉刺

□ 虎杖的托葉鞘

□ 紅蓼的托葉鞘和葉柄

葉卷鬚
葉狀托葉

□ 豌豆的葉狀托葉和葉卷鬚

□ 茜草的葉狀托葉

□ 刺槐的托葉刺

3. 葉的全形

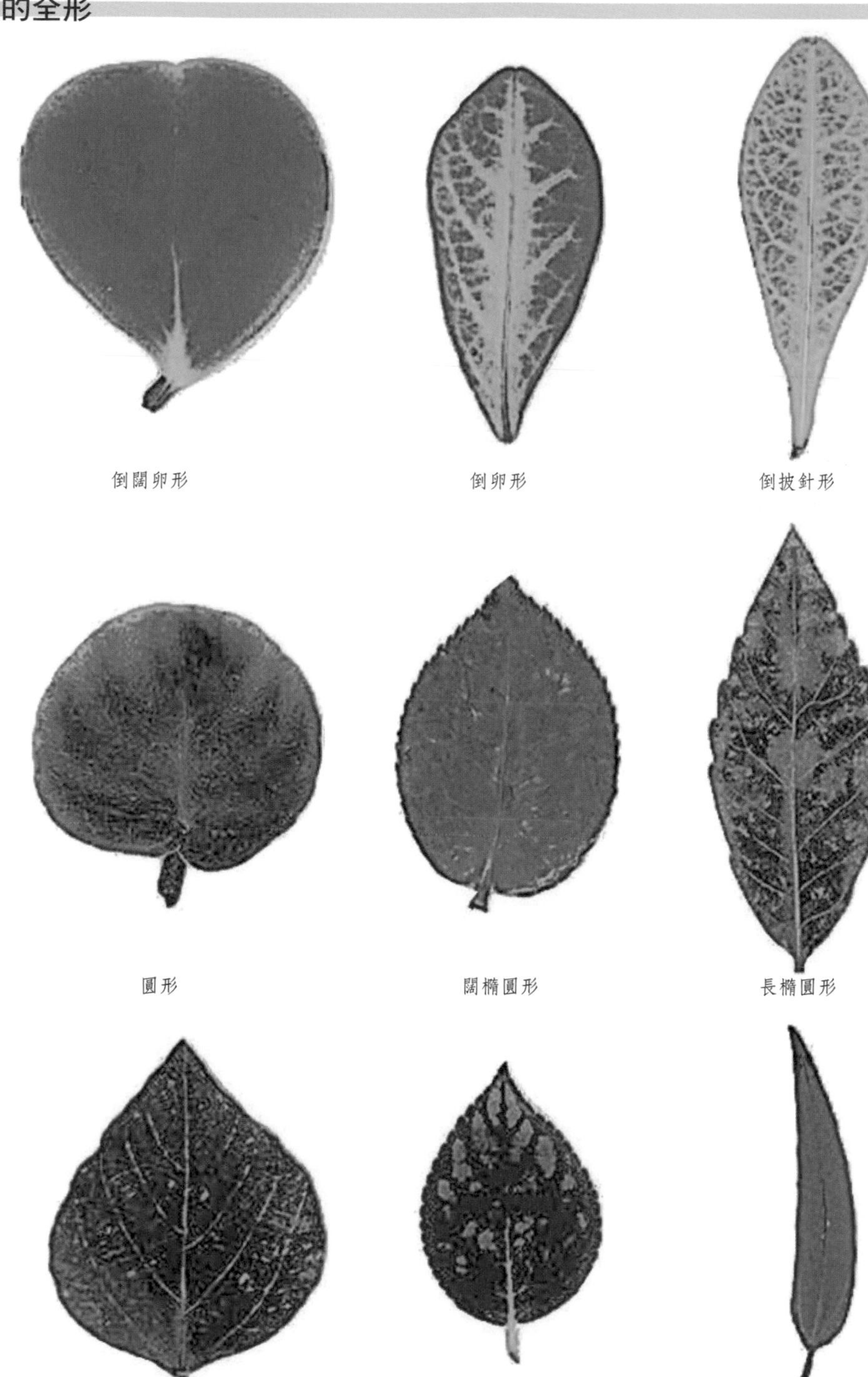

□ 葉片的基本形態

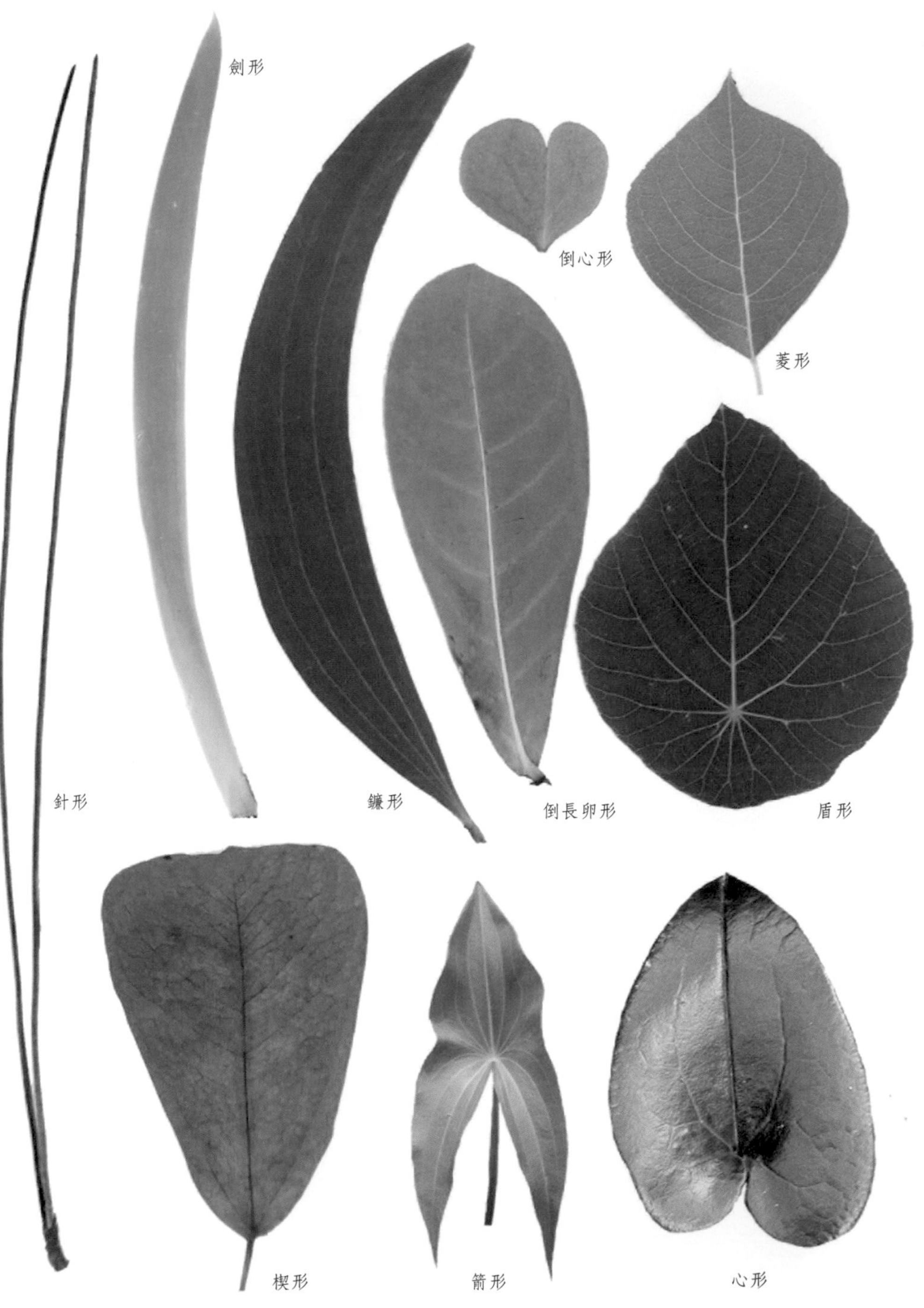

◻ 葉片的其他形態

側柏的鱗形葉

馬尾松的針形葉

刺蓼的三角形葉

戟葉蓼的戟形葉

平車前的匙形葉

酢漿草的倒心形葉

蓮的盾形葉

白英的提琴形葉

菱的菱形葉

慈姑的箭形葉

竹節秋海棠的偏斜形葉

銀杏的扇形葉

蔥的管形葉

茨的圓形葉

麥冬的線形葉

藍桉的鐮形葉

文殊蘭的帶形葉

積雪草的腎形葉

4. 葉基

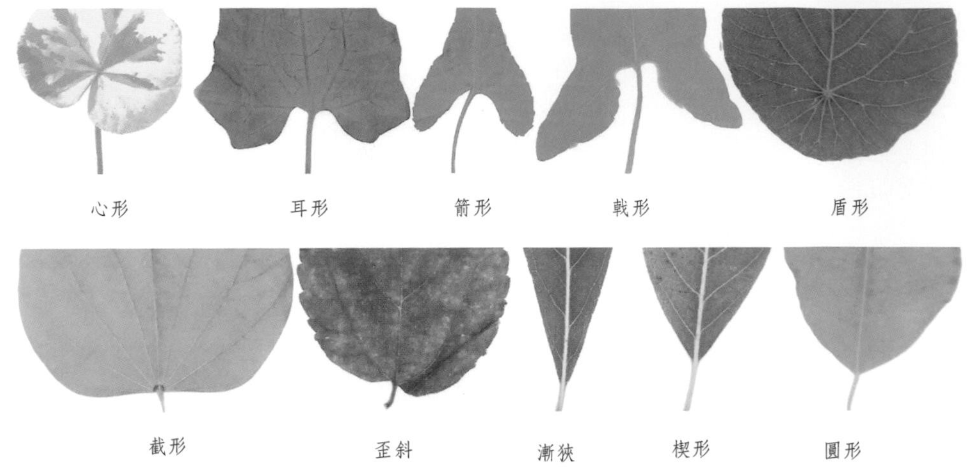

□ 葉基的基本類型

□ 苦竇菜的抱莖葉基

□ 穿心草的穿莖葉基

□ 元寶草的合生穿莖葉基

5. 葉端

□ 葉端的基本類型

6. 葉緣

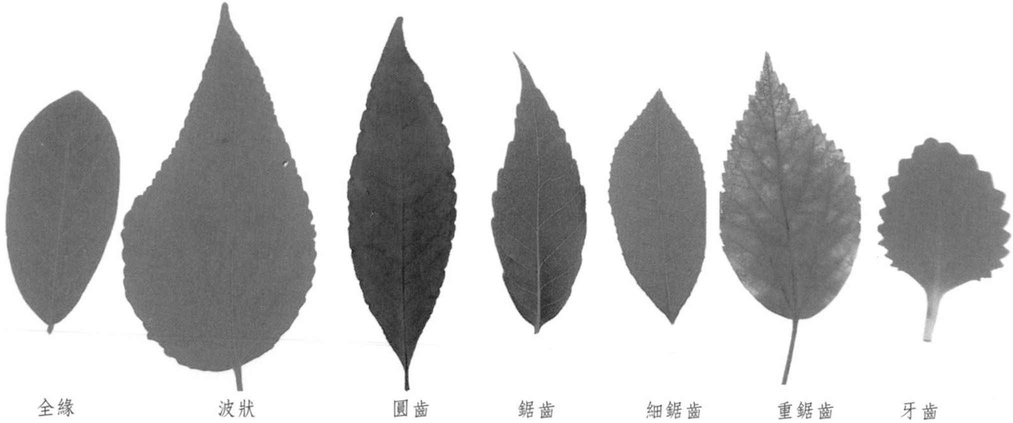

□ 葉緣的基本類型

□ 狹葉十大功勞的刺齒狀葉緣

□ 粗毛淫羊藿的睫毛狀葉緣

□ 琉璃苣的皺波狀葉緣

7. 葉脈

□ 葉脈組成

□ 銀杏的二叉分枝脈

□ 雙扇蕨的分叉脈

□ 變葉木的羽狀網脈

□ 葡萄的掌狀網脈

□ 蒲葵葉片的射出平行脈

□ 水稻的直出平行脈

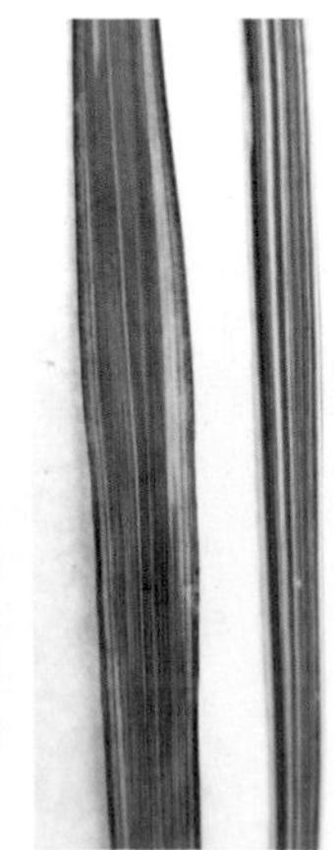

□ 花葉麥冬的直出平行脈

□ 芭蕉葉片的橫出平行脈

□ 山茱萸的弧形脈

□ 對葉百部的弧形脈

□ 平車前的弧形脈

□ 肉桂的三出脈

8. 葉的分裂

□ 葉的分裂基本類型

▣ 爬山虎的三出淺裂葉片

▣ 半夏的三出全裂葉片

▣ 纈草的羽狀全裂葉片

▣ 大麻的掌狀全裂葉片

9. 複葉的類型

□ 美麗胡枝子的羽狀三出複葉

□ 三椏苦的掌狀三出複葉

□ 人參的掌狀複葉

□ 柚的單身複葉

□ 苦參的奇（單）數羽狀複葉（葉軸不分枝）

□ 決明的偶（雙）數羽狀複葉（葉軸不分枝）

含羞草的掌狀羽狀複葉（葉軸不分枝）

合歡的二回羽狀複葉（葉軸一次分枝）

南天竹的三回羽狀複葉（葉軸兩次分枝）

10. 葉序

□ 樸樹的互生葉

□ 假連翹的二列對生葉

□ 薄荷的交互對生葉

□ 狹葉重樓的輪生葉

□ 銀杏的簇生葉

□ 多花黃精的互生葉

□ 滇黃精的輪生葉

11. 葉的變態與異形葉性

□ 仙人掌的刺狀葉

□ 圓柏的鱗葉與刺狀葉（圓柏為鱗葉，其基部的部分葉片呈刺狀）

□ 麻黃的膜質鱗葉

□ 蕺菜（魚腥草）的總苞葉

□ 天南星的佛焰狀總苞葉

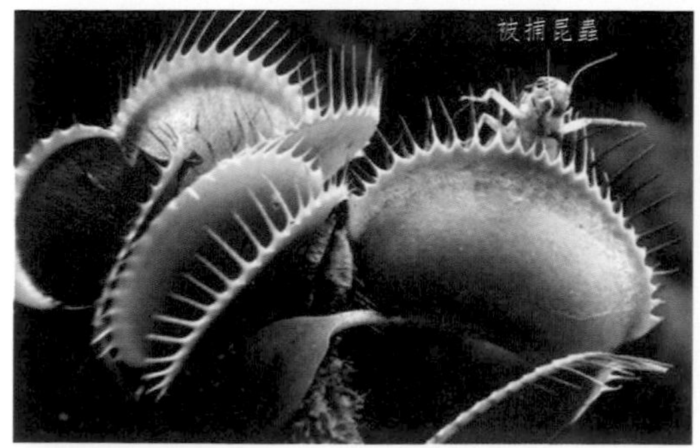

□ 捕蠅草的捕蟲葉

□ 豬籠草的捕蟲葉

□ 益母草的異形葉性（基生葉圓形淺裂，莖生葉中部深裂，頂生葉條形）

□ 益母草的莖生葉中部深裂，頂生葉條形

□ 半夏的異形葉性（幼葉圓心形，成熟葉三全裂）

□ 變葉樹參的異形葉性（不裂與三裂葉）

□ 銀合歡的異形葉性（子葉為對生單葉，首片真葉為羽狀複葉，第二片以後為二回羽狀複葉。這是個體發育對系統發育的重演，說明銀合歡的祖先可能是一回羽狀複葉）

□ 臺灣相思的異形葉性（首片真葉為二回羽狀複葉，第二片羽葉的葉柄呈扁平葉狀，第三片以後羽葉消失，葉狀柄發達。說明臺灣相思成年個體的葉是葉柄的變態，而且其祖先可能是由具二回羽狀複葉的物種進化而成）

12. 葉鑲嵌

葉在莖枝上的排列無論是哪一種方式，相鄰兩節的葉片都不重疊，彼此成相當的角度鑲嵌著生，稱為葉鑲嵌。

□ 酢漿草的葉鑲嵌

□ 雞爪槭的葉鑲嵌

四 花

花是種子植物特有的繁殖器官。裸子植物的花構造簡單，無花被，單性，形成雄球花和雌球花；被子植物的花則高度進化，通常由花梗（花柄）、花托、花被、雄蕊（包括花絲和花藥）和雌蕊（包括子房、花柱和柱頭）等部分組成。其中，花被是花萼和花冠的總稱。由於裸子植物的花構造簡單，不具代表性，故一般所稱的花是指被子植物的花。

1. 花的組成

□ 完全花的組成（芥）

2. 花的類型

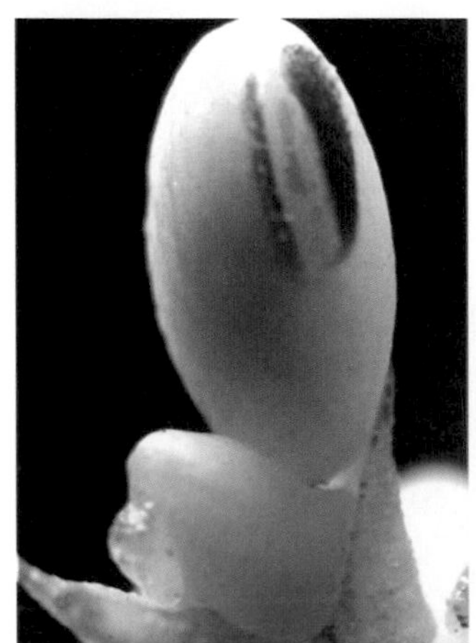

□ 草珊瑚的無被兩性花

□ 杜仲的無被雄花

□ 杜仲的無被雌花

草珊瑚和杜仲的花無花冠、花萼，雄蕊無花絲，雌蕊無花柱，是結構最簡單的花。

含笑無花萼、花冠之分的單被花

風雨花的單被花

芥藍具花萼、花冠的重被花

黨參的重被花

牡丹的重瓣花

繡球花的中央為兩性花，邊緣為無性花

雞蛋果形態結構特異的兩性花

冬瓜的單性雌花

核桃的單性雌花

核桃的單性雄花

玉米的雌雄同株

蓖麻的雌雄同株

罌粟的輻射對稱花

萱草的輻射對稱花

黃芩的兩側對稱花

美麗雞血藤的兩側對稱花

大花美人蕉的不對稱花

美人蕉的不對稱花

3. 特殊的花托

□ 木蘭的圓柱形花托

□ 草莓的圓錐形花托

□ 蓮的倒圓錐形花托

□ 金櫻子的壺狀花托

4. 特殊的花萼

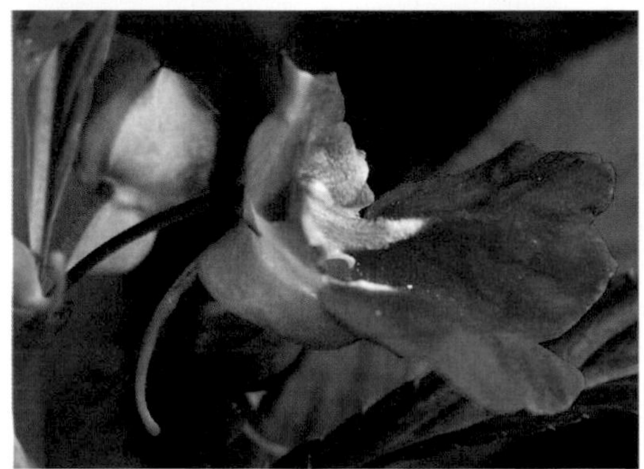
□ 鳳仙花的距狀萼

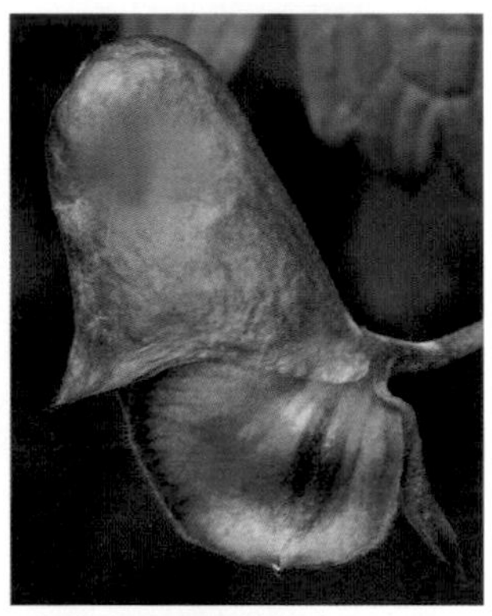
□ 烏頭的花瓣狀萼

□ 千里光的冠毛狀萼

□ 木槿的副花萼

□ 蒲公英的冠毛狀萼

□ 柿隨果實長大的宿存萼

5. 花冠的類型

□ 諸葛菜的十字形花冠

□ 菘藍的十字形花冠

□ 豌豆的蝶形花冠（旗瓣在外）

□ 黃槐的假蝶形花冠（旗瓣在內）

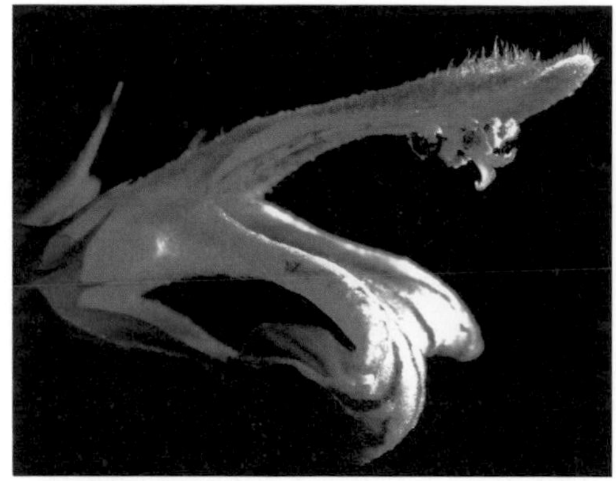
益母草的唇形花冠

丹參的唇形花冠

枸杞的輻狀花冠

小薊的管狀花冠

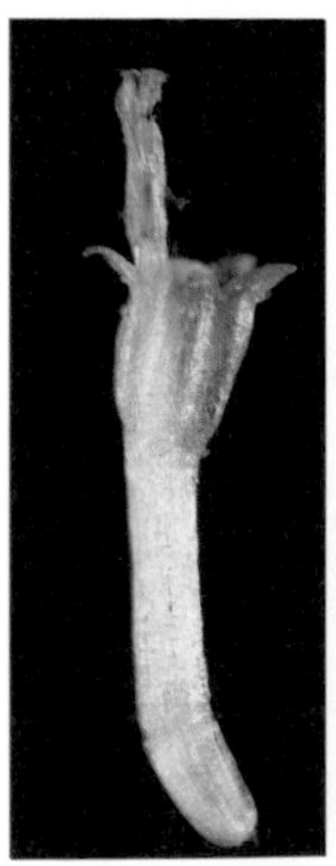
菊的管狀花冠

菊的舌狀花冠

長春花的高腳碟狀花冠

沙參的鐘狀花冠

吊鐘花的鐘狀花冠

柿的壇狀花冠

曼陀羅的喇叭狀花冠

牽牛的漏斗狀花冠

6. 花被卷疊式

□ 桔梗的鑷合狀花被

□ 沙參的內向鑷合狀花被

□ 酸漿的外向鑷合狀花被

□ 懸鈴花的旋轉狀花被

□ 黃花夾竹桃的旋轉狀花被

□ 羊蹄甲的覆瓦狀花被

□ 薔薇的重覆瓦狀花被

7. 雄蕊的類型

◘ 梵天花的單體雄蕊

◘ 扶桑的單體雄蕊

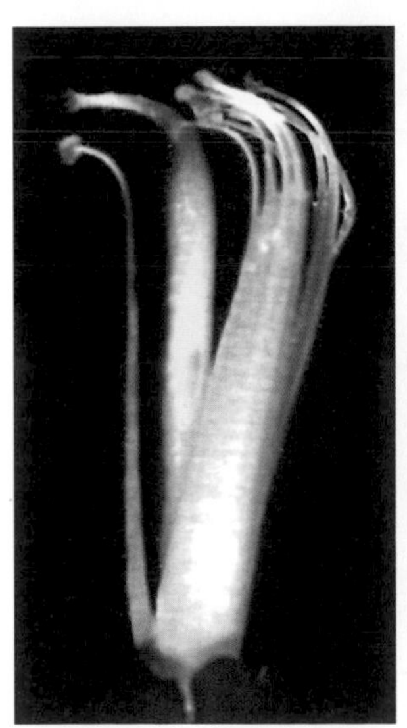

◘ 油麻藤的二體雄蕊

◘ 紫藤的二體雄蕊

黃牛木的多體雄蕊

橘的多體雄蕊

凌霄的二強雄蕊

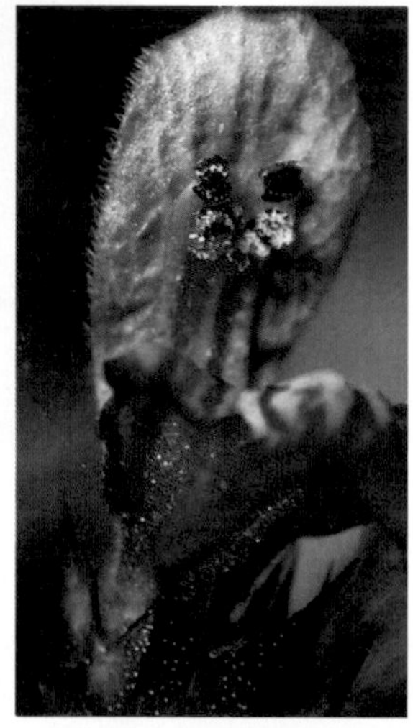

益母草的二強雄蕊

蘿蔔的四強雄蕊

紅花的聚藥雄蕊

菊苣的聚藥雄蕊

8. 花藥著生和開裂的方式

細葉百合的丁字著藥

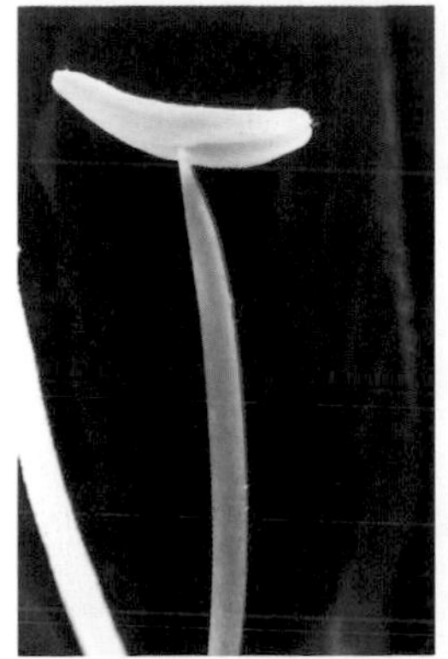

羊蹄甲的丁字著藥

扶桑的個字著藥

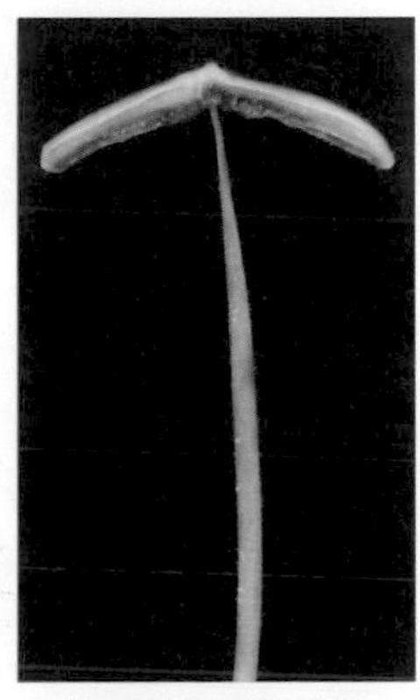

炮仗花的廣歧著藥

桔梗的基著藥

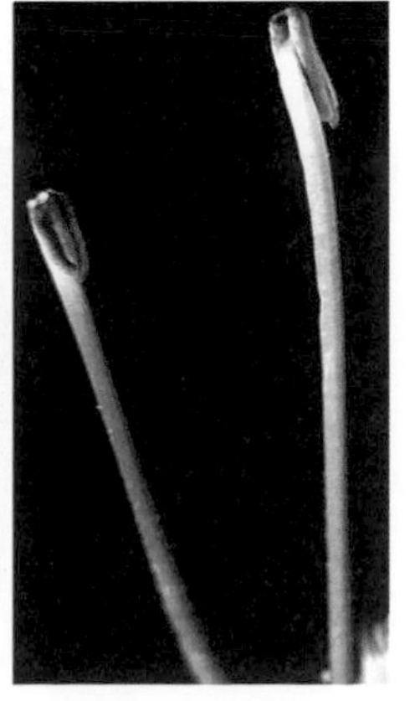

杜鵑的背著藥

重樓的全著藥

玉蘭的全著藥

地菍的孔裂

紫杜鵑的孔裂

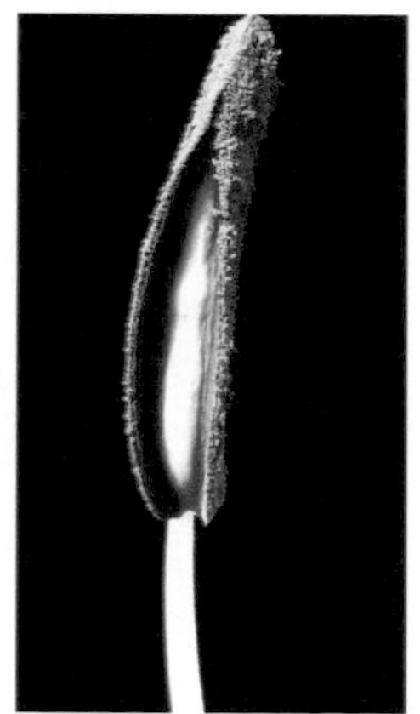
百合的縱裂

山雞椒的瓣裂

肉桂的瓣裂

9. 雌蕊的類型

□ 白扁豆的單心皮雌蕊

□ 烏頭的三心皮離生雌蕊

□ 黃連的多心皮離生雌蕊

□ 毛莨的多心皮離生雌蕊

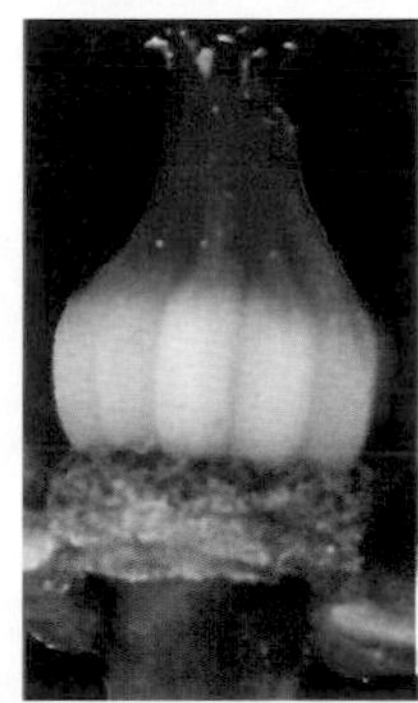

□ 紅花八角的多心皮離生雌蕊

□ 紫玉蘭的多心皮離生雌蕊

□ 石竹的花柱、柱頭離生複雌蕊

□ 南瓜的花柱合生、柱頭離生複雌蕊

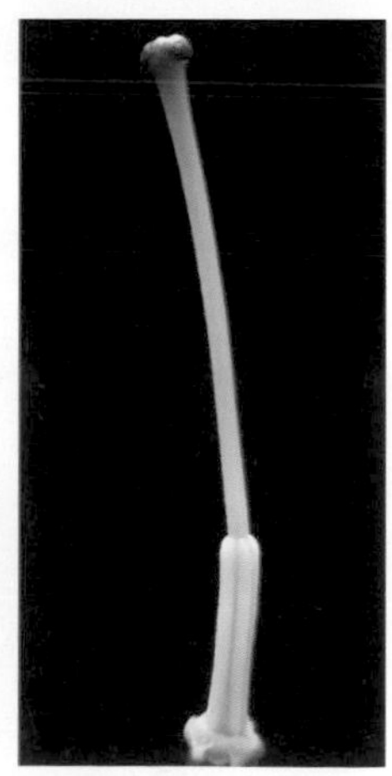

□ 百合的花柱、柱頭合生複雌蕊

10. 子房的位置

□ 韭菜的子房上位下位花

□ 八角蓮的子房上位下位花

□ 桃的子房上位周位花

□ 薔薇的子房上位周位花

□ 桔梗的子房半下位周位花

□ 蔥蓮的子房下位上位花

□ 冬瓜的子房下位上位花

11. 胎座的類型

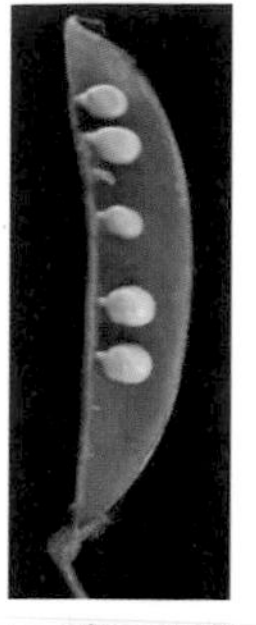

◻ 豌豆的邊緣胎座

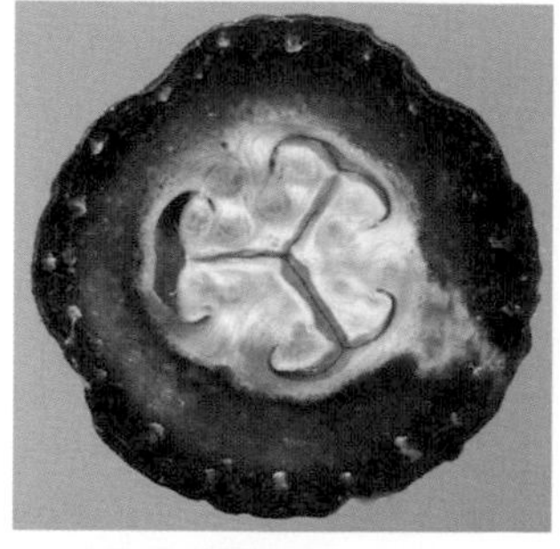

◻ 栝蔞的側膜胎座

◻ 百合的中軸胎座

◻ 石竹的特立中央胎座

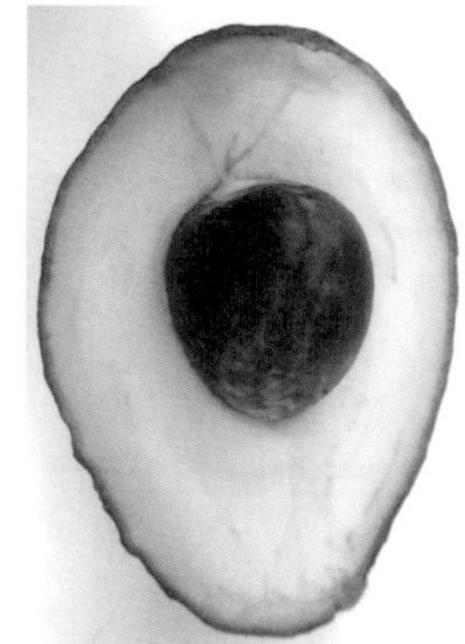

◻ 牛油果（酪梨）的頂生胎座

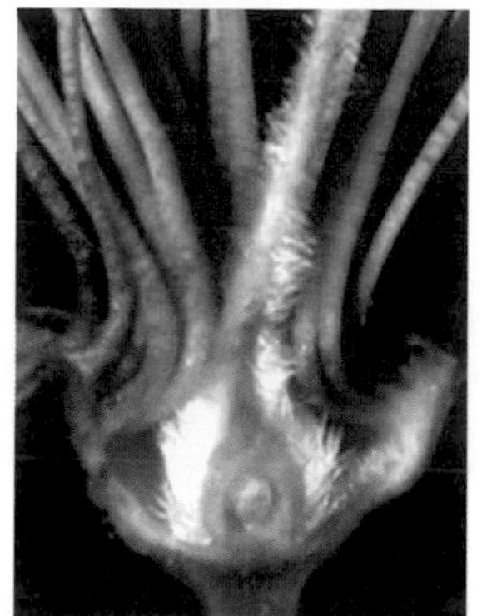

◻ 桃的基生胎座

12. 無限花序的類型

◻ 紫藤的總狀花序

芥藍的總狀花序

二月蘭的總狀花序

小麥的複穗狀花序

車前的穗狀花序

青葙的穗狀花序

桑的柔荑花序

構樹的柔荑花序

天南星的肉穗花序

海芋的肉穗花序

梨的傘房花序

山楂的傘房花序

五加的傘形花序

刺五加的傘形花序

□ 柴胡的複傘形花序

□ 茴香的複傘形花序

□ 川續斷的頭狀花序

□ 向日葵的頭狀花序

□ 松果菊的頭狀花序

□ 藍刺頭的複頭狀花序

□ 粗葉榕的隱頭花序

13. 有限花序的類型

□ 雄黃蘭的蠍尾狀聚傘花序

□ 射干的蠍尾狀聚傘花序

□ 絲棉木的二歧聚傘花序

□ 扶芳藤的二歧聚傘花序

□ 附地菜的螺旋狀聚傘花序

□ 狐尾草的螺旋狀聚傘花序

□ 琉璃苣的螺旋狀聚傘花序

□ 貓眼草的多歧聚傘花序

□ 狼毒大戟的杯狀聚傘花序

□ 大戟的杯狀聚傘花序

□ 白花益母草的輪傘花序

□ 薄荷的輪傘花序

五 果實

果實是被子植物特有的繁殖器官。根據果實的來源、結構和果皮性質的不同，可分為單果、聚合果和聚花果三大類。其中，單果根據果皮質地的不同，分為肉質果和乾果兩類。乾果又可分為可裂乾果和不裂乾果兩類。

1. 肉質果的類型

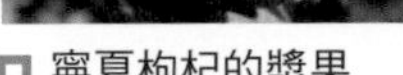

寧夏枸杞的漿果

番茄的漿果

葡萄的漿果

橘的柑果

橘的橫切面

桃的核果

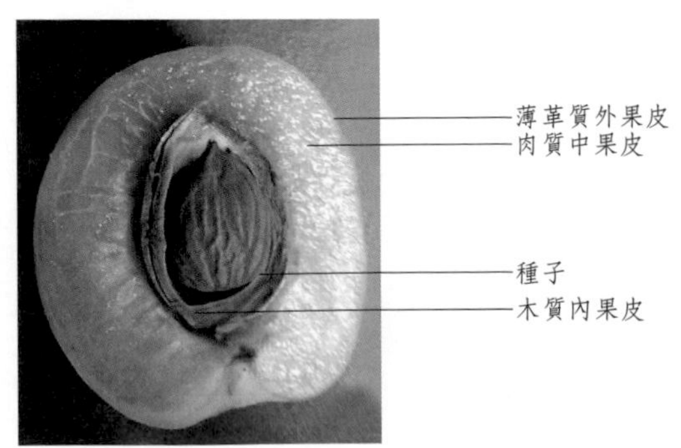

桃的縱切面

蘋果的梨果

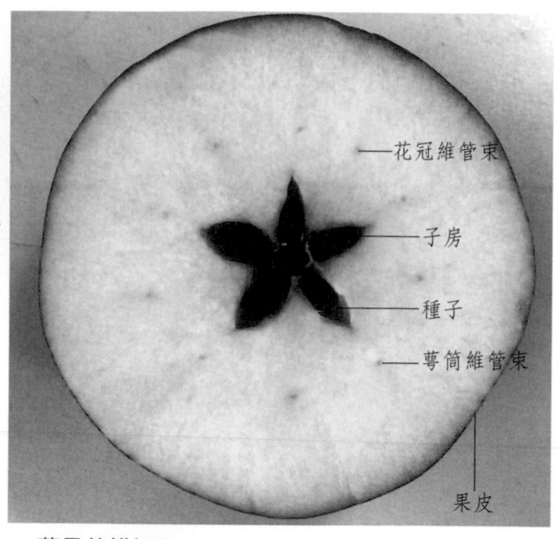

蘋果的橫切面

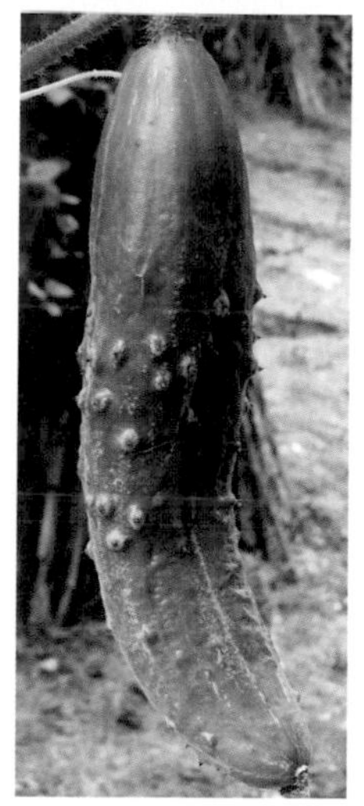

黃瓜的瓠果

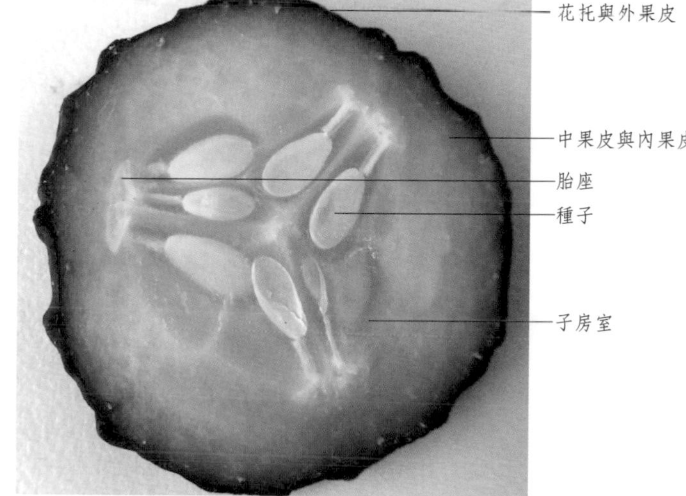

黃瓜的橫切面

南瓜的瓠果

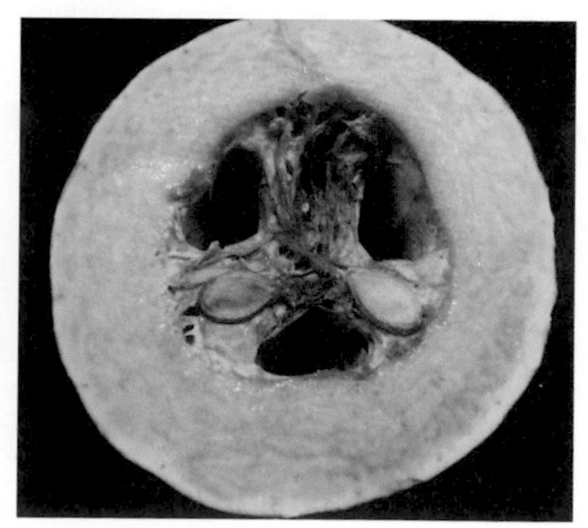

南瓜的橫切面

2. 裂果的類型

□ 淫羊藿的蓇葖果

□ 匙羹藤的蓇葖果

□ 相思子的開裂莢果

□ 皂莢不裂的特殊莢果

□ 槐不裂的特殊肉質莢果

□ 紫荊的莢果

馬兜鈴的室間瓣裂蒴果

重樓的室背瓣裂蒴果

曼陀羅的室柱瓣裂蒴果

連翹的室背開裂蒴果

虞美人的孔裂蒴果

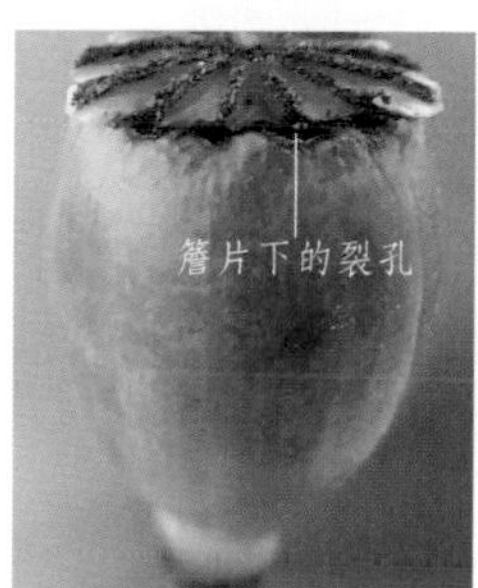

中華罌粟的孔裂蒴果

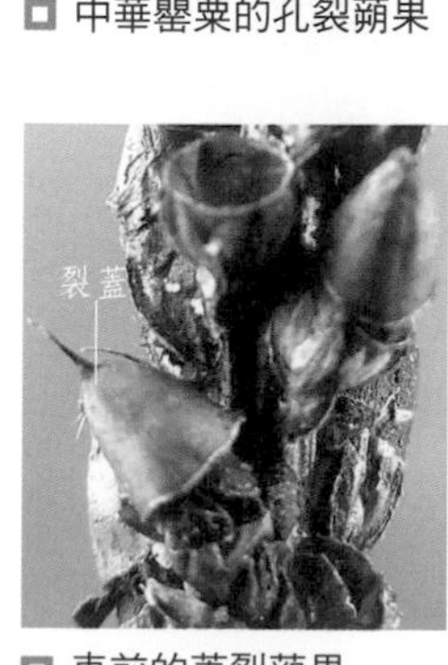

車前的蓋裂蒴果

野牡丹的不規則炸裂蒴果

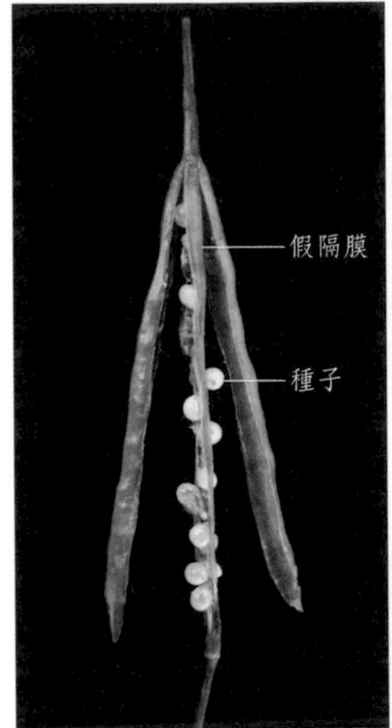

□ 油菜的長角果

□ 薺的短角果

□ 播娘蒿的長角果

3. 不裂果的類型

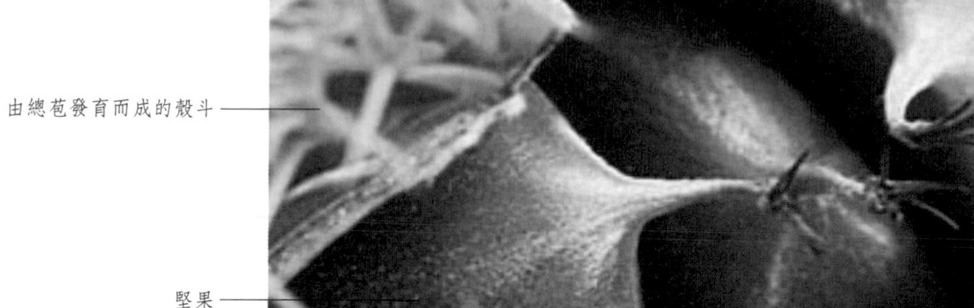

□ 栗的堅果

□ 青岡的堅果

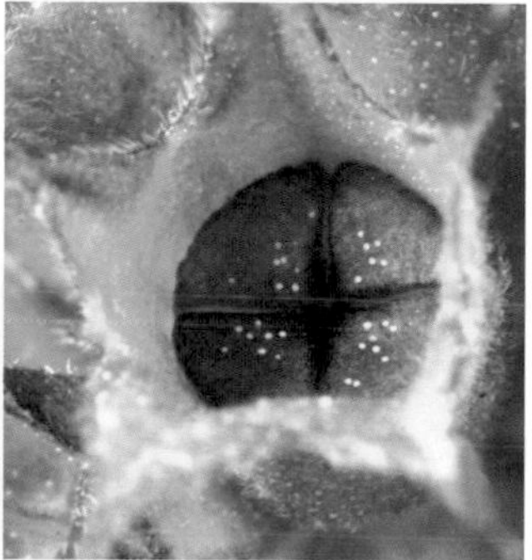

□ 益母草的四分小堅果

□ 斑種草的四分小堅果

□ 酸模的瘦果

□ 向日葵的連萼瘦果 □ 向日葵的盤狀果序

□ 蒲公英的連萼瘦果

胚乳

胚

□ 玉米的穎果

□ 雞爪槭的雙翅果

榆樹的翅果

大果榆的單翅果

地膚的胞果

白芷的雙懸果（雙懸的果容易被風吹走，以達到植物傳播種子的目的）

4. 聚合果的類型

八角的聚合蓇葖果

毛茛的聚合瘦果

金櫻子的薔薇果

八角乾燥的聚合蓇葖果

芍藥的聚合蓇葖果

茅莓的聚合核果

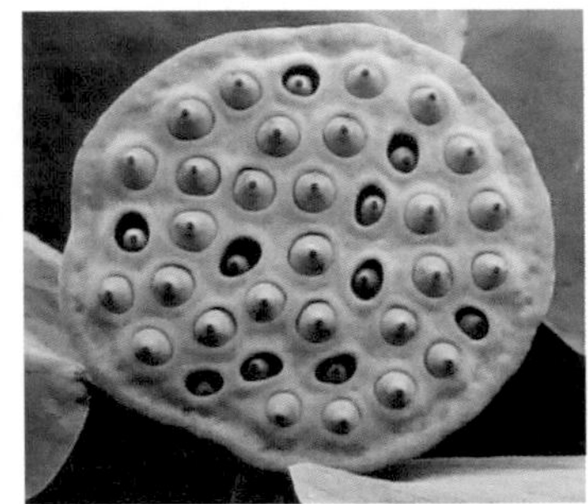

蓮的聚合堅果

五味子的聚合漿果

5. 聚花果的類型

桑的聚花果

構樹的聚花果

□ 菠蘿（鳳梨）的聚花果

※台灣稱「菠蘿」為「鳳梨」。

□ 假菠蘿的聚花果

※台灣無「假菠蘿」用法，稱其「露兜樹」。

□ 無花果的果枝

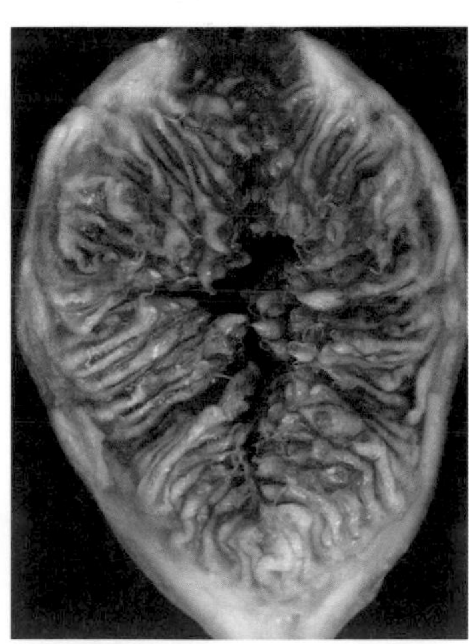

□ 無花果的隱頭果

六 種子

種子是種子植物特有的器官，是由胚珠受精後發育而來。珠被發育成種皮，卵細胞發育成胚，極核細胞發育成胚乳。種子的形態、大小、色澤、表面紋理等隨植物種類不同而異。

1. 種子的形態

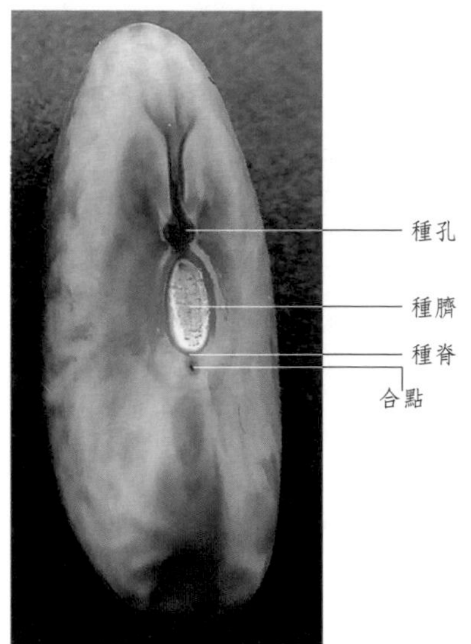

□ 菜豆的無胚乳種子

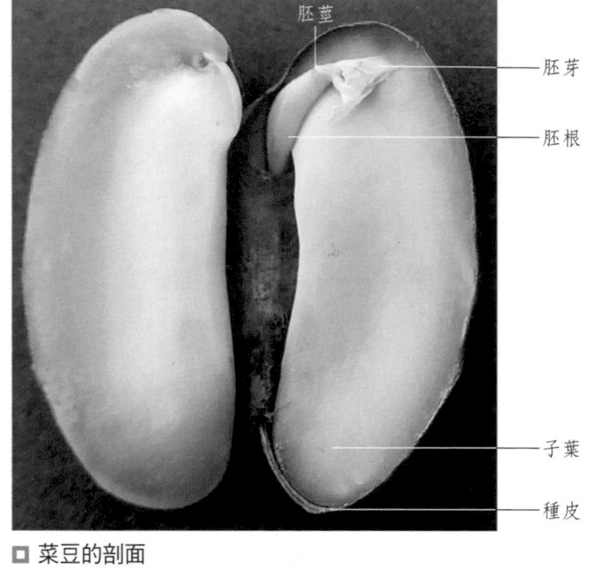

□ 菜豆的剖面

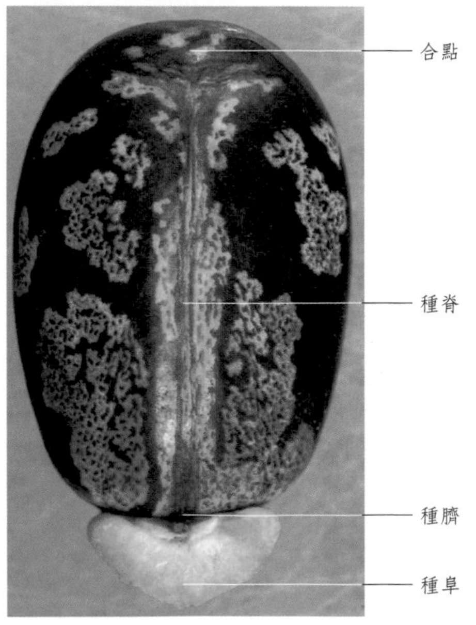

□ 蓖麻的有胚乳種子

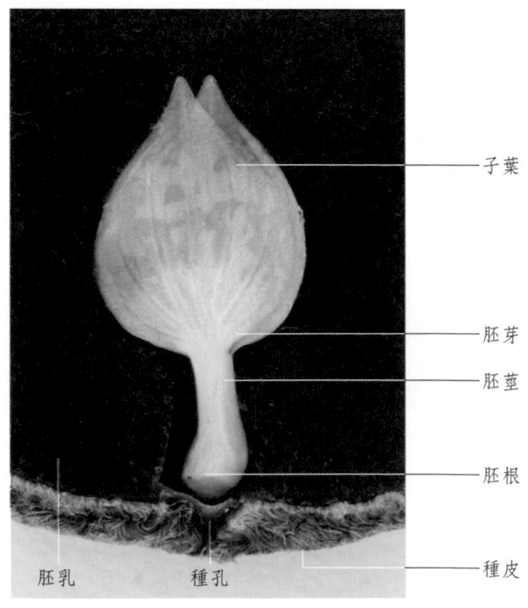

□ 馬錢的有胚乳種子橫剖面局部

2. 種子的附屬物

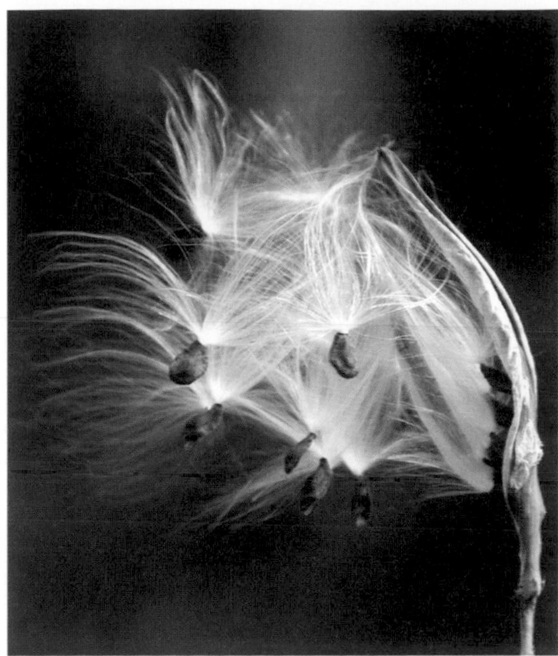
□ 馬利筋的種子毛

□ 天星藤的種子毛

□ 石榴的假種皮

□ 苦瓜的假種皮

下篇○藥用植物的分類

TAXONOMY OF MEDICINAL PLANTS

CHAPTER 5

第五章 藻類植物

藻類是無根、莖、葉的分化，無胚胎，體內含有葉綠素或其他光合色素，可自養的一類最簡單的低等植物。根據藻類植物的形態構造、光合色素的類型、鞭毛的有無和類型、生殖方式等各項差異，藻類可分為藍藻、綠藻、紅藻、褐藻、金藻、裸藻、輪藻、甲藻等八門。藥用藻類多隸屬於藍藻、綠藻、紅藻和褐藻門。

一 藍藻門

葛仙米（念珠藻）*Nostoc commune*
藻體能清熱，明目。

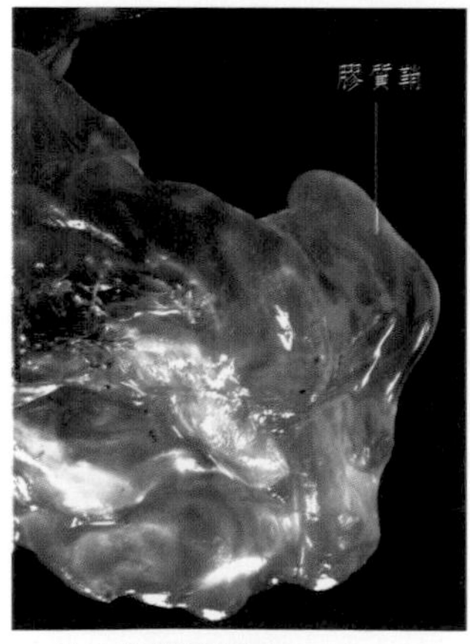

葛仙米的局部圖

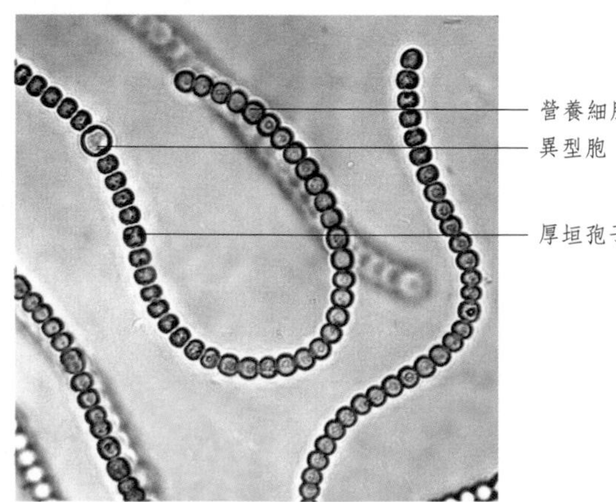

葛仙米的顯微圖

□ 髮菜*N. flagelliforme*
藻體能清熱利濕。

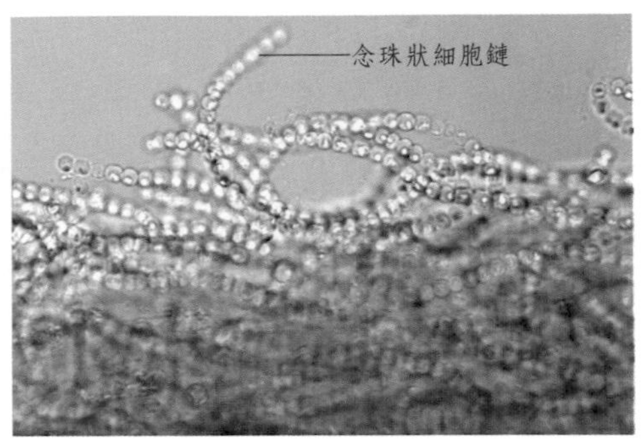

□ 髮菜的顯微圖

二 綠藻門

□ 石蓴 *Ulva lactula*
藻體能軟堅散結，清熱利水。

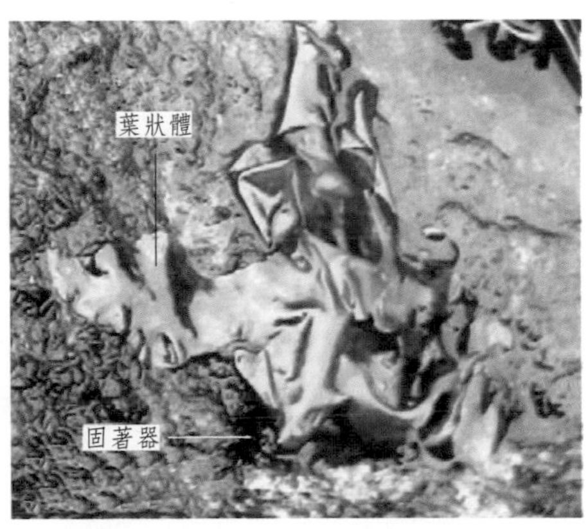

□ 石蓴單體

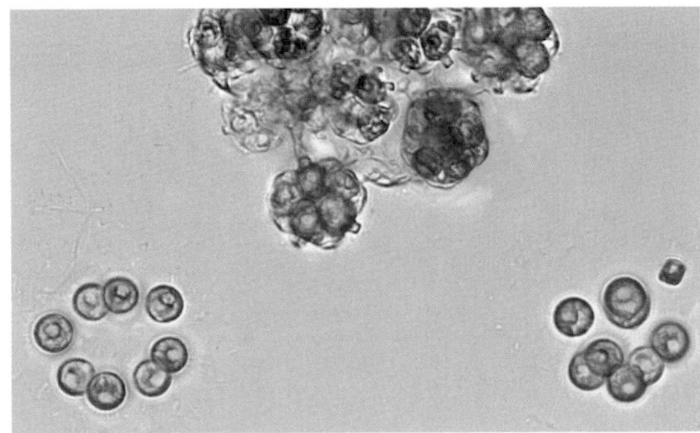

□ 小球藻 *Chlorella pyrenoidosa*
藻體能補血，消腫。

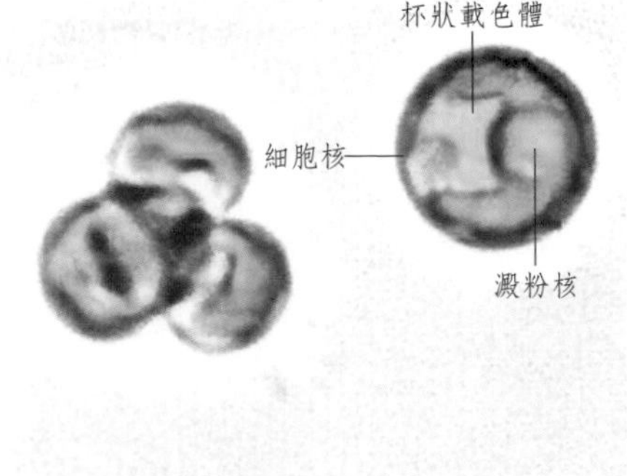

□ 小球藻單體的顯微圖

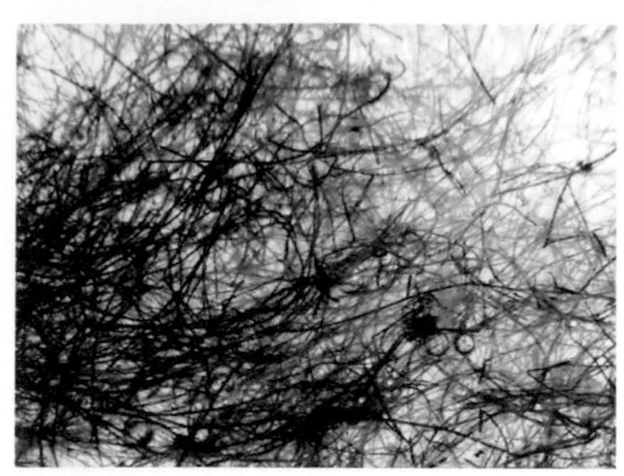

□ 水綿 *Spirogyra intorta*
葉狀體能清熱解毒。

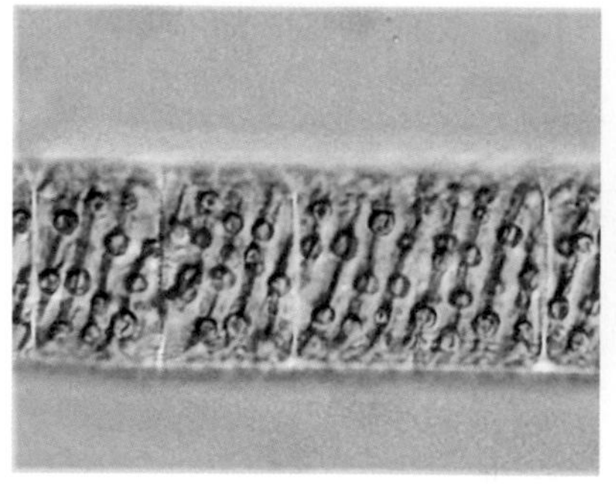

□ 水綿單體的顯微圖

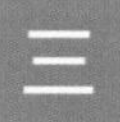

三 紅藻門

□ 石花菜*Gelidium amansii*
藻體能清熱解毒。

□ 條斑紫菜*Porphyra yezoensis*
藻體能清熱利尿，軟堅散結。

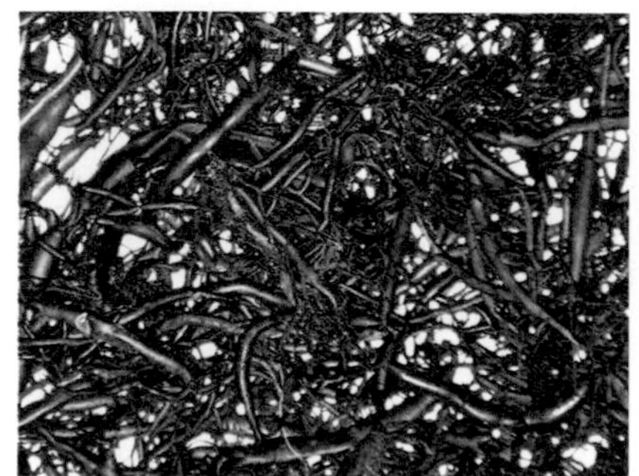

□ 角叉菜 *Chondrus ocellatus*
藻體能清熱，化痰。

□ 鹿角海蘿（鹿角菜）*Gloiopeltis tenax*
藻體能清熱，化痰。

四 褐藻門

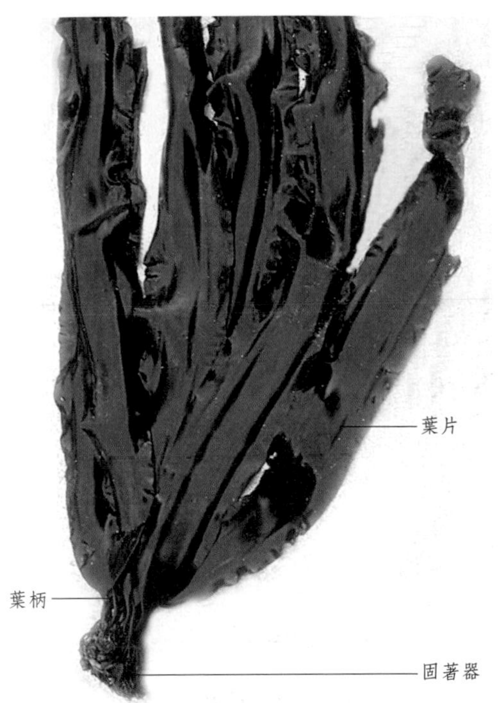

□ 海帶*Laminaria japonica*
藻體能軟堅散結，消痰利水。

□ 昆布（鵝掌菜）*Ecklonia kurome*
功用同海帶。

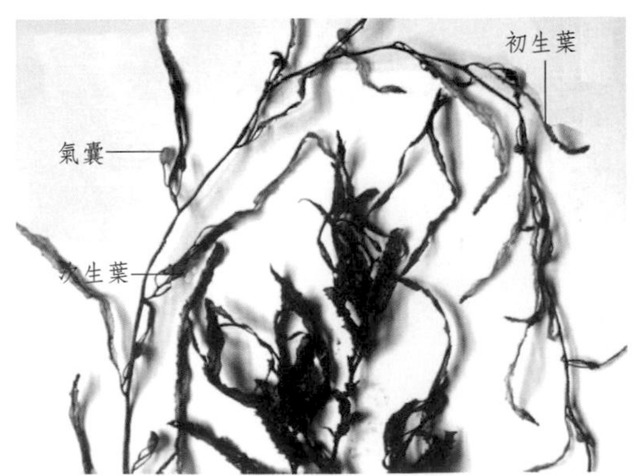

□ 海蒿子*Sargassum pallidum*
藻體能軟堅散結，消痰。

□ 羊栖菜*S. fusiforme*
功用同海蒿子。

CHAPTER 6

第六章 菌類植物

菌類是無根、莖、葉的分化，無胚胎，體內不含葉綠素或其他光合色素而過異養生活（寄生或腐生）的一類低等植物。真菌的菌絲是纖細的無隔或有隔的管狀體，細胞壁因其化學成分的不同而呈不同的顏色，使菌體呈現褐色、黑色、黃色和紅色等多種顏色。真菌在繁殖期或在不良環境條件下，菌絲相互緊密地交織在一起，形成根狀菌索或菌核。高等真菌在繁殖期能形成可產生孢子的子實體，容納子實體的褥座稱子座。對於子囊菌來說，子座長成後，其上能產生子囊殼，殼內產生子囊和子囊孢子，子囊孢子進一步形成囊狀菌絲體。而擔子菌在有性生殖過程中形成擔子、擔孢子。與子囊孢子生於子囊內不同，擔孢子是外生的，最終形成菌絲體，發育成幼擔子果。

菌類分為細菌、黏菌和真菌門，主要的藥用種類分布在真菌門的子囊菌綱和擔子菌綱。

一 真菌門子囊菌綱

冬蟲夏草*Cordyceps sinensis*

菌蟲複合體能補腎益肺。

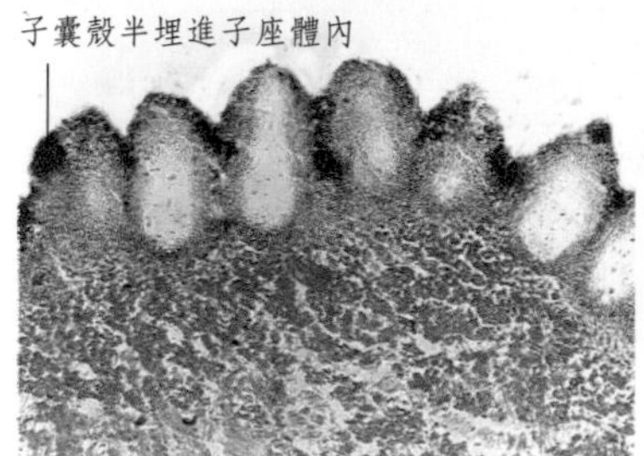

冬蟲夏草子座橫切面的顯微圖

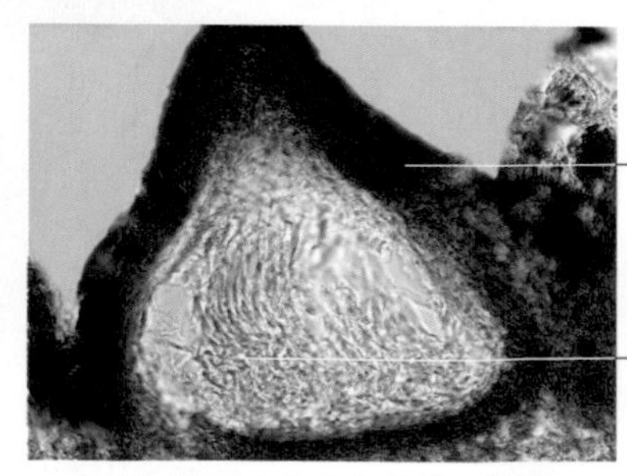

冬蟲夏草子座上子囊殼的顯微圖

□ 冬蟲夏草生境的剖面圖

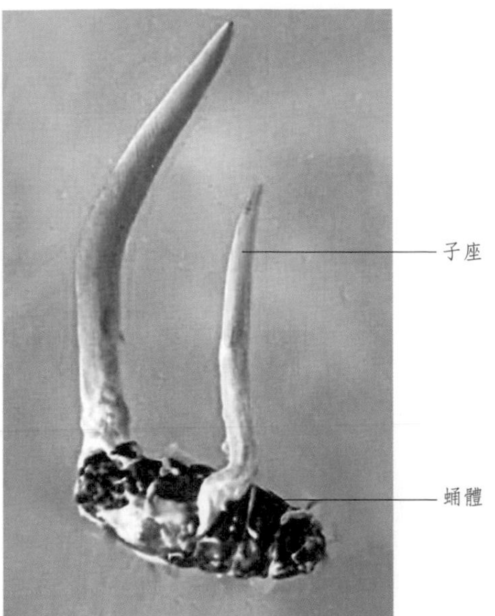

□ 蛹蟲草*C. militaris*寄生在昆蟲幼體內形成子座

子實體能補腎益肺。

□ 蛹蟲草的人工培養菌體

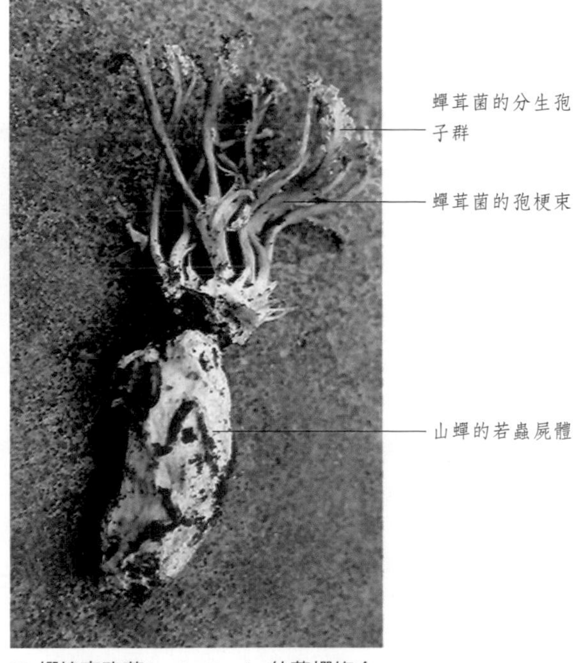

□ 蟬棒束孢菌*Isaria cicadae*的菌蟬複合體（蟬花）

菌蟬複合體能補腎益肺。

竹紅菌*Hypocrella bambusae*
子座能解毒止癢，托瘡生肌。

黑柄炭角菌*Xylaria nigripes*在白蟻菌圃腔內的生長狀況
菌核能益腎安眠。

◻ 黑柄炭角菌在地面的子實體

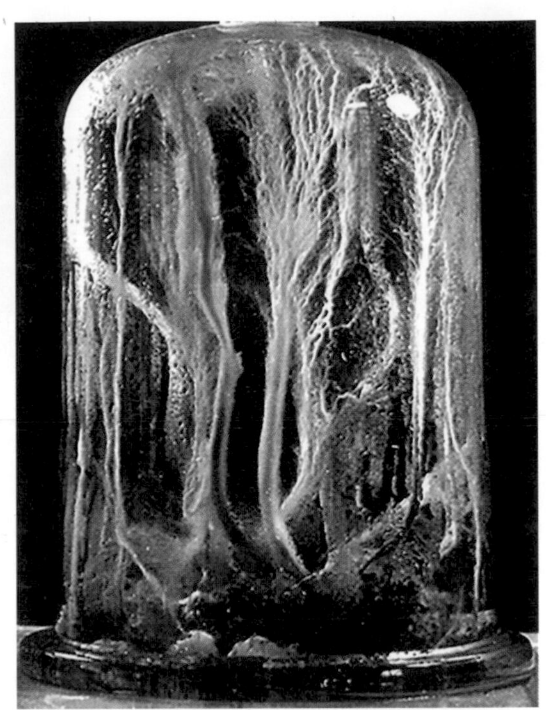

◻ 黑柄炭角菌在玻璃罩內、由人工培養的菌絲體

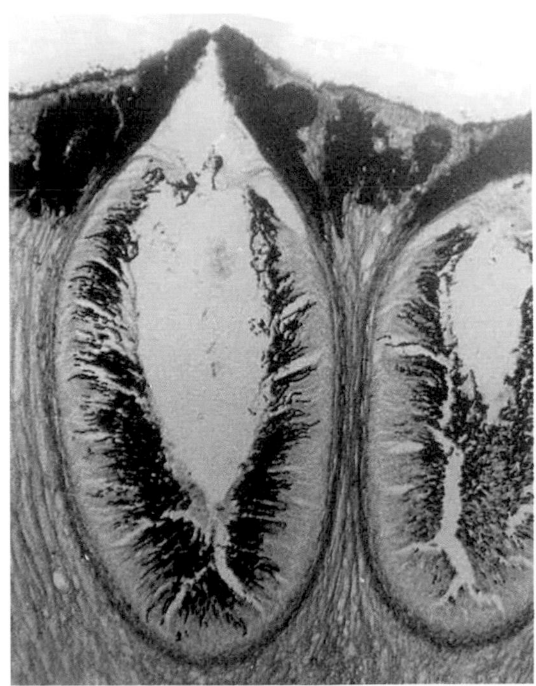

◻ 黑柄炭角菌子座橫切面的顯微圖

◻ 黑柄炭角菌的菌核體藥材圖

二 真菌門擔子菌綱

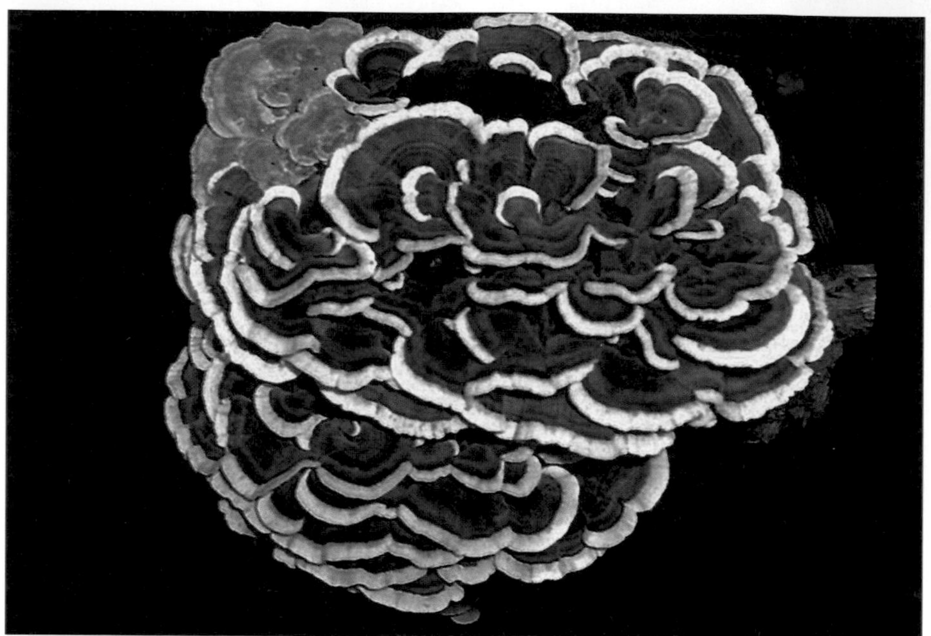

□ 雲芝 *Coriolus versicolor*
子實體能增強免疫。

□ 雞樅菌 *Termitornyces albuminosus*
子實體能益氣。

□ 竹蓀 *Dictyophora indusiata*
子實體能補氣。

□ 羊肚菌 *Morchella deliciosa*
子實體能消食，化痰。

□ 毛木耳 *Auricularia polytricha*
子實體能益氣，活血。

□ 木耳 *A. auricula*
功用同毛木耳。

□ 銀耳 *Tremella fuciformis*
子實體能滋陰，潤肺。

□ 大馬勃 *Calvatia gigantea*
子實體能清肺利咽，止血。

□ 紫色馬勃 *C. lilacina*
功用同大馬勃。

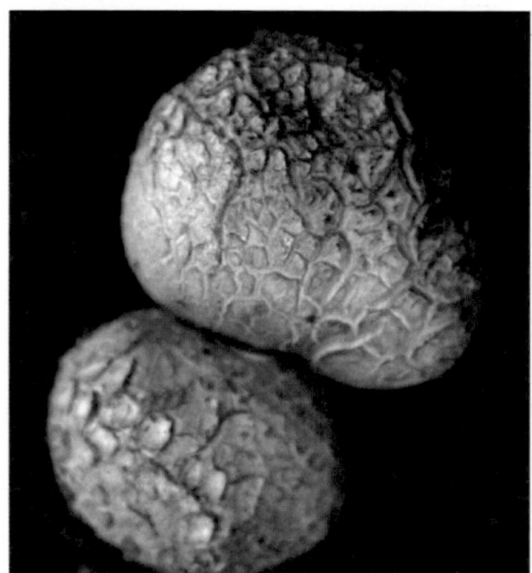

□ 豆苞菌 *Pisolithus tinctorius*
子實體能止血，解毒消腫。

□ 豆苞菌的縱剖面

赤芝 *Ganoderma lucidum*
子實體能養心安神，增強免疫。

紫芝 *G. japonicum*
功用同赤芝。

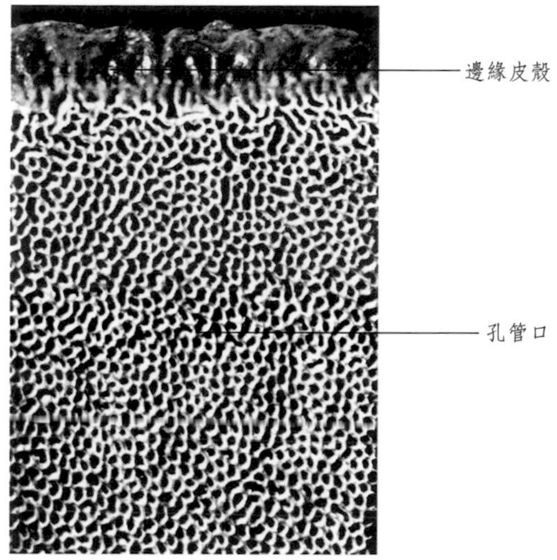

赤芝菌蓋的背面

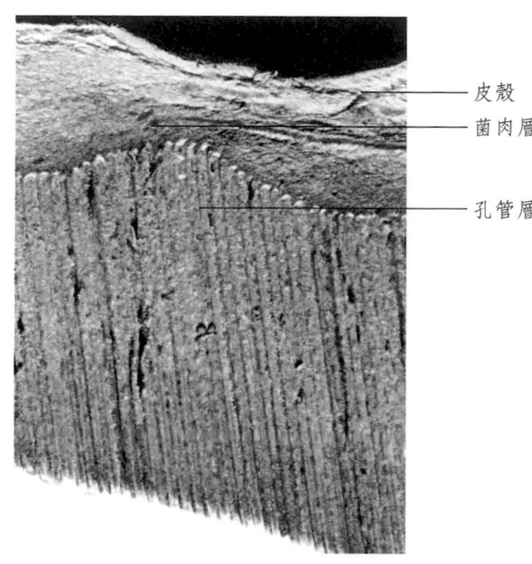

赤芝菌蓋的縱切面圖

茯苓 *Poria cocos*
菌核能健脾，利濕，安神。

雷丸 *Omphalia lapidescens*
菌核能殺蟲消積。

第六章　菌類植物

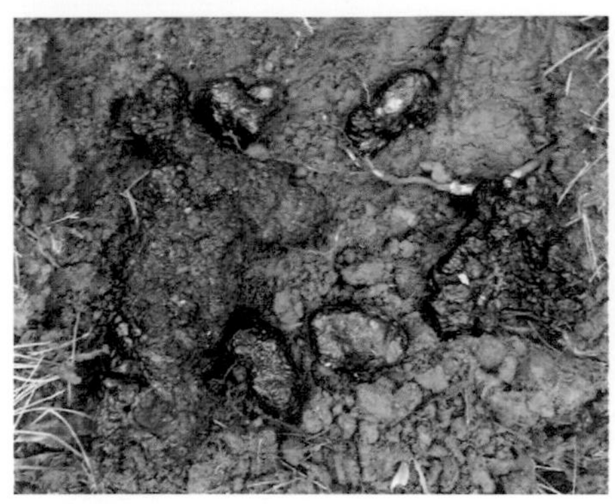

□ 豬苓 *Polyporus umbellatus*
菌核能利水滲濕，抗癌。

□ 豬苓的子實體

□ 毛蜂窩菌 *Hexagona apiaria*
子實體能健胃止酸。

□ 毛蜂窩菌菌蓋的背面

□ 猴頭菇 *Hericium erinaceus*
菌體能行氣消食，健脾開胃，安神益智。

CHAPTER 7

第七章 地衣植物

地衣是無根、莖、葉的分化，無胚胎，由菌類和藻類所組成的共生體，其外形是由菌絲交織而成的葉片狀、殼狀、樹枝狀，中部疏鬆，表層緊密。藻類細胞在複合體內部進行光合作用，為整個地衣植物體製造有機養分。菌類則吸收水分和無機鹽，為藻類進行光合作用提供原料。全世界地衣有2萬餘種。地衣的耐旱性和耐寒性很強，可以生長在岩石峭壁、樹皮上，在世界各地，包括南、北極和高山凍土帶廣泛分布。地衣按其外部形態的不同，可分為枝狀地衣、葉狀地衣和殼狀地衣三類。

一 枝狀地衣

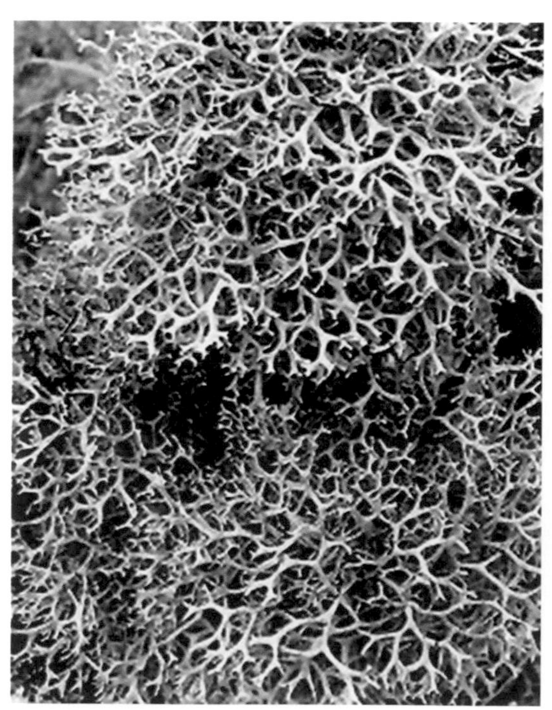

□ 石蕊 *Cladonia rangiferina*
全草能祛風，鎮痛。

□ 松蘿 *Usnea diffracta*
全草能祛風通絡。

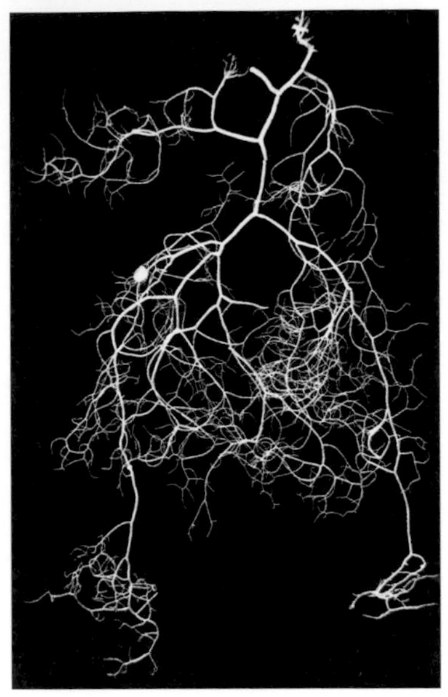

□ 松蘿的二叉分枝地衣體

□ 花松蘿 *U. florida*
功用同松蘿。

□ 長松蘿 *U. longissima*
功用同松蘿。

□ 雪茶 *Thamnolia vermicularis*
全草能清熱生津。

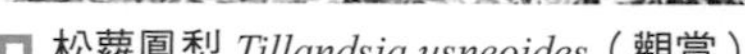

□ 松蘿鳳梨 *Tillandsia usneoides*（觀賞）

□ 松蘿鳳梨著花的枝

高等的單子葉植物鳳梨科的松蘿鳳梨為適應生存環境，模仿古老、低等的地衣植物松蘿，附樹生長。其莖葉變成松蘿的模樣，但其結構和功能遠比古老的松蘿複雜。葉片上有用來吸收空氣中水分和養分的細小鱗片，亦能開花結果，只是花果均小。

二　葉狀地衣

□ 肺衣 *Lobaria pulmonaria*
全草能健脾利濕。

三 殼狀地衣

□ 石耳 *Umbilicaria esculenta*
全草能潤肺，涼血解毒。

□ 石花 *Parmelia saxatilis*
全草能明目，涼血解毒。

CHAPTER 8

第八章　苔蘚植物

苔蘚是有莖、葉，而無真根的綠色自養性植物。卵子和精子受精後能形成胚，是最簡單的高等植物。苔蘚植物分為苔綱和蘚綱。苔綱只是一類平鋪地面的葉狀體；蘚綱已有假根和類似莖、葉的分化，狀似小草。苔蘚植物體內部僅有皮部和中軸的分化，沒有真正的維管束構造。

一　苔綱

地錢 *Marchantia polymorpha*
全草能解毒，祛瘀，生肌。

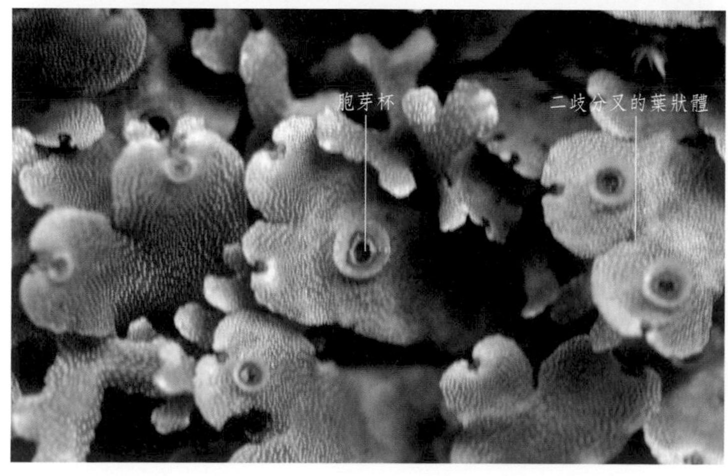

地錢的葉狀體

□ 蛇地錢 *Conocephalum conicum*
功用同地錢。

□ 蛇地錢的胞芽杯

二 蘚綱

□ 暖地大葉蘚（回心草）*Rhodobryum giganteum*
全草能清心，明目，安神。

□ 仙鶴蘚 *Atrichum undulatum*
全株能清熱解毒。

□ 大金髮蘚（土馬騌）*Polytrichum commune*
全株能清熱解毒，涼血止血。

□ 葫蘆蘚 *Funaria hygrometrica*
全草能除濕，止血。

CHAPTER 9

第九章 蕨類植物

蕨類植物是有莖、葉和真根，有多細胞構成的胚，以孢子繁殖的一類高等植物。蕨類植物孢子體發達，一般為多年生草本、陸生或附生。蕨類植物門下分為：松葉蕨綱、石松綱、水韭綱、木賊綱、真蕨綱五個綱或亞門。真蕨綱是大型葉蕨類，是進化程度最高的，也是現今最為繁茂的蕨類植物。主要的藥用品種如下。

1. 松葉蕨科 Psilotaceae

多年生草本。具根狀莖和假根，莖二叉分枝，綠色，有點狀氣孔。葉疏生，小鱗片狀，披針形，上部葉常2裂。孢子囊生葉腋，球形，蒴果狀，成熟後3裂。

□ 松葉蕨*Psilotum nudum*
全草能祛風除濕，舒筋活絡。

□ 松葉蕨的孢子囊

□ 松葉蕨莖的二叉分枝

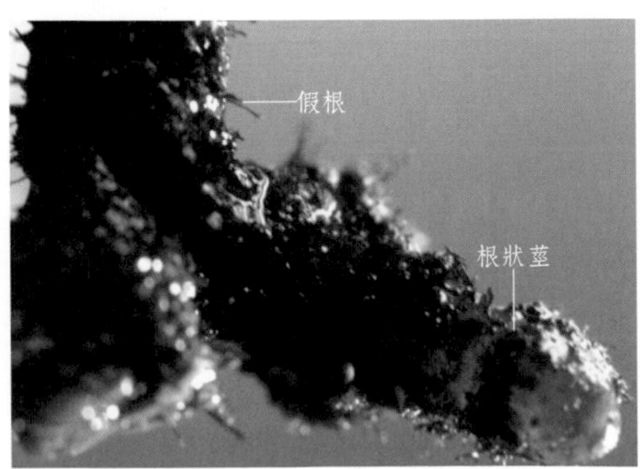

□ 松葉蕨的假根

2. 石松科 Lycopodiaceae

陸生或附生，多年生草本。莖直立或匍匐，具根莖及不定根，小枝密生。葉小，螺旋狀互生，鱗片狀或針狀。孢子囊穗集生於莖的頂端或葉腋。

□ 石松*Lycopodium japonicum*
全草能舒筋活絡。

□ 藤石松*Lycopodiastrum casuarinoides*
全草能舒筋活血。

□ 垂穗石松*Lycopodium cernuum*
全草能舒筋活絡，鎮咳。

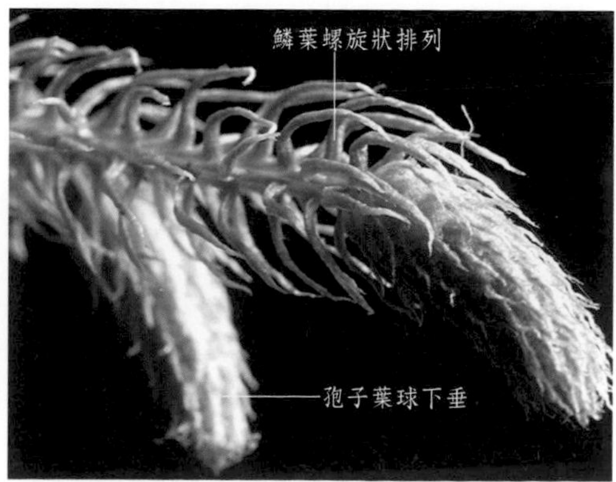

□ 垂穗石松的孢子葉球

蛇足石杉*Huperzia serrata*
全草能醒神健腦，祛風除濕。

蛇足石杉的孢子囊

3. 卷柏科 Selaginellaceae

多年生小型草本。莖腹背扁平，葉小型，鱗片狀，同型、異型或交互排列成四行，腹面基部有一葉舌。孢子葉穗呈四棱形，生於枝的頂端。

卷柏*Selaginella tamariscina*
全草能活血通經，止血。

墊狀卷柏*S. pulvinata*
功用同卷柏。

□ 深綠卷柏*S. doederleinii*
全草能清熱解毒，抗癌。

□ 兗州卷柏*S. involvens*
全草能清熱利濕。

□ 江南卷柏*S. moellendorfii*
全草能清熱利濕。

□ 翠雲草*S. uncinata*
全草能清熱利濕，通經。

4. 木賊科　Equisetaceae

多年生草本。根莖棕色，生有不定根。地上莖具明顯的節及節間，有縱棱，表面粗糙，多含矽質。葉小型，鱗片狀，輪生於節部，基部連合成鞘狀，邊緣齒狀。孢子囊生於盾狀的孢子葉下的孢囊柄端上，並聚集於枝端成孢子葉球。

□ 木賊*Equisetum hyemale*
全草能利尿，明目退翳。

□ 木賊的孢子葉球

□ 節節草*E. ramosissimum*
全草能清熱涼血。

□ 問荊*E. arvense*
全草能止血，利尿，明目退翳。

□ 纖弱木賊*E. debile*
全草能清熱利尿，止血，止咳。

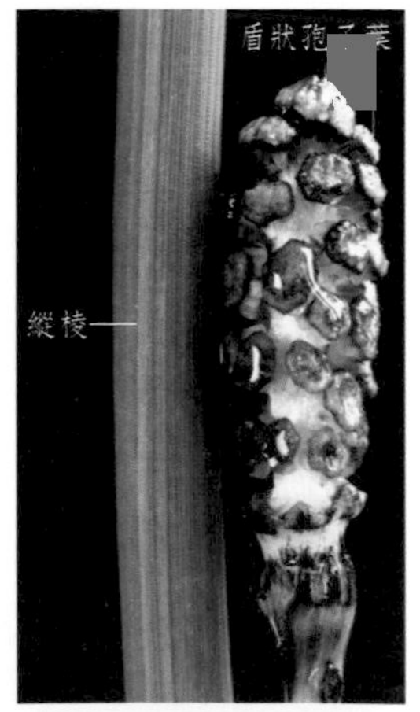

□ 纖弱木賊的孢子葉球

5. 紫萁科 Osmundaceae

多年生落葉草本。根狀莖直立，不具鱗片，幼時葉片被有棕色腺狀絨毛，老時脫落。葉簇生，羽狀複葉，葉脈二叉分枝。孢子囊生於極度收縮變形的孢子葉羽片邊緣。

紫萁*Osmunda japonica*
根莖能清熱解毒，殺蟲。

紫萁的幼芽

紫萁的孢子葉

華南紫萁*O. vachellii*
根莖能清熱解毒，止血。

華南紫萁的孢子葉球

6. 海金沙科 Lygodiaceae

多年生攀緣植物。根及莖橫走，有毛。葉軸細長，纏繞攀緣，羽片一至二回二叉狀或羽狀複葉，不育葉生於葉軸下部，能育葉生於葉軸上部。能自羽片邊緣生有流蘇狀的孢子囊穗，孢子囊生於小脈頂端。

□ 海金沙*Lygodium japonicum*
孢子或葉能清熱利濕，通淋。

□ 海金沙葉背邊緣的孢子囊

□ 掌葉海金沙*L. digitatum*
功用同海金沙。

□ 掌葉海金沙的孢子囊

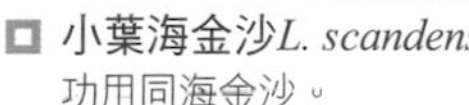

□ 小葉海金沙*L. scandens*
功用同海金沙。

□ 小葉海金沙的孢子囊

7. 蚌殼蕨科 Dicksoniaceae

高大草本。根莖粗大，密被金黃色長柔毛。葉大型，三至四回羽狀分裂，葉柄粗長。孢子囊群生於葉背裂片側脈上，囊群蓋2瓣裂，似蚌殼。

□ 金狗毛蕨*Cibotium barometz*
根莖能補肝腎，強腰膝，祛風濕。

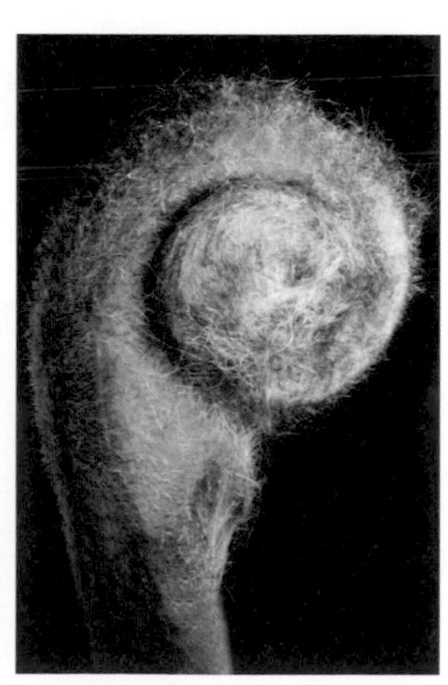

□ 金狗毛蕨的幼葉

□ 金狗毛蕨的根莖

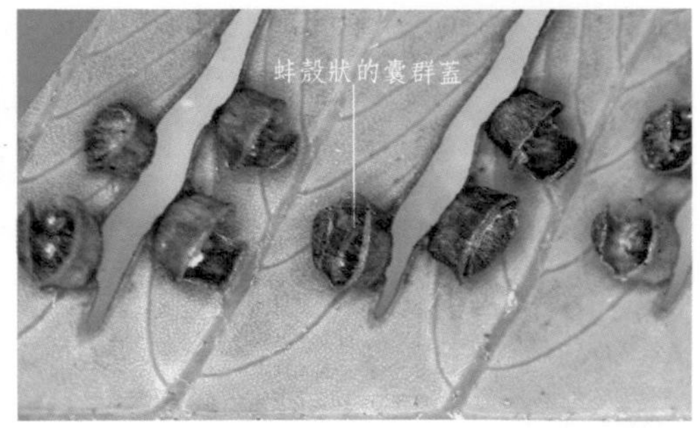

□ 金狗毛蕨葉背的孢子囊群

8. 中國蕨科 Sinopteridaceae

草本。根莖被褐色鱗片。葉簇生，二型，葉片一至四回羽狀分裂。孢子囊群生於小裂片葉背的葉脈上。

□ 野雉尾金粉蕨*Onychium japonicum*
全草能清熱解毒，利尿。

□ 野雉尾金粉蕨葉背的孢子囊群

□ 銀粉背蕨*Aleuritopteris argentea*
全草能活血調經。

9. 烏毛蕨科 Blechnaceae

草本或亞喬木狀，土生或附生。根狀莖橫走或直立，有時形成樹幹狀的直立主軸。葉常大型，有柄，葉片一至二回羽裂。孢子囊群線形或橢圓形，著生於主脈兩側與主脈平行的小脈上或網眼外側的小脈上；囊群蓋與囊群同形，開向主脈。

□ 珠芽狗脊*Woodwardia. prolifera*

□ 珠芽狗脊葉背的孢子囊群

□ 狗脊蕨*W. japonica*
根莖能清熱解毒，殺蟲。

□ 蘇鐵蕨*Brainea insignis*
莖能清熱解毒，止血散瘀。

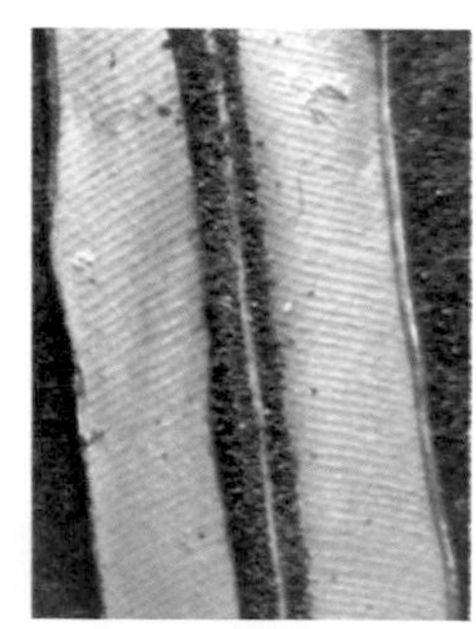

□ 蘇鐵蕨葉背主脈兩側的孢子囊群

10. 鱗毛蕨科 Dryopteridaceae

草本。根莖粗短，連同葉柄被鱗毛。葉叢生，一型，一至四回羽狀分裂。孢子囊群圓形，生於羽片葉背的橫脈上，囊群蓋盾形或圓形。

□ 粗莖鱗毛蕨*Dryopteris crassirhizoma*
根莖及葉柄殘基能清熱解毒，驅蟲。

□ 粗莖鱗毛蕨葉背的孢子囊群

□ 貫眾*Cyrtomium fortunei*
根莖及葉柄能驅蟲，清熱解毒。

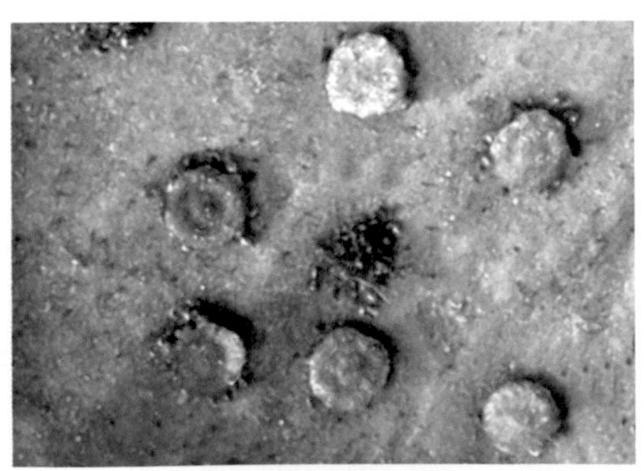

□ 貫眾的孢子囊群（囊群蓋盾形）

11. 水龍骨科 Polypodiaceae

附生或陸生草本。根莖橫走，被鱗片，網狀中柱。葉同型或二型，葉柄具關節，單葉全緣或羽狀分裂，葉脈網狀。孢子囊群圓形、長圓形至線形，有時布滿葉背，無囊群蓋。

□ 石韋*Pyrrosia lingua*
全草能清熱利尿。

□ 石韋的葉背

□ 有柄石韋*P. petiolosa*
功用同石韋。

□ 廬山石韋*P. sheareri*
功用同石韋。

□ 氈毛石韋*P. drakeana*
功用同石韋。

貼生石韋*P. adnascens*
功用同石韋。

貼生石韋葉背的孢子囊群

伏石蕨*Lepidogrammitis drymoglossoides*
全草能利水除濕。

伏石蕨葉背的孢子囊群

12. 槲蕨科 Drynariaceae

附生草本。根莖橫生，粗大，肉質，具穿孔的網狀中柱，密被褐色鱗片，鱗片大，狹長，腹部盾狀著生，邊緣具睫毛。葉二型，無柄或有短柄，葉片大，深羽裂或羽狀，葉脈粗而隆起，具四方形網眼。孢子囊群不具囊群蓋。

槲蕨*Drynaria fortunei*
根莖能補腎堅骨，祛風濕。

□ 槲蕨的營養葉和根莖

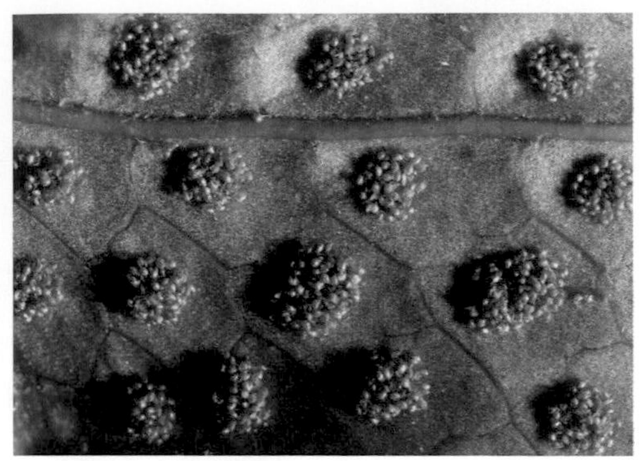

□ 槲蕨葉背的孢子囊群

□ 崖薑*Pseudodrynaria coronans*
功用同槲蕨。

□ 崖薑的孢子葉

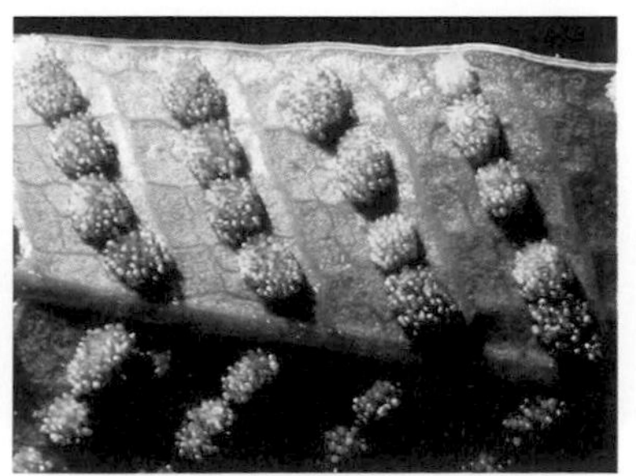

□ 崖薑葉背的孢子囊群

CHAPTER 10

第十章 裸子植物

裸子植物是有莖、葉和真根，有多細胞構成的胚，胚珠裸露，種子裸露於心皮上的一類高等植物。裸子植物植物體（孢子體）發達，為多年生的木本植物，少為亞灌木或藤本。多為常綠性，少為落葉性；莖內維管束環狀排列，有形成層和次生生長；木質部大多為管胞，極少（如麻黃科、買麻藤科）有導管，韌皮部中有篩胞而無伴胞。葉針形、條形或鱗形，極少為扁平的闊葉。根具強大的主根。目前裸子植物有近800種，不少是第三紀的孑遺植物，或稱「活化石」植物，如銀杏、水杉、銀杉等。主要的藥用品種如下。

1. 蘇鐵科 Cycadaceae

常綠木本。莖單一，粗壯。大型羽狀複葉，革質，集生於樹幹上部，呈棕櫚狀。雌雄異株；雄球花為一木質化的長形球花，由無數小孢子葉組成，下面密生花粉囊；雌花由許多大孢子葉組成，叢生於莖頂。大孢子葉邊緣生2～8枚胚珠。種子核果狀，有3層種皮。

□ 蘇鐵*Cycas revoluta*
雄株種子能益腎固精，理氣；葉能活血，止痛。

蘇鐵的雌株

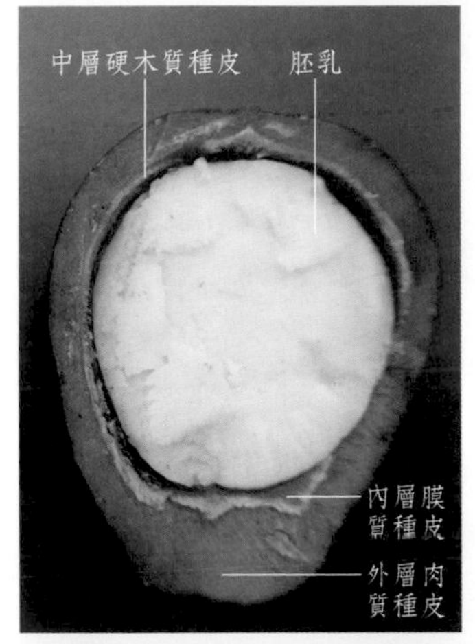

蘇鐵的種子

蘇鐵的幼葉

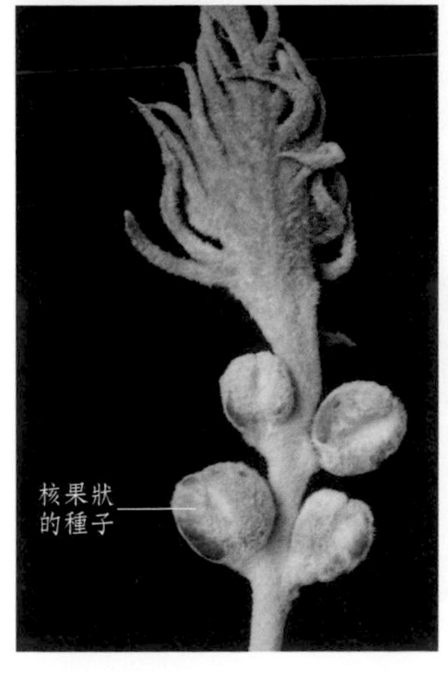

蘇鐵的大孢子葉

蘇鐵的小孢子葉

2. 銀杏科 Ginkgoaceae

落葉大喬木。樹幹端直，具長枝及短枝。葉扇形，葉脈二叉狀分枝；長枝上的葉螺旋狀排列，短枝上的葉簇生。球花單性異株，分別生短枝上；雄球花柔荑花序狀；雌球花頂端二叉狀，大孢葉特化成珠座，上生一對裸露的直立胚珠。種子核果狀，橢圓形或近球形；外種皮肉質，成熟時為橙黃色；中種皮木質，白色；內種皮膜質，淡紅色。

□ 銀杏*Ginkgo biloba*
種子能斂肺定喘，澀精；葉治療冠狀動脈粥樣硬化性心臟病（冠心病）、高血壓。

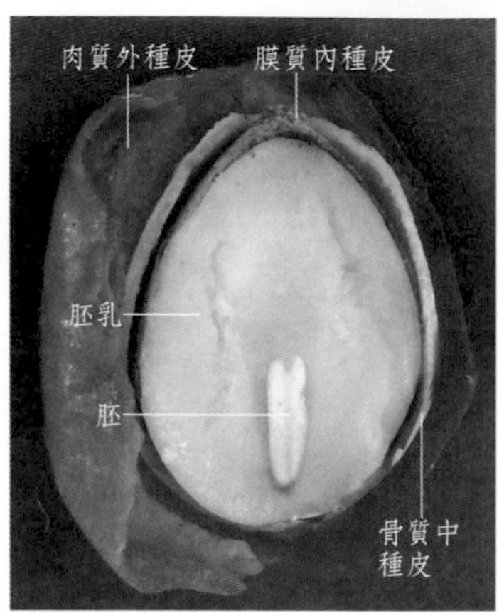

□ 銀杏種子的縱剖圖

□ 銀杏的雄花枝

□ 銀杏的雌花枝

第十章 裸子植物

3. 松科 Pinaceae

常綠或落葉喬木，稀灌木。莖富含樹脂。葉針形或條形，在長枝上螺旋狀散生，在短枝上簇生，基部有葉鞘包被。花單性，雌雄同株；雄球花穗狀，雄蕊多數，花粉粒有氣囊；雌球花由多數螺旋狀排列的珠鱗與苞鱗組成，珠鱗與苞鱗分離，在珠鱗上面基部有2枚胚珠。種子毬果直立或下垂。成熟時，種鱗成木質或革質，每個種鱗上有種子2枚。種子多具單翅，稀無翅。

馬尾松*Pinus massoniana*
莖節能祛風除濕，活血止痛。

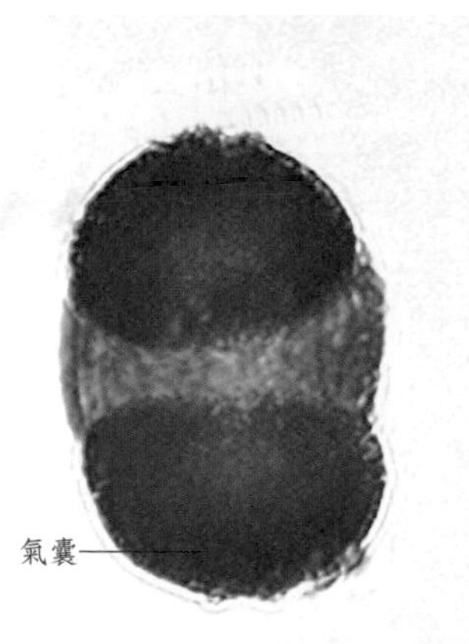

馬尾松具氣囊的花粉

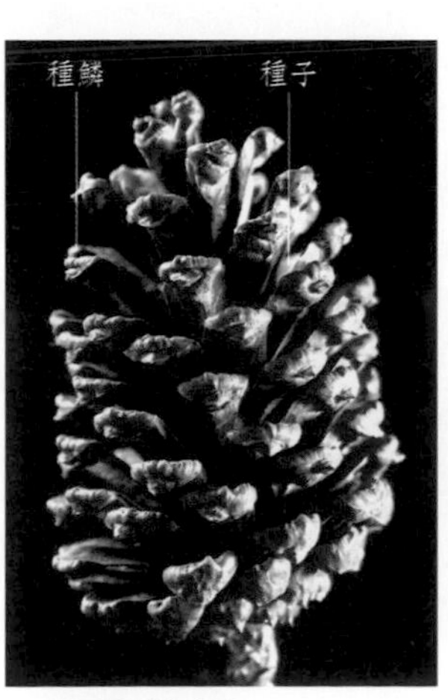

馬尾松的球果

馬尾松具翅的種子

第十章 裸子植物

馬尾松的雄球花枝

馬尾松的雌球花枝

紅松*P. coraiensis*
種子能潤肺，滑腸。

紅松的種子

油松*P. tabulaeformis*
功用同馬尾松。

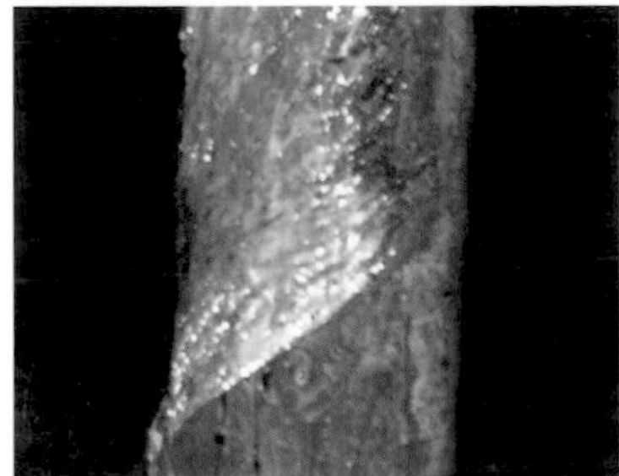

油松樹幹上割松酯的刀痕

油松的鱗狀樹皮

金錢松
Pseudolarix kaempferi
根皮（土荊皮）能治頑癬。

4. 柏科 Cupressaceae

常綠喬木或灌木。莖富含樹脂。葉交互對生或3～4枚輪生，鱗片狀或針形或同一樹上兼有兩型葉。球花單生，雌雄同株或異株；雄球花橢圓狀卵形，有3～8對交互對生的雄蕊；雌球花球形，每珠鱗有1至數枚胚珠。種子熟時種鱗木質或革質，有時為漿果狀，每個種鱗內面基部有種子1至多枚，種子有窄翅或無翅。

□ 側柏*Platycladus orientalis*
枝葉能收斂止血；種仁能安神，潤腸。

鱗葉交互對生
雄球花

□ 側柏的雄球花枝

□ 圓柏*Sabina chinensis*
枝葉能祛風散寒，活血。

5. 紅豆杉科（紫杉科） Taxaceae

常綠喬木或灌木。葉披針形或條形，螺旋狀排列或交互對生，上面中脈明顯，下面沿中脈兩側各具1條氣孔帶。球花單性異株，稀同株；雄球花單生於葉腋或苞腋，或組成穗狀花序集生於枝頂，花粉粒無氣囊；雌球花單生或成對，胚珠1枚，生於苞腋，基部具盤狀或漏斗狀珠托。種子漿果狀或核果狀，包於紅色杯狀肉質假種皮中。

□ 紅豆杉*Taxus chinensis*
種子能消積，殺蟲；葉可提取抗癌生物鹼。

核果狀種子
肉質假種皮

□ 紅豆杉的種子

□ 南方紅豆杉*T. chinensis* var. *mairei*
功用同紅豆杉。

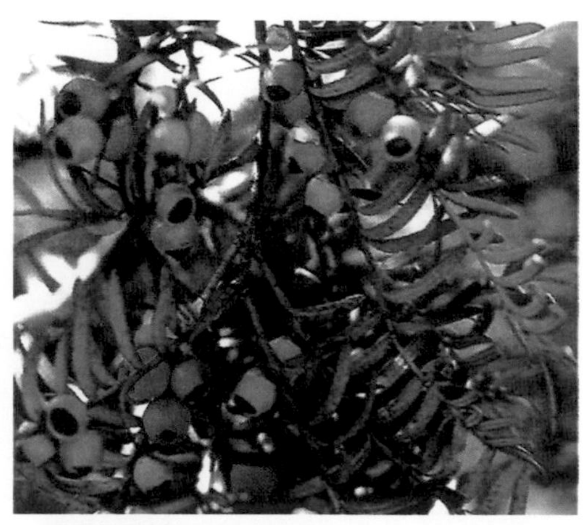

□ 雲南紅豆杉*T. yunnanensis*
功用同紅豆杉。

榧樹*Torreya grandis*
種子能殺蟲消食，潤腸。

6. 三尖杉科（粗榧科） Cephalotaxaceae

常綠喬木或灌木。莖髓心中部具樹脂道，小枝對生，基部有宿存的芽鱗。葉條形，交互對生或近對生，基部扭轉排成2列，下面有2條寬氣孔帶。球花單性異株；雄球花單生於葉腋，聚成頭狀，花粉粒無氣囊；雌球花有長柄，生於小枝基部苞片的腋部，花軸上有數對交互對生的苞片，每苞片腋生胚珠2枚，僅1枚發育。種子核果狀，全部包於由珠托發育成的肉質假種皮中，基部具宿存的苞片。外種皮堅硬，內種皮薄膜質。

三尖杉*Cephalotaxus fortunei*
種子能驅蟲，止咳，消食。

□ 粗榧*C. sinensis*
枝葉可提取抗癌生物鹼。

□ 粗榧的雄球花枝

□
篦子三尖杉
C. oliveri
枝葉可提取抗癌生物鹼。

7. 麻黃科　Ephedraceae

小灌木或亞灌木。小枝對生或輪生，節明顯，節間具縱溝，木質部具導管。葉鱗片狀，對生或輪生，基部聯合成膜質鞘。孢子葉球花單性異株，少數同株；雄球花由數對苞片組成，雄花外包有膜質假花被，2～4裂；雌球花由多數苞片組成，僅頂端的1～3枚苞片生有雌花，雌花具有頂端開口的囊狀假花被，包於胚珠外，胚珠1～3枚，自假花被開口處伸出。種子漿果狀。成熟時，假花被發育成革質假種皮，外層苞片成紅色肉質狀。

草麻黃的雄株

草麻黃的雌株

草麻黃*Ephedra sinica*

莖能發汗，平喘，利尿；根能止汗。

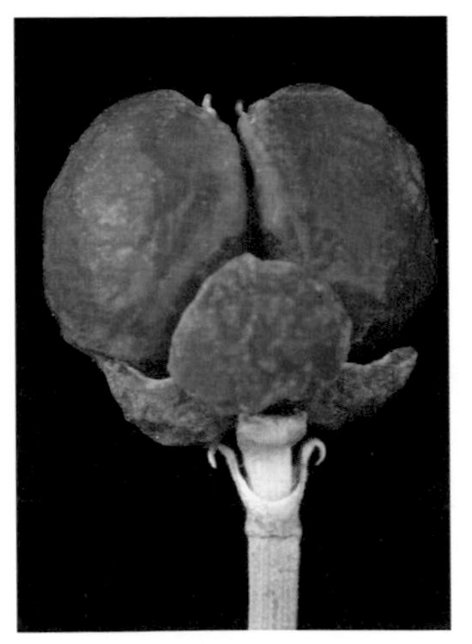

草麻黃的大孢子葉球

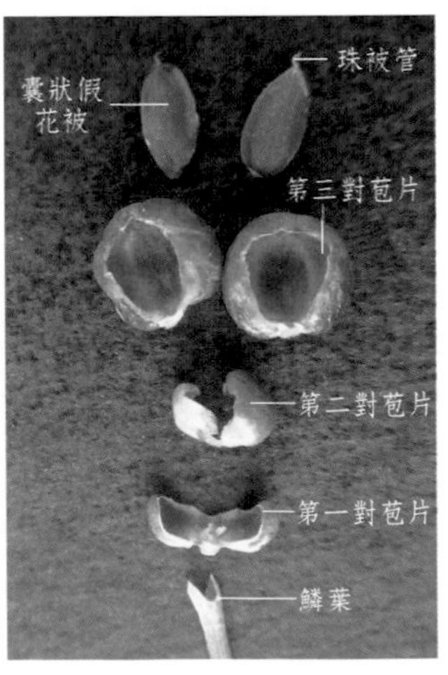

草麻黃的大孢子葉球的解剖圖

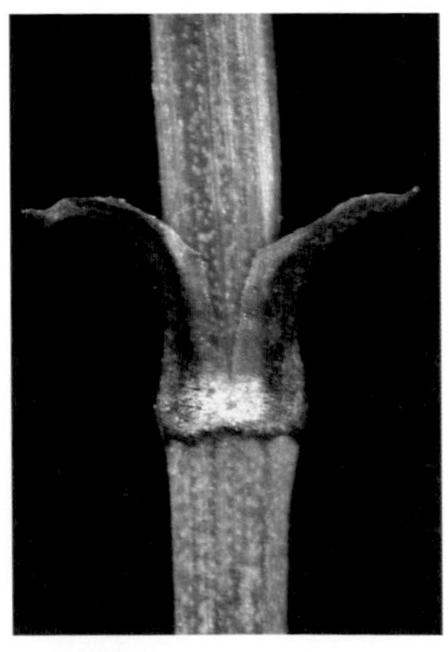

草麻黃的莖葉

中麻黃*E. intermedia*
莖可供提取麻黃鹼。

木賊麻黃*E. equisetina*
莖可供提取麻黃鹼。

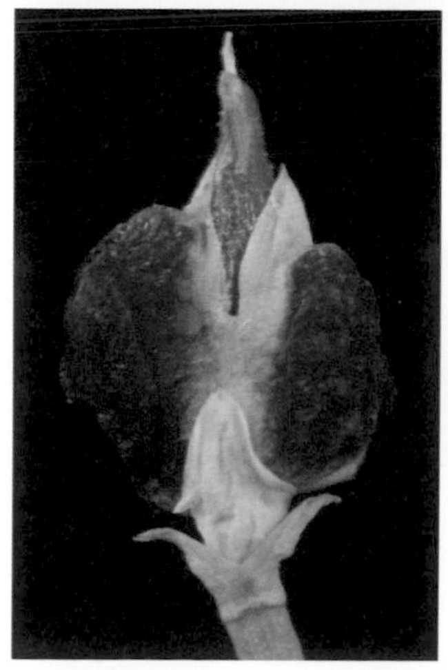

木賊麻黃的大孢子葉球

木賊麻黃的莖葉

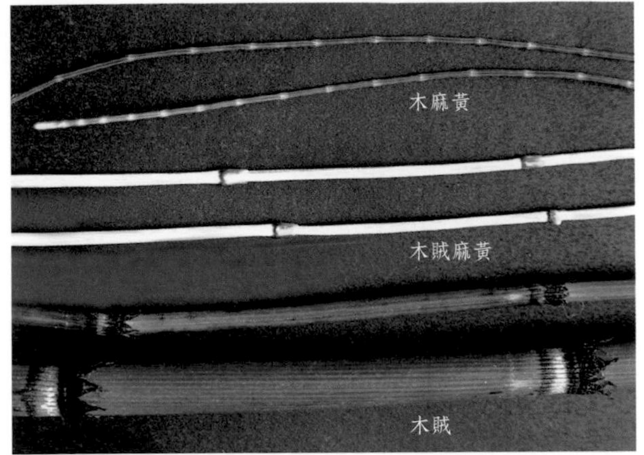

木賊、木賊麻黃與木麻黃莖的趨同進化對比圖（植物親緣關係相差很遠的蕨類植物木賊、裸子植物木賊麻黃與被子植物木麻黃的莖顯示相似的形態特徵：莖圓直，有縱紋，莖節明顯，有鱗葉環繞。這是一種植物器官趨同進化的現象。）

8. 買麻藤科 Gnetaceae

常綠木質藤本。莖節部膨大，木質部有導管。單葉對生，革質，羽狀網脈。球花單性異株，生於有節的花軸上成穗狀花序，具多輪環狀總苞片；雄花具杯狀假花被，雄蕊2枚，花絲合生；雌花假花被囊狀，緊包於胚珠外。種子核果狀，包於由假花被形成的紅色假種皮中。

小葉買麻藤*Gnetum parvifolium*
全株能祛風濕，活血消腫。

■ 買麻藤*G. montanum*
功用同小葉買麻藤。

■ 買麻藤的雌花枝

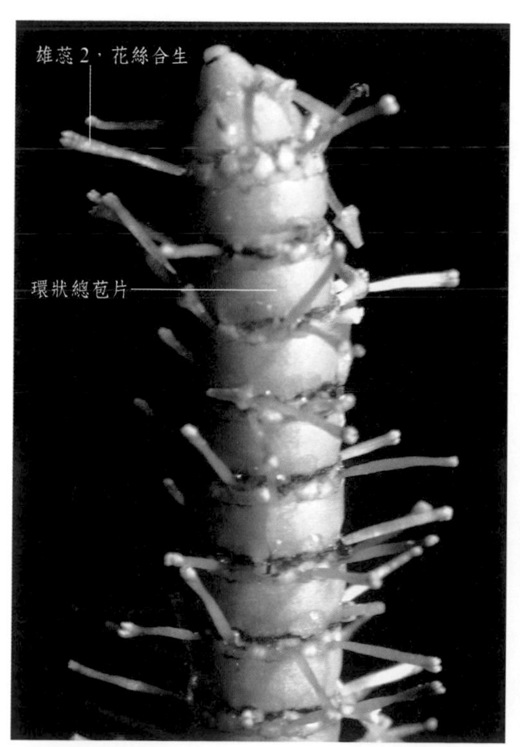

■ 買麻藤的雄花

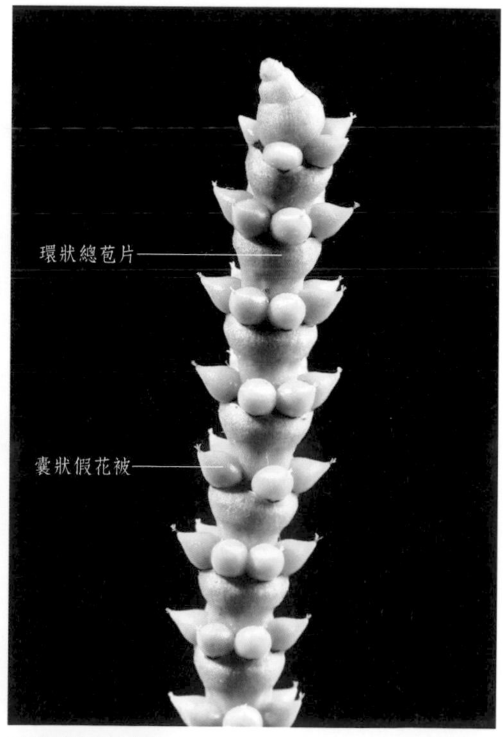

■ 買麻藤的雌花

第十章 裸子植物

CHAPTER 11

第十一章 被子植物

被子植物是一類不僅有莖、葉和真根，有多細胞構成的胚，有發達的維管結構，有花的器官，以及有種子繁殖且胚珠為心皮所包被的複雜的高等植物。被子植物是現今地球上分布最廣，種類最多，進化程度最高的類群。被子植物按胚中子葉的數目的不同，分為雙子葉植物和單子葉植物兩綱。

被子植物花的形態構成複雜，各具特徵，是分類鑒別的重要依據，故本章各科均附有花程式，同時以文字簡述花程式未包括的特徵。

一 雙子葉植物綱 Dicotyledoneae

本類植物除子葉2枚外，多為直根系。莖中維管束環狀排列。有形成層。葉具網狀脈。花各部基數為5或4，花粉粒具3個萌發孔。

（一）離瓣花亞綱 Choripetalae

無花被、單被或重被，花瓣分離。主要的藥用種類如下。

1. 三白草科 Saururaceae $⚥ * P_0 A_{3\sim8} \underline{G}_{3\sim4,(3\sim4:1:\infty)}$

多年生草本。單葉互生，托葉與葉柄常合生或缺。穗狀或總狀花序，花序基部常有總苞片，無花被，雄蕊3~8枚，心皮3~4枚，離生或合生。若合生，則子房1室，且為側膜胎座。蒴果或漿果。

蕺菜（魚腥草）*Houttuynia cordata*
全草能清熱解毒，消癰排膿。

蕺菜（魚腥草）的花序

蕺菜（魚腥草）的原始無被花

三白草*Saururus chinensis*
全草能清熱解毒，利尿消腫。

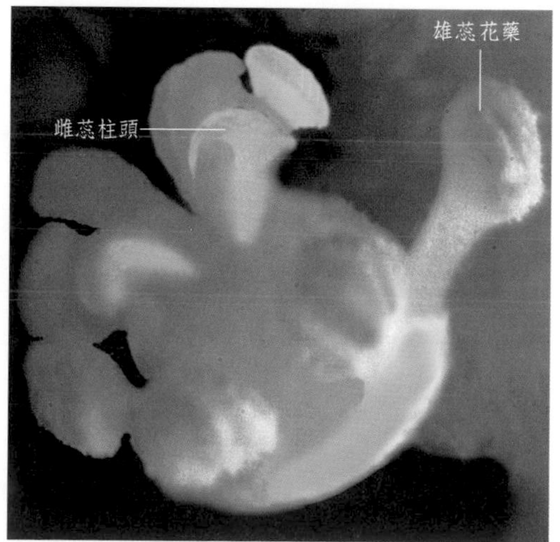

三白草的無被花

□ 裸蒴*Gymnotheca chinensis*

全草能利濕，消腫，止帶。

□ 裸蒴的花序

□ 白苞裸蒴*G. involucrata* 全草能清熱利濕，止血。

2. 胡椒科 Piperaceae $♂P_0A_{1\sim10}$；$♀P_0\underline{G}_{(2\sim5:1:1)}$；$⚥P_0A_{1\sim10}\underline{G}_{(2\sim5:1:1)}$

多藤本或肉質草本，全株具胡椒樣香辣氣味。莖節常膨大。單葉，兩側常不對稱。花小，穗狀花序，兩性或單性異株；苞片盾狀或杯狀；無花被；雄蕊1~10枚；心皮2~5枚，合生，子房上位。漿果。種子外胚乳豐富。

□ 胡椒*Piper nigrum*
果實能溫中散寒，消痰。

□ 胡椒的果序

□ 蓽拔*P. longum*
果穗能溫中散寒，止痛。

□ 山蒟*P. hancei*
全株能祛風濕，強腰膝，止痛。

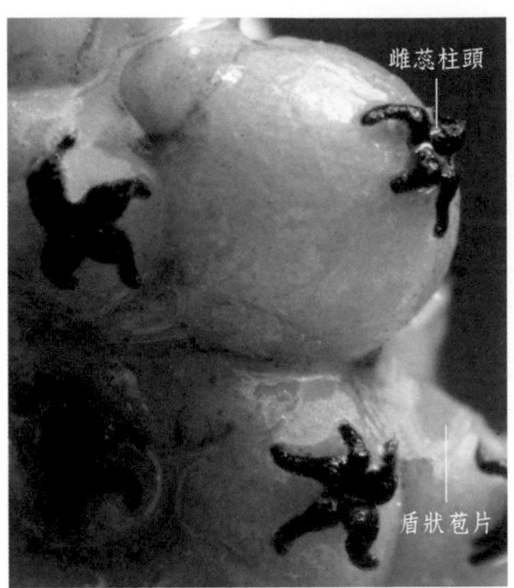

□ 山蒟的雌花

□ 石南藤*P. wallichii*
全株能祛風濕，強腰膝，止痛。

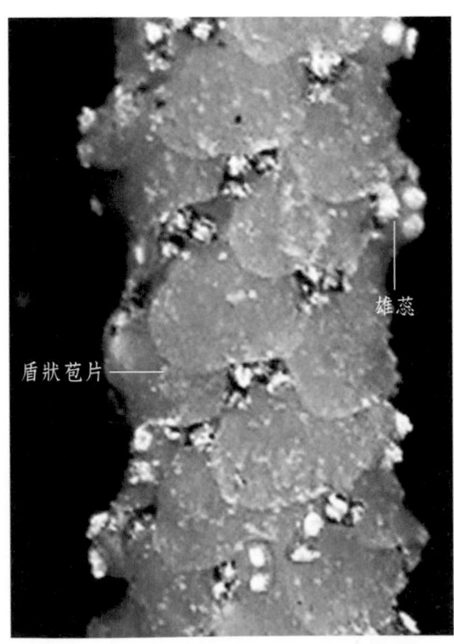

□ 石南藤的雄花序

3. 金粟蘭科 Chloranthaceae $⚥ P_0A_{(1\sim3)}\overline{G}_{(1:1:1)}$

草本或灌木。莖節部常膨大。單葉對生，葉柄基部通常合生；托葉小。花小，兩性或單性，無花被，常為頂生穗狀花序，基部有1枚苞片；雄蕊1~3枚，合生成一體，常貼生於子房一側，花絲極短，藥隔發達；雌蕊單心皮，子房下位。核果。

□ 草珊瑚*Sarcandra glabra* 全草能清熱解毒，祛風活絡。

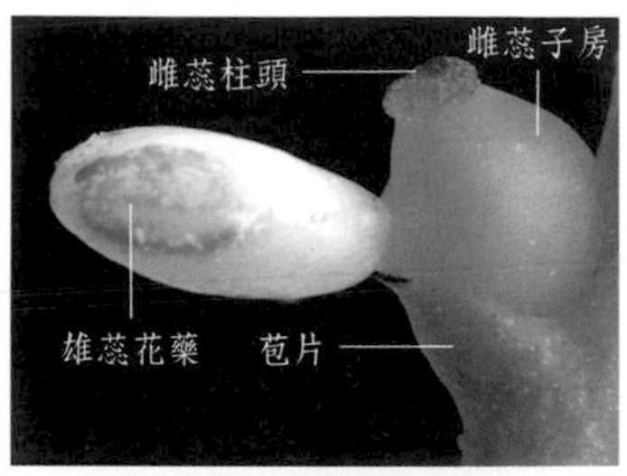

□ 草珊瑚的原始無被花

□ 銀線草*Chloranthus japonicus*
全草能活血祛瘀，祛風除濕。

□ 絲穗金粟蘭*C. fortunei*
全草能祛風，活血，解毒。

金粟蘭*C. spicatus*
全草能舒筋活絡，祛風止痛。

及己*C. serraus*
根能祛風除濕，活血止痛。

四川金粟蘭*C. sessilifolius*
全草能祛風除濕。

4. 胡桃科 Juglandaceae $♂ * P_{3\sim6}\ A_{3\sim40}\ ;\ ♀ P_4\ \overline{G}_{(2:1:1)}$

落葉或半常綠喬木或小喬木，具樹脂，有芳香，被有橙黃色盾狀著生的圓形腺體。葉互生或稀對生，無托葉，常為奇數羽狀複葉。花單性，雌雄同株；雄花序常為柔荑花序；雄蕊3~40枚，插生於花托上，1至多輪排列；雌花序穗狀，頂生，雌蕊由2枚心皮合生，子房下位，花柱極短，柱頭2裂或稀4裂。核果或堅果。種子大型，完全填滿果室，具1層膜質的種皮，無胚乳。

胡桃*Juglans regia*
種仁能補腎固精，溫肺定喘，潤腸。

□ 胡桃的雌花枝

□ 胡桃的果枝

□ 胡桃的果實

□ 野核桃*J. cathayensis*
種仁能潤肺，溫腎。

□ 黃杞*Engelhardtia roxburghiana*
葉能清熱止痛。

第十一章 被子植物

少葉黃杞*E. fenzelii*
功用同黃杞。

楓楊*Pterocarya stenoptera*
樹皮能祛風止痛，殺蟲。

化香樹的雌株

化香樹*Platycarya strobilacea*
葉能解毒療瘡，殺蟲止癢。

5. 殼斗科 Fagaceae $♂ * K_{4\sim8}C_0A_{4\sim12}$；$♀ K_{(4\sim8)}C_0\overline{G}_{(3\sim6:3\sim6:2)}$

常綠或落葉喬木。單葉，互生。花單性同株，雄花序下垂或直立，雌花序直立，花單朵散生或數朵聚生成簇。堅果包被（部分或全部）於殼斗內。

□ 板栗*Castanea mollissima*
堅果能養胃健脾，補腎強筋。

□ 板栗的花枝

□ 板栗的果枝

第十一章 被子植物

6. 楊柳科 Salicaceae ♂ $K_0C_0A_{2\sim\infty}$；♀ $K_0C_0\underline{G}_{(2\sim4:1:\infty)}$

落葉喬木或直立、墊狀和匍匐灌木。單葉互生。花單性，雌雄異株，柔荑花序，直立或下垂。蒴果。

□ 垂柳*Salix babylonica*
柳枝能袪風利濕。

□ 垂柳的花枝

□ 垂柳的果枝

□ 山楊*Populus davidiana*
樹皮能袪風活血。

7. 榆科　Ulmaceae　$⚥ * K_{(4\sim8)} C_0 A_{4\sim8} \underline{G}_{(2:1:1)}$

喬木或灌木；芽具鱗片。單葉，常綠或落葉，互生。單被花兩性，稀單性或雜性。果為翅果、核果、小堅果或有時具翅或具附屬物，頂端常有宿存的柱頭。

□ 大果榆*Ulmus macrocarpa*
翅果發酵後能殺蟲，消積。

□ 樸樹*Celtis sinensis*
根皮能消腫止痛。

□ 樸樹的花

□ 山黃麻*Trema tomentosa*
葉外用能止血。

8. 桑科　Moraceae　♂$P_{4\sim6}A_{4\sim6}$；♀$P_{4\sim6}\underline{G}_{(2:1:1)}$

多為木本。莖常有乳汁。葉常互生，有托葉。花單性，異株或同株，常集成柔荑、穗狀、頭狀或隱頭花序；單被花；雄蕊與花被片同數且對生；雌蕊由2個合生心皮組成，子房上位。多為聚花果。

□ 桑*Morus alba*
果穗能補血滋陰；葉能疏風散熱；嫩枝能祛風濕；根皮能瀉肺平喘。

□ 桑果序的局部圖

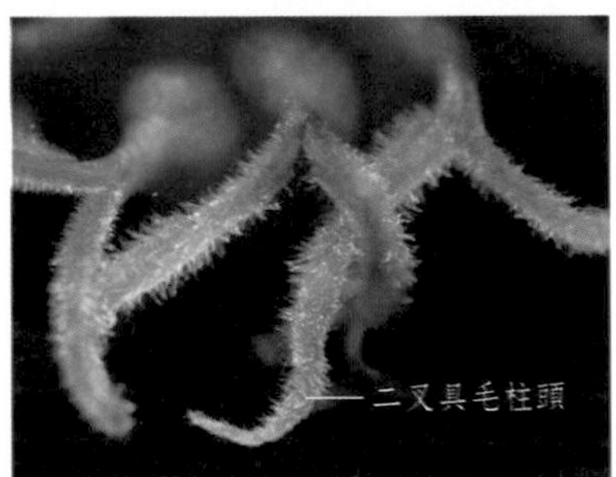

□ 桑的雌花

□ 桑雄花的柔荑花序

□ 大麻*Cannabis sativa*
種子能潤腸通便。

□ 大麻的雌株

□ 構樹*Broussonetia papyrifera*
果實能補腎，清肝明目。

具毛柱頭

□ 構樹的雌株

桑、大麻和構樹雄花的柔荑花序易於風吹擺動，飄散花粉；雌花的具毛柱頭易於撲捉花粉而受精，有利於傳播後代， 這是它們風媒適應的結果。

□ 薜荔*Ficus pumila*
果實能活血下乳；莖能祛風通絡。

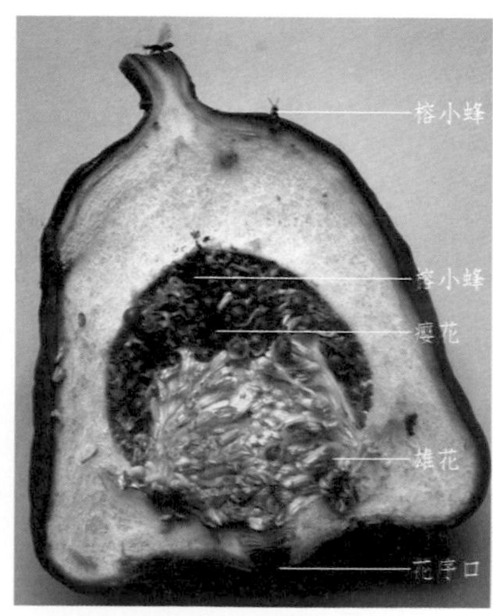

□ 薜荔隱花果中共生的榕小蜂

無花果*F. carica*
隱花果能潤肺止咳，清熱潤腸。

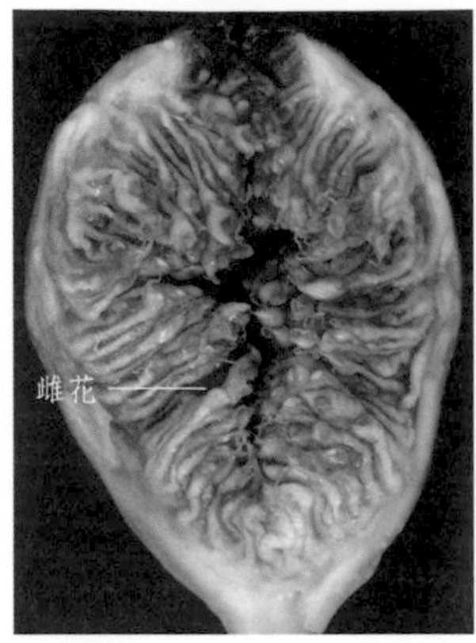

無花果隱頭花序的縱剖圖

葎草*Humulus scandens*
全草能清熱解毒，利尿消腫。

啤酒花*H. lupulus*
果序能健脾消食。

9. 蕁麻科 Urticaceae ♂ $* P_{4\sim5} A_{4\sim5}$; ♀ $P_{4\sim5} \underline{G}_{(1:1:1)}$

草本、亞灌木或灌木，鐘乳體點狀、杆狀或線形。單葉互生或對生，具托葉。花極小，單性，雌雄同株或異株，由小傘形花序組成聚傘狀、圓錐狀、總狀等；雄花的花被片覆瓦狀或鑷合狀排列，雄蕊與花被片同數，花絲初時常內折，開放時展開，退化雌蕊常存在；雌花花被片在花後常增大，宿存，雌蕊與花被離生或貼生，胚株直立。瘦果，常包被於宿存花被內。

□ 粗根蕁麻（青活麻）*Urtica macrorrhiza*
全草能祛風通絡，平肝定驚。

□ 狹葉蕁麻*U. angustifolia*
全草能祛風定驚，通便。

□ 糯米團*Gonostegia hirta*
全草能健脾消食。

□ 霧水葛*Pouzolzia zeylanica*
全草能清熱通淋。

□
掌葉蠍子草（紅活麻）
Girardinia palmata
全草能祛風除濕，利濕消腫。

□
苧麻*Boehmeria nivea*
根能清熱利尿，涼血安胎；葉能止血。

□
毛花點草*Nanocnide lobata*
全草能清熱解毒，消腫散結，止血。

10. 檀香科 Santalaceae ⚥ * $K_0C_{3\sim5}A_{3\sim5}\overline{G}_{(2\sim5:2\sim5:2\sim5)}$

草本或灌木，常為寄生或半寄生。單葉互生或對生，無托葉。花兩性，單性或敗育，雌雄異株，花被稍肉質；雄花被裂片3~5枚，雄蕊與花被裂片同數對生於花被裂片基部；雌花或兩性花具下位或半下位子房，花被管通常比雄花的長，雌蕊柱頭小，胚珠2~5枚，着生於特立中央胎座頂端或自頂端懸垂。核果或小堅果，具肉質外果皮和脆骨質內果皮。

檀香*Santalum album*
心材能理氣和胃。

檀香的花枝

檀香的兩性花

□ 寄生藤*Henslowia frutescens*
全株能散血，消腫，止痛。

□ 寄生藤的花

□ 百蕊草*Thesium chinense*
全草能清熱解毒，補腎澀精。

11. 桑寄生科 Loranthaceae ♂*$P_{3\sim6(\sim8)}$ $A_{3\sim6(\sim8)}$；♀$P_0\overline{G}_{(3\sim6:1:1)}$

半寄生性灌木或亞灌木，常寄生於木本植物莖枝。葉對生，全緣或呈鱗片狀；無托葉。花兩性，雌雄同株或異株；總狀、穗狀、聚傘狀或傘形花序；花托卵球形、壇狀或輻狀；副萼杯狀或環狀，全緣或具齒，或無副萼；花被花瓣狀，3~6（~8）枚，鑷合狀排列，離生或不同程度合生成冠筒；雄蕊與花被片同數，對生並著生其上，花絲短或缺，花藥2~4室，縱裂；心皮3~6枚，子房下位，貼生於花托，1室。漿果。

□ 紅花寄生*Scurrula parasitica*
枝葉能祛風濕，強筋骨。

□ 寄生在桑樹上的紅花寄生

□ 梨果桑寄生*S. philippensis*
功用同紅花寄生。

□ 梨果桑寄生的花

第十一章 被子植物

桑寄生*Taxillus chinensis*
枝葉能補肝腎，強筋骨，祛風濕。

廣寄生的果枝

廣寄生*T. chinensis*
枝葉能祛風濕，強筋骨。

槲寄生*Viscum coloratum*
枝葉能祛風濕，強筋骨，安胎。

扁枝槲寄生*V. articulatum*
全株能祛風活絡。

鞘花寄生*Macrosolen cochinchinensis*
枝葉能補肝腎，強筋骨，祛風濕。

鞘花寄生的花

12. 蛇菰科 Balanophoraceae　♂ $*K_{3\sim6}C_0A_{1\sim2}$；♀ $K_0C_0\underline{G}_{(1\sim3:1\sim3:1)}$

一年生或多年生肉質草本，無正常根，靠根莖上的吸盤寄生於寄主植物的根上。根莖粗，通常分枝，表面常有疣瘤或星芒狀皮孔，頂端具開裂的裂鞘。花莖圓柱狀，出自根莖頂端，常為裂鞘所包著；花序頂生，肉穗狀或頭狀，花單性，雌雄花同株或異株。堅果小。

□ 紅冬蛇菰*Balanophora harlandii*
全株能活血調經。

□ 紅冬蛇菰的雌株

□ 香港蛇菰*B. hongkongensis*
功用同紅冬蛇菰。

□ 筒鞘蛇菰*B. involucrata*
全株能壯陽補腎，健脾理氣，止血。

13. 馬兜鈴科 Aristolochiaceae $\text{⚥} * \uparrow P_{(3)} A_{6\sim12} \overline{G}_{(4\sim6:4\sim6:\infty)}, \overline{G}_{(4\sim6:4\sim6:\infty)}$

草本或藤本。葉基部常心形。花兩性，輻射對稱或兩側對稱，單生、簇生或排成總狀花序；花被下部常合生成各式管狀或壺狀，頂端3裂或向一側擴大；雄蕊花絲短，分離或與花柱合生成合蕊柱；雌蕊心皮合生，子房下位或半下位。蒴果或漿果狀。種子具翅。

□ 馬兜鈴*Aristolochia debilis*
根能行氣止痛；莖能活血消腫；果實能止咳平喘。

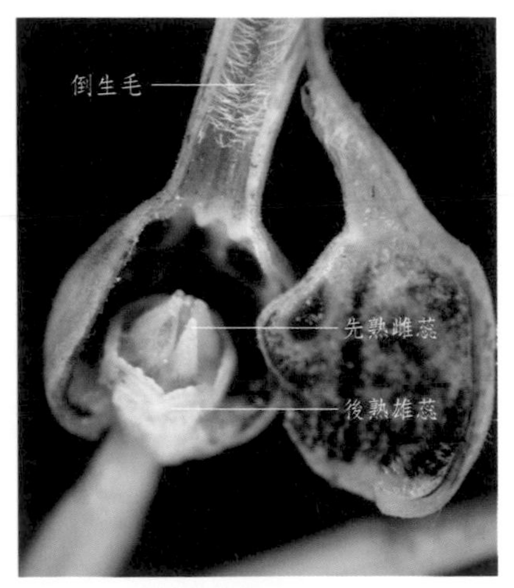

□ 馬兜鈴花的蟲媒適應

馬兜鈴以花被的腐肉色和球部的腐臭氣吸引小蠅帶著花粉鑽到球部，被管部的倒生毛將其困在球部為先熟的雌蕊授粉。授粉成功後，雄蕊後熟，散出花粉，倒生毛萎縮，小蠅帶著花粉飛出，再為別的花授粉。

□ 北馬兜鈴*A. contorta*
功用同馬兜鈴。

□ 北馬兜鈴的果枝

廣西馬兜鈴*A. kwangsiensis*
塊根能解毒，止血。

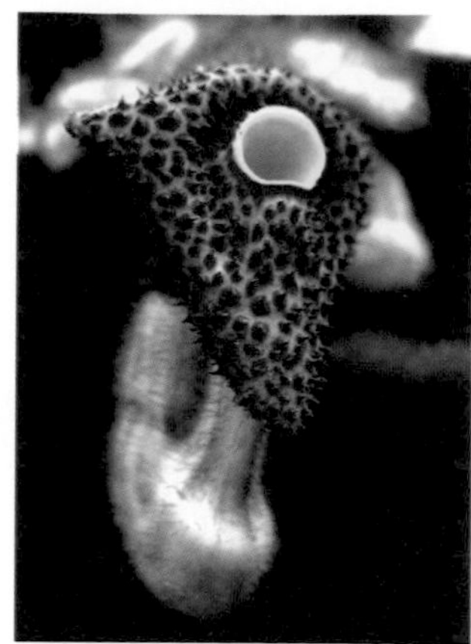

廣西馬兜鈴的花

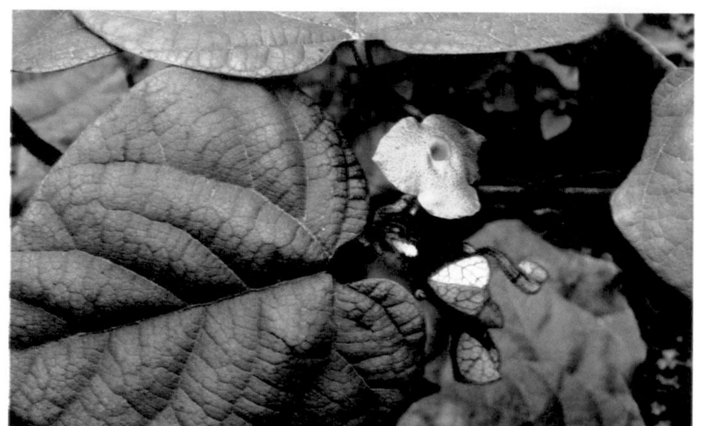

川南馬兜鈴 *A. austroszechuanica*
塊根能清熱解毒。

川南馬兜鈴的花

廣西馬兜鈴和川南馬兜鈴葉形極似，但花的色澤和結構不同，兩種不宜合併！

尋骨風*A. mollissima*
全株能祛風，活血。

四川朱砂蓮*A. cinnabarina*
塊根能清熱解毒，理氣止痛。

□ 華細辛*Asarum sieboldii*
根能散寒解表，通竅止痛。

□ 杜衡*A. forbesii*
全草能散寒止痛。

□ 遼細辛*A. heterotropoides* var. *mandshuricum*
功用同華細辛。

□ 漢城細辛*A. sieboldii* var. *seoulense*
功用同華細辛。

□ 紫背細辛*A. porphyronotum*
全草能散寒解表，止痛。

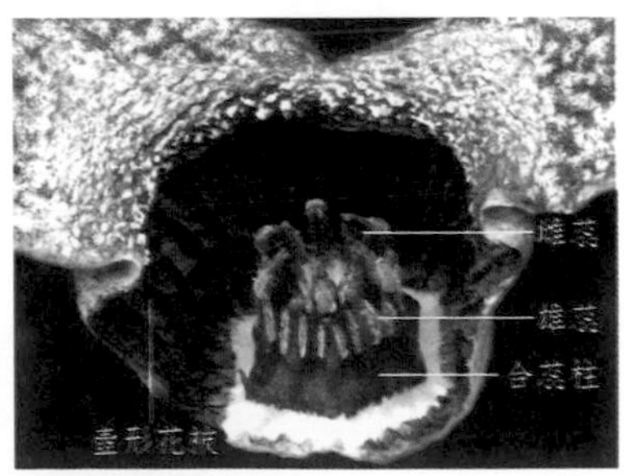

□ 紫背細辛花的解剖圖

□ 馬蹄香*Saruma henryi*
根能散寒解表，宣肺利水。

14. 蓼科 Polygonaceae $\text{⚥} * P_{3\sim6,(3\sim6)} A_{3\sim9} \underline{G}_{(2\sim4:1:1)}$

草本。莖節常膨大。單葉互生，托葉膜質成托葉鞘。花多兩性，輻射對稱，排成穗狀、圓錐狀或頭狀花序；花被片常花瓣狀，分離或基部合生，宿存；雄蕊3~9枚；雌蕊子房上位。瘦果，包於宿存花被內。種子有胚乳。

□ 藥用大黃*Rheum officinalis*
根和根莖能瀉熱通腸，涼血解毒。

□ 掌葉大黃*R. palmatum*
功用同藥用大黃。

唐古特大黃*R. tanguticum*
功用同藥用大黃。

藥用大黃、掌葉大黃和唐古特大黃三者的葉片有隨分布地海拔的升高而葉裂加深的現象，這是植物環境適應的結果。

何首烏
Polygonum multiflorum
塊根製用能補肝腎；莖藤能養血安神。

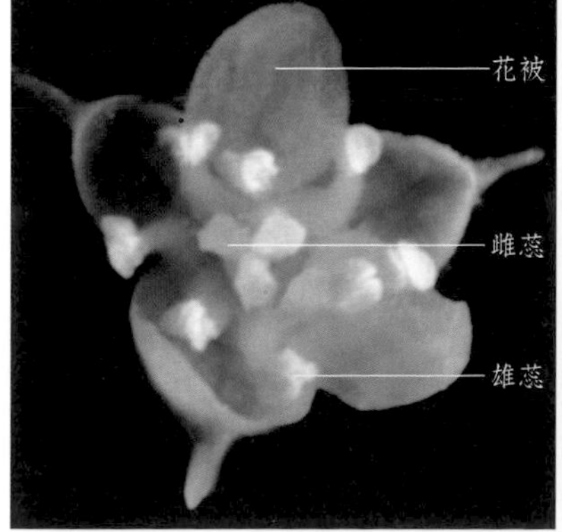

何首烏的花

何首烏的果

□ 虎杖*P. cuspidatum*
根能利濕，散瘀，止咳。

□ 蓼藍*P. tinctorium*
葉能清熱解毒。

□ 紅蓼*P. orientale*
果實能散血消癥，消積止痛。

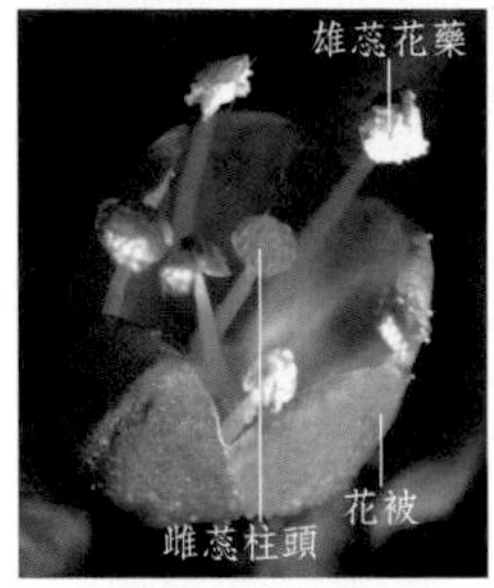

□ 紅蓼的花

□ 紅蓼的莖節

□ 拳參*P. bistorta*
根莖能清熱解毒，消腫止血。

□ 拳參的總狀花序呈穗狀

□ 萹蓄*P. aviculare*
全草能利尿通淋。

□ 支柱蓼*P. suffultum*
根能止血，生肌。

□ 羊蹄*Rumex japonicus*
根能清熱涼血。

□ 土大黃*R. daiwoo*
根能涼血消腫。

15. 藜科 Chenopodiaceae ⚥ * $P_{3\sim5}A_{1\sim5}\underline{G}_{(2\sim5:1:1)}$

一年生草本、亞灌木或灌木。葉互生，無托葉。花為單被花，兩性或單性，如為單性，雌雄同株或異株；花被膜質、草質或稍肉質，果時常增大、硬化，或在花被背面生出翅狀、刺狀或疣狀附屬物，或雌花花被退化；雄蕊常與花被片或花被裂片同數而對生，著生於花被內面基部或花盤邊緣；子房上位，花柱頂生，柱頭常2瓣，絲狀或鑽狀，胚珠彎生。胞果。

藜*Chenopodium album*
幼嫩全草能清熱祛濕，解毒消腫。

土荊芥*C. ambrosioides*
全株能祛風除濕，殺蟲止癢。

灰灰菜*C. album*
全草能清熱利濕，透疹。

灰灰菜的幼苗

地膚*Kochia scoparia*
果實能清熱利濕，祛風止癢。

地膚的胞果

地膚的花枝

16. 莧科　Amaranthaceae　⚥ $* P_{3\sim5}A_{3\sim5}\underline{G}_{(2\sim3:1:1),(2\sim3:1:\infty)}$

多草本。單葉對生或互生，無托葉。花小，聚傘花序排成穗狀、頭狀或圓狀；花被片3~5枚，每花下常有1枚乾膜質苞片和2枚小苞片；雄蕊和花被片對生，花絲分離或基部連合成杯狀。多為胞果。

□ 牛膝*Achyranthes bidentata*
根能補肝腎，強筋骨，通經。

□ 川牛膝*Cyathula officinalis*
根能通經，利關節。

□
雞冠花*Celosia cristata*
花序能收澀止血，止痢。

□ 青葙*C. argentea*
種子能清肝明目。

□ 青葙的花

□ 千日紅*Gomphrena globosa*
花序能止咳，明目。

17. 商陸科　Phytolaccaceae　⚥ $* P_{4\sim5} A_{4\sim5,\infty} \underline{G}_{1\sim\infty,(1\sim\infty)}$

多草本。單葉互生，全緣。花兩性，輻射對稱，排成總狀花序或聚傘花序；花被片4~5枚，宿存；雄蕊4~5枚或更多；子房上位，由1至多個分離或合生的心皮組成。漿果、蒴果或翅果。

□ 商陸*Phytolacca acinosa*
根能逐水消腫，散結。

□ 商陸的花

□ 垂穗商陸*P. americana*
功用同商陸。

□ 垂穗商陸的花

□ 垂穗商陸的果

□ 多藥商陸*P. polyandra*
功用同商陸。

□ 多藥商陸的果枝

18 · 馬齒莧科 Portulacaceae $⚥ * K_{(2)} C_{4\sim5} A_{4\sim\infty} \underline{G}_{(3\sim5:1:\infty)}$

一年生或多年生草本。單葉，全緣，常肉質；托葉乾膜質或剛毛狀。花兩性，萼片2枚；花瓣4~5枚，覆瓦狀排列，常有鮮豔色；雄蕊與花瓣同數、對生，或更多、分離或成束或與花瓣貼生；雌蕊子房上位或半下位，基生胎座或特立中央胎座。蒴果近膜質，蓋裂或2~3瓣裂。

馬齒莧
Portulaca oleracea
地上部分能清熱解毒，涼血止血。

馬齒莧的花枝

馬齒莧果枝上的蓋裂蒴果

□ 土人參*Talinum paniclatum*
根能補氣潤肺，調經。

□ 土人參的根

□ 土人參的花

□
大花馬齒莧*Portulaca grandiflora*
全草能散瘀止痛，清熱，解毒消腫。

19. 石竹科 Caryophyllaceae　$⚥ * K_{4\sim5,(4\sim5)}\ C_{4\sim5}\ A_{8\sim10}\ \underline{G}_{(2\sim5:1:\infty)}$

多草本。莖節常膨大。單葉對生，全緣，常於基部連合。花瓣4~5枚，常具爪；雄蕊8~10枚；子房上位，2~5枚心皮組成1室，特立中央胎座。蒴果齒裂或瓣裂。

瞿麥
Dianthus superbus
全草能利尿通淋，破血通經。

瞿麥花的解剖圖

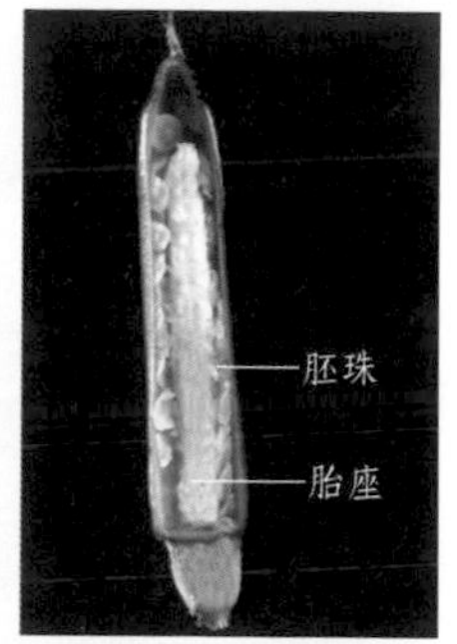

瞿麥果的解剖圖

石竹*D. chinensis*
全草能利尿通淋。

銀柴胡*Stellaria dichotoma* var. *lanceolata*
根能清虛熱。

□ 孩兒參*Pseudostellaria heterophylla*
根能益氣健脾，生津潤肺。

□ 麥藍菜*Vaccaria segetalis*
種子能活血調經，下乳。

20. 睡蓮科 Nymphaeaceae $⚥ * K_{3\sim\infty} C_{3\sim\infty} A_{\infty} \underline{G}_{3\sim\infty,(3\sim\infty)}, \overline{G}_{3\sim\infty,(3\sim\infty)}$

水生草本。根狀莖橫走，粗大。葉基生，盾狀，近圓形。花單生，大而美麗，萼片3至多枚；花瓣3至多枚；雄蕊多數；子房上位至下位；雌蕊由3至多枚離生或合生的心皮組成。堅果埋於花托中。

□ 蓮*Nelumbo nucifera*
葉能清暑利濕；梗能解暑行水；蓮鬚能益腎澀精；種子能益腎固精；藕節則能散瘀，解熱毒。

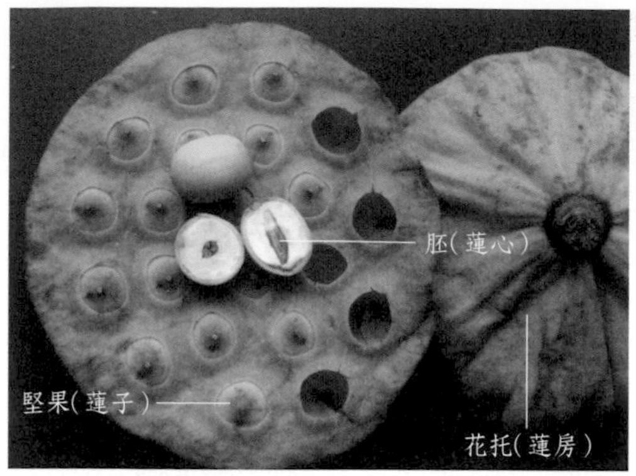

□ 蓮的堅果埋於花托中

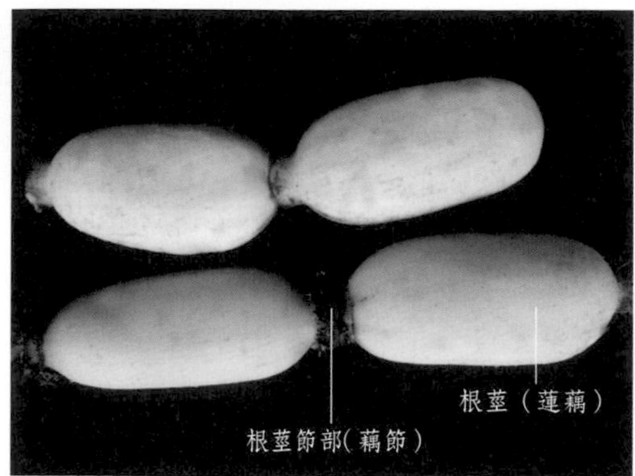

□ 蓮的根莖

□ 芡*Euryale ferox*
種子能益腎固精，補脾止瀉。

□ 芡的花期植株

□ 芡的果期植株

□
睡蓮*Nymphaea tetragona*
根莖能祛風，鎮驚安神。

□ 萍蓬*Nuphar pumilum*
根莖能健脾益肺，活血調經。

□ 荇菜*Nymphoides peltatum*
全草能解熱利水。

21. 毛茛科 Ranunculaceae $⚥ * \uparrow K_{3\sim\infty} C_{3\sim\infty,0} A_{\infty} \underline{G}_{1\sim\infty:1:1\sim\infty}$

草本。單葉或複葉，葉互生或基生，無托葉。花通常兩性，輻射對稱或兩側對稱，花單生或排成聚傘花序、總狀花序；萼片3至多枚，有時花瓣狀；花瓣3至多枚或缺；雄蕊和心皮多數，離生，螺旋狀排列在膨大的花托上。聚合膏葖果或聚合瘦果。

□ 毛茛*Ranunculus japonicus*
全草能清熱解毒，消翳。

□ 毛茛的聚合瘦果

□ 黃連*Coptis chinensis*
根莖能清熱燥濕，瀉火解毒。

□ 黃連的花

□ 峨眉野連*C. omeiensis*
功用同黃連。

□ 峨眉野連的聚合蓇葖果

□ 雲連*C. teeta*
功用同黃連。

□ 三角葉黃連*C. deltoidea*
功用同黃連。

□ 烏頭*Aconitum carmichaelii*
母根能祛風除濕，溫經止痛；子根能回陽救逆，散寒止痛。

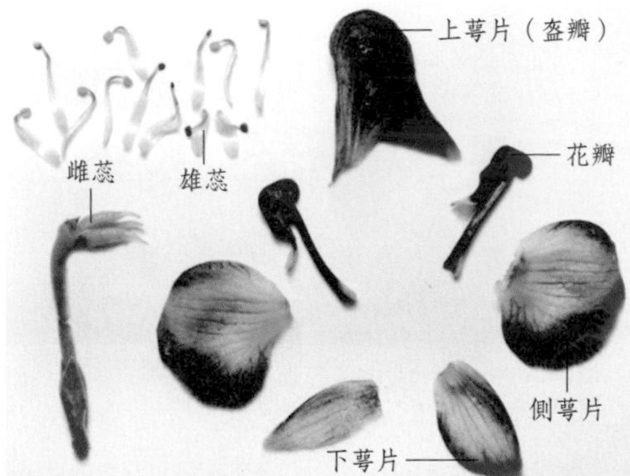

□ 烏頭花的解剖圖

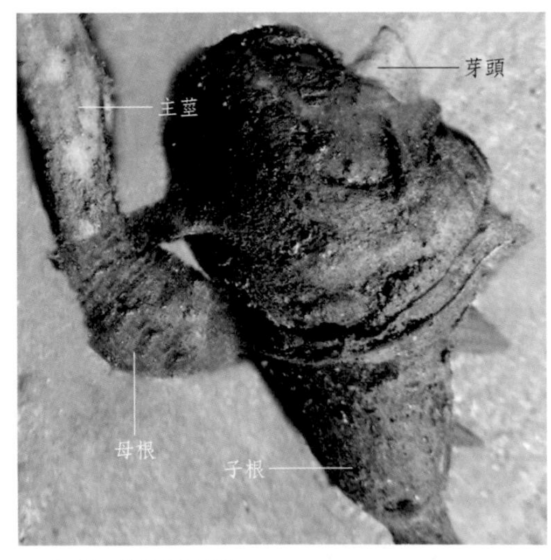

□ 烏頭根的母子關係

北烏頭*A. kusnezoffii*
塊根能祛風除濕，溫經止痛。

黃花烏頭*A. coreanum*
塊根能祛寒濕，止痛。

打破碗花花*Anemone hupehensis*
根能清熱解毒，殺蟲。

威靈仙*Clematis chinensis*
根能祛風除濕，通絡止痛。

小木通*C. armandii*
莖能利尿通淋，通經下乳。

東北鐵線蓮*C. mandshurica*
根能祛風通絡，消痰散積。

繡球藤*C. montana*
功用同小木通。

升麻*Cimicifuga foetida*
根莖能升陽，發表，透疹。

興安升麻*C. dahurica*
功用同升麻。

白頭翁*Pulsatilla chinensis*
根能清熱解毒，涼血止痢。

白頭翁具冠毛的聚合瘦果

□ 多被銀蓮花*Anemone raddeana*
根莖能祛風濕，止痛，消癰腫。

□ 天葵*Semiaquilegia adoxoides*
塊根能清熱解毒，消腫。

22. 芍藥科 Paeoniaceae ⚥ $* K_5 C_{5\sim10} A_{\infty} \underline{G}_{2\sim5:1:\infty}$

草本或灌木。根肥大。葉互生，通常為二回羽狀複葉。花大，單生於枝頂或數朵頂生或腋生；萼片通常5枚，宿存；花瓣5~10枚（栽培者多為重瓣）；雄蕊多數，離心發育；花盤杯狀或盤狀；心皮2~5枚，離生。聚合蓇葖果。

□ 芍藥*Paeonia lactiflora*
根能平肝止痛，養血調經。

□ 芍藥的花蕊

□ 草芍藥*P. obovata*
根能清熱涼血，散瘀止痛。

□ 川赤芍*P. veitchii*
功用同草芍藥。

□ 牡丹*P. suffruticosa*
根皮能清熱涼血，活血化瘀。

□ 牡丹的聚合蓇葖果

□ 牡丹的花蕊

黃牡丹
P. delavayi var. lutea
功用同牡丹。

23. 木通科 Lardizabalaceae　⚥ $* K_{3+3} C_{0, 6} A_6 \underline{G}_{(3\sim\infty:1:1\sim\infty)}$

木質藤本。莖纏繞或攀緣。葉互生，掌狀或三出複葉；無托葉；葉柄和小柄兩端膨大為節狀。花輻射對稱，單性，雌雄同株或異株，通常組成總狀花序或傘房狀的總狀花序，萼片花瓣狀，排成2輪；花瓣蜜腺狀，遠較萼片小；雄蕊花絲離生或多少合生成管；退化心皮3枚；在雌花中有6枚退化雄蕊；心皮輪生在扁平花托上，或心皮多數，螺旋狀排列在膨大的花托上。蓇葖果或漿果。

木通*Akebia quinata*
藤莖能清熱利尿，活血通脈。

木通的花枝

木通的果枝

□ 白木通*A. trifoliata* var. *australis*
功用同木通。

□ 三葉木通*A. trifoliata*
功用同木通。

□ 大血藤*Sargentodoxa cuneata*
藤莖能清熱解毒，活血。

□ 野木瓜*Stauntonia chinensis*
莖和葉能祛風和絡，活血止痛。

□ 大血藤的幼葉

24. 小檗科 Berberidaceae $⚥ * K_{3+3, \infty} C_{3+3, \infty} A_{3\sim9} \underline{G}_{1:1:1\sim\infty}$

灌木或草本。葉互生。花單生、簇生或排成總狀花序；萼片與花瓣相似，各2至多輪，每輪常3枚，常具蜜腺；雄蕊3~9枚，常與花瓣對生；柱頭通常為盾形。漿果或蒴果。

□ 柔毛淫羊藿*Epimedium pubescens*
葉能補腎陽，強筋骨，祛風濕。

□ 柔毛淫羊藿的花

□ 粗毛淫羊藿*E. acuminatum*
功用同柔毛淫羊藿。

□ 粗毛淫羊藿的花

□ 朝鮮淫羊藿*E. koreanum*
功用同柔毛淫羊藿。

□ 巫山淫羊藿*E. wushanense*
功用同柔毛淫羊藿。

第十一章 被子植物

□ 箭葉淫羊藿*E. sagittatum*
功用同柔毛淫羊藿。

□ 淫羊藿*E. brevicornum*
功用同柔毛淫羊藿。

□ 八角蓮*Dysosma versipellis*
根莖能解毒消腫。

□ 八角蓮的花

□ 川八角蓮*D. veitchii*
功用同八角蓮。

□ 桃兒七*Sinopodophyllum hexandrum*
根莖能祛風濕。

□ 細葉小檗*Berberis poiretii*
根能清熱解毒。

□ 豪豬刺*B. julianae*
功用同細葉小檗。

□ 闊葉十大功勞*Mahonia bealei*
根能清熱解毒。

□ 闊葉十大功勞的花

□ 狹葉十大功勞*M. fortunei*
功用同闊葉十大功勞。

□ 南天竹*Nandina domestica*
果實能止咳平喘。

25. 防己科 Menispermaceae $♂ * K_{3+3}\ C_{3+3} A_{3\sim6,\ \infty}$；$♀ K_{3+3}\ C_{3+3}\ \underline{G}_{3\sim6:1:1}$

藤本。單葉互生。花小，單性異株，聚傘花序或圓錐花序；萼片、花瓣各2輪，每輪常3枚，花瓣常小於萼片；通常3心皮，分離，每室2枚胚珠，只有1枚發育。核果，核多呈馬蹄形或腎形，內果皮有各式雕紋。

□ 木防己*Cocculus orbiculatus*
根能祛風止痛，利尿消腫。

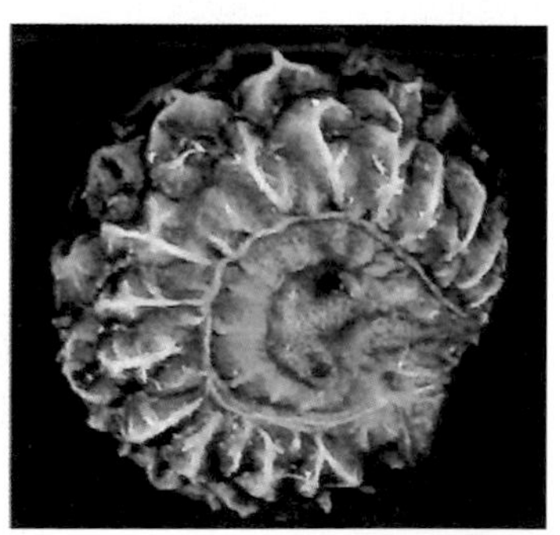

□ 木防己骨質內果皮上的雕紋

□ 木防己的雄花

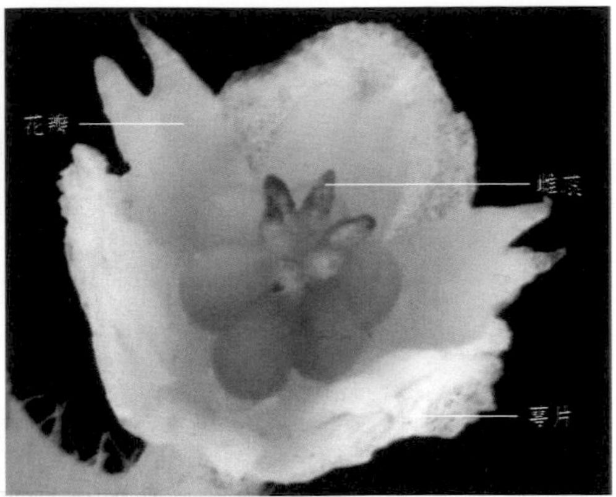

□ 木防己的雌花

□
地不容
Stephania epigaea
塊根能湧吐痰食，解毒。

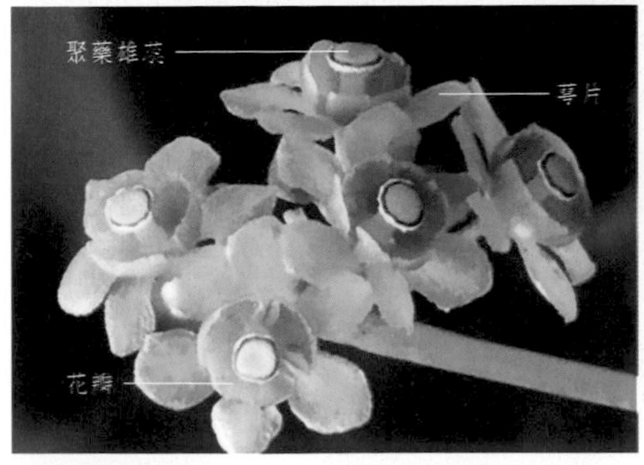

□ 地不容的雄花

□ 地不容的雌花

□ 汝蘭（華千金藤）*S. sinica*
塊根能清熱解毒，止痛。

□ 汝蘭（華千金藤）的雄花

□ 粉防己*S. tetrandra*
根能利水消腫，祛風止痛。

□ 金線吊烏龜*S. cepharantha*
塊根能清熱解毒，止痛，止血。

□ 蝙蝠葛*Menispermum dauricum*
根能清熱解毒，祛風止痛。

青牛膽*Tinospora sagittata*
塊根能清熱解毒，利咽，止痛。

青藤*Sinomenium acutum*
莖能祛風通絡，利小便。

26. 木蘭科 Magnoliaceae ⚥ $*P_{6\sim12}A_{\infty}\underline{G}_{\infty:1:1\sim2}$

木本，具油細胞，有香氣。單葉互生，有環狀托葉痕。花單生，兩性，輻射對稱；花被片3基數，6~12枚，有時分化萼片和花瓣，每輪3枚；雄蕊多數，分離，螺旋狀排列在伸長花托的下半部；心皮多數，分離，螺旋狀排列在伸長花托的上半部。聚合蓇葖果。

厚朴*Magnolia officinalis*
樹皮及根皮能燥濕消痰，下氣除滿。

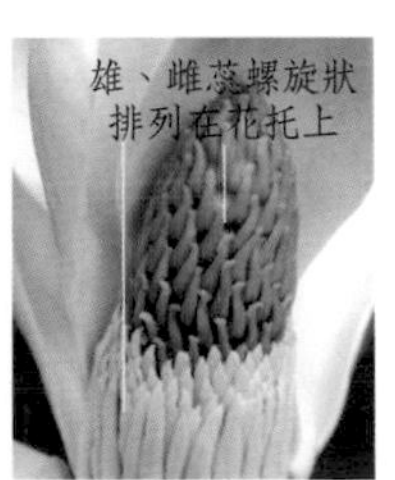

厚朴的花蕊

厚朴的聚合蓇葖果

凹葉厚朴
M. officinalis var. *biloba*
功用同厚朴。

望春花*M. biondii*
花蕾能祛風寒，通鼻竅。

望春花的果枝

玉蘭*M. denudata*
功用同望春花。

□ 二喬玉蘭*M. soulangeana*
功用同望春花。

□ 二喬玉蘭的花蕊

□ 紫玉蘭*M. liliiflora*
功用同望春花。

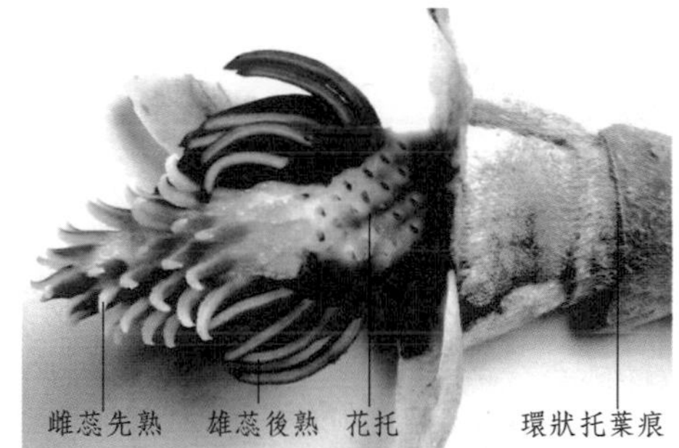

□ 紫玉蘭的花蕊

□ 紫玉蘭的聚合蓇葖果

□ 白蘭*Michelia alba*
花能化濕行氣，化痰止咳。

□ 黃蘭*M. champaca*
果實能祛風除濕，清利咽喉。

□ 馬褂木（鵝掌楸）*Liriodendron chinense*
樹皮能祛風除濕。

□ 紅茴香*Illicium henryi*
根皮能通經活血，散瘀止痛。

□ 八角*I. verum*
果實能溫陽，散寒，理氣。

□ 八角的果枝

□ 紅花八角花的解剖圖

□ 紅花八角*I. arborescens*
根能散瘀消腫，祛風濕。

27. 五味子科 Schisandraceae ♂ * $P_{6\sim24}A_{\infty}$; ♀ $P_{6\sim24}\underline{G}_{\infty:1:1\sim2}$

木質藤本。單葉聚於短枝上互生。花單性異株，花被片6~24枚，2至數輪；雄蕊多數，分離，螺旋狀排列在伸長花托的下半部；心皮多數，分離，螺旋狀排列在伸長花托的上半部。聚合漿果。

□ 五味子*Schisandra chinensis*
果實能補腎寧心，收斂固澀。

□ 五味子的雌花

□ 五味子的雄花

□ 華中五味子*S. sphenanthera*
功用同五味子。

□ 華中五味子的花枝

□ 南五味子*Kadsura longipedunculata*
根皮能祛風活血，止痛。

□ 南五味子的雌花

異型南五味子*K. heteroclita*
藤能活血。

異型南五味子的雌花

28. 肉豆蔻科 Myristicaceae ♂ $*P_{(2)3(5)}A_{2\sim40}$; ♀ $P_{(2)3(5)}\underline{G}_{(1:1:1)}$

常綠喬木或灌木。單葉互生，近革質，通常具透明腺點。花序腋生，圓錐花序或總狀花序，花小，單性，常異株；花被近肉質，通常3裂；雄蕊2~40枚，花絲合生成柱（雄蕊柱）；子房上位，有近基生的倒生胚珠1枚。蒴果，常開裂為2果瓣；種子具假種皮，種仁切面可見棕色外胚乳向內伸入，與類白色的內胚乳交錯，形成大理石樣紋理。

肉豆蔻
Myristica fragrans
種仁能溫中澀腸，行氣消食。

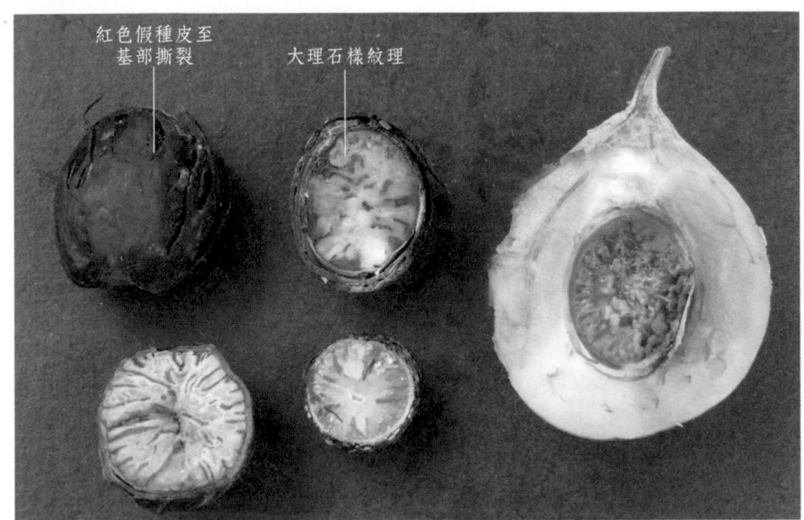

肉豆蔻果實及種子的解剖圖

肉豆蔻的開裂果實

肉豆蔻的花

雲南肉豆蔻
M. yunnanensis
功用同肉豆蔻。

29. 蠟梅科　Calycanthaceae　$⚥ * P_{15\sim30}A_{5\sim30}\overline{G}_{1\sim\infty:1:2}$

落葉或常綠灌木，小枝四方形至近圓柱形；有油細胞。單葉對生，全緣或近全緣。花單生於側枝的頂端或腋生，通常芳香，黃色、黃白色或褐紅色或粉紅白色，先葉開放。聚合瘦果著生於壇狀的果托之中，瘦果內有種子1顆。

蠟梅*Chimonanthus praecox*
花蕾能解暑生津，開胃散鬱。

栽培種——素心蠟梅

栽培種——磬口蠟梅

□ 蠟梅的果枝

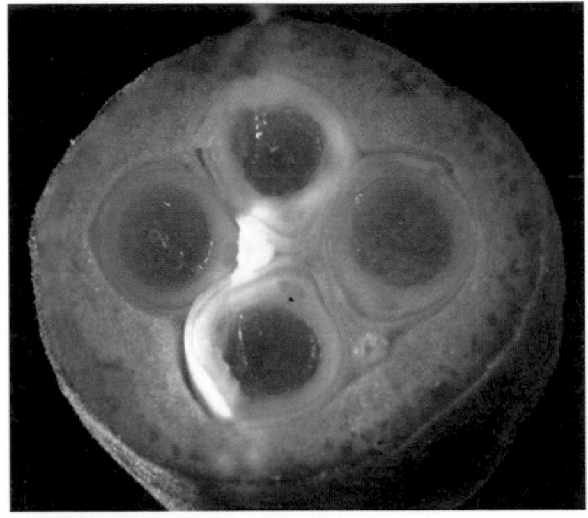

□ 蠟梅果托內的瘦果

□ 夏臘梅*Sinocalycanthus chinensis*
花或根能健胃止痛。

30. 樟科 Lauraceae ⚥ $* P_{6\sim9}A_{3\sim12}\underline{G}_{(3:1:1)}$

常綠芳香木本。葉多三出脈，常具腺點，葉背常被粉白色蠟質。花單被，常3基數，排成2輪，基部合生；雄蕊3~12枚，通常9枚，排成3~4輪，花藥2~4室，瓣裂；子房上位，1枚頂生胚珠。核果或漿果。

□ 樟樹*Cinnamomum camphora*
全株能理氣散寒，消腫止痛。

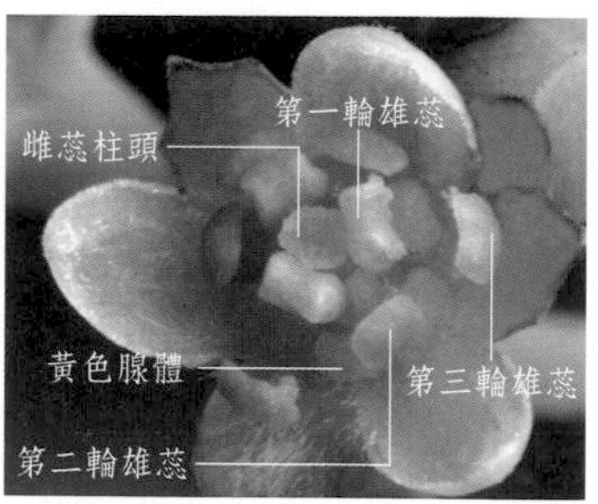

□ 樟樹的花

□ 樟樹的果枝

□ 肉桂*C. cassia*
樹皮能補火助陽，散寒止痛。

□ 肉桂花

□ 烏藥*Lindera aggregata*
根能順氣止痛，散寒。

□ 烏藥的雌花

□ 山雞椒*Litsea cubeba*
果實能溫中散寒，行氣止痛。

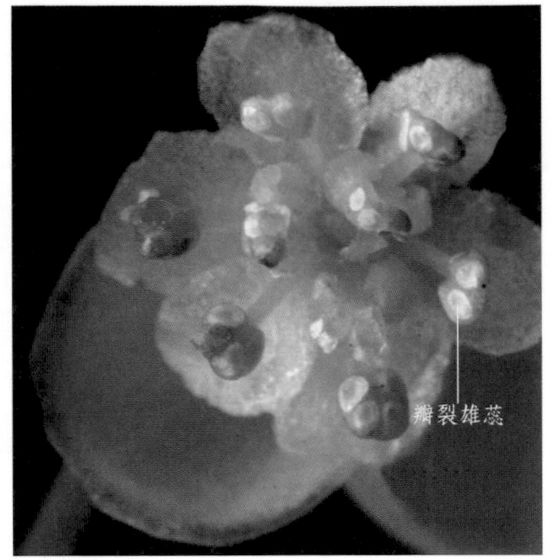

□ 山雞椒的花

31. 罌粟科　Papaveraceae　⚥ * ↑ $K_{2\sim3}$ $C_{4\sim6}$ $A_{\infty, 4\sim6}$ $\underline{G}_{(2\sim\infty:1:\infty)}$

草本，常有白色、黃色或紅色乳汁。葉基生或互生。花輻射稱或兩側對稱；單生或排成總狀，聚傘，圓錐花序；萼片2枚，早落；花瓣4~6枚；雄蕊多數，離生，或4~6枚，合生成2束；子房上位，2至多枚心皮合生，1室，側膜胎座，胚珠多數。孔裂或瓣裂蒴果。

□ 齒瓣延胡索*Corydalis remota*
塊莖能活血止痛。

□ 紫菫*C. edulis*
全草能清熱解毒。

□ 伏生紫堇*C. decumbens*
塊根能舒筋活血。

□ 延胡索*C. yanhusuo*
功用同齒瓣延胡索。

□ 延胡索的花

□ 小花黃堇*C. racemose*
全草能清熱解毒，驅蟲。

□ 白屈菜*Chelidonium majus*
全草能清熱解毒。

□ 白屈菜的花

□ 罌粟*Papaver somniferum*
果殼能斂肺，澀腸，止痛。

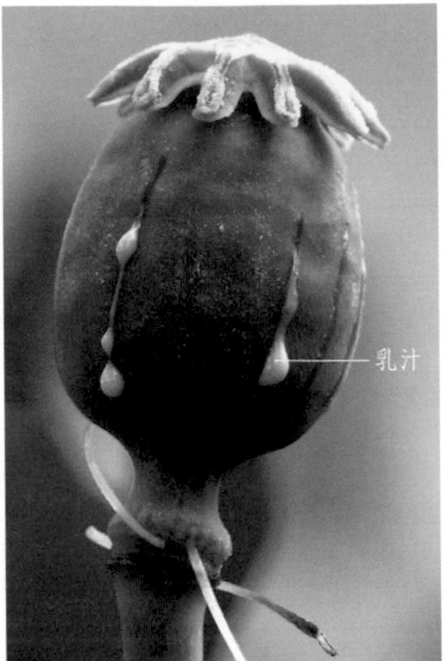

□ 罌粟的孔裂蒴果

□ 罌粟的花

□ 虞美人*P. rhoeas*
全草能鎮咳，鎮痛。

□ 博落迴*Macleaya cordata*
全草能鎮痛，消腫。

□
薊罌粟
Argemone mexicana
全草能利膽，祛痰利濕。

32. 十字花科 Cruciferae ⚥ * $K_{2+2}C_{4,0}A_{2+4}\underline{G}_{(2:1:\infty)}$

草本。單葉互生，無托葉。多為總狀花序；萼片4枚，2輪；花瓣4枚，具爪，排成十字形；四強雄蕊（4長2短）。基部常有4個蜜腺；子房上位，由2枚心皮合生，側膜胎座，具假隔膜。長或短角果。

□ 獨行菜*Lepidiu mapetalum*
種子能平喘，消腫。

□ 白芥*Sinapis alba*
種子能豁痰，通絡。

□ 薺*Capsella bursa-pastoris*
全草能涼血止血。

□ 蔊菜*Rorippa indica*
全草能解表散寒，止咳。

□ 菘藍*Isatis indigotica*
根、葉能清熱解毒，涼血消斑。

□ 菘藍的花

□ 菘藍的角果

□ 蘿蔔*Raphanus sativus*
種子能消脹化痰。

□ 紅皮蘿蔔

□ 蘿蔔的花

33. 景天科 Crassulaceae　$\text{⚥} * K_{4\sim5,(4\sim5)}\ C_{4\sim5,(4\sim5)}\ A_{4\sim5,8\sim10}\ \underline{G}_{4\sim5:1:\infty}$

多草本。莖肉質，肥厚。葉肉質，單葉互生、對生或輪生。花兩性，輻射對稱，聚傘花序；萼片與花瓣均4~5枚，分離或合生；雄蕊和花瓣同數或為其兩倍；子房上位，心皮4~5枚，離生，胚珠多數，每枚心皮基部有1個鱗片狀腺體。聚合蓇葖果。種子有翅。

垂盆草
Sedum sarmentosum
全草能清利濕熱，解毒。

佛甲草*S. lineare*
全草能清熱解毒，消腫。

佛甲草的花

□ 景天三七*S. aizoon*
全草能止血，散瘀。

□ 景天三七的果枝

□ 大花紅景天*Rhodiola crenulata*
根莖能補氣，祛風濕。

□ 高山紅景天*R. sachalinensis*
功用同大花紅景天。

□ 小叢紅景天*R. dumulosa*
功用同大花紅景天。

□ 長白紅景天*R. angusta*
功用同大花紅景天。

狹葉紅景天*R. kirilowii*
功用同紅景天。

瓦松*Orostachys fimbriatus*
全草能清熱解毒。

34. 虎耳草科 Saxifragaceae ⚥ $* \uparrow K_{4\sim5}\ C_{4\sim5} A_{4\sim5,\ 8\sim10}\ \underline{G}_{(2\sim5:2\sim5:\infty)},\ \overline{G}_{(2\sim5:2\sim5:\infty)}$

草木或木本。花兩性；萼片4~5枚，花瓣4~5枚；雄蕊与花瓣同數或為其倍數；心皮2~5枚，全部或基部合生；子房上位至下位。蒴果或漿果。种子有翅。

虎耳草
Saxifraga stolonifera
全草能清熱解毒。

虎耳草的花

常山*Dichroa febrifuga*
根能截瘧，解熱，催吐。

常山的花

岩白菜*Bergenia purpurascens*
根能止咳止血。

峨眉岩白菜*B. emeiensis*
功用同岩白菜。

□ 落新婦*Astilbe chinensis*
根能止咳止血。

□ 掌葉鬼燈擎*Rodgersia sambucifolia*
根莖能祛風濕，止痛。

□ 蠟蓮繡球*Hydrangea strigosa*
莖葉能滌痰結，散腫毒。

□ 繡球花*Hoya carnosa*
全株能清熱化痰，消腫止痛，通經下乳。

35. 金縷梅科　Hamamelidaceae　$⚥ * K_{(4\sim5)}\ C_{4\sim5,0}A_{4\sim5,\infty}\overline{G}_{(2:2:\infty)}, \overline{\underline{G}}_{(2:2:1,\infty)}$

灌木或喬木。葉常具星狀毛，單葉互生；有托葉。花兩性或單性同株；排成頭狀花序、穗狀花序或總狀花序；子房下位或半下位，由2枚心皮基部合生組成，2室，每室胚珠1至數枚。木質蒴果，有2尖喙，2瓣開裂。種子常具翅。

□ 楓香樹*Liquidambar formosana*
果實能祛風活絡。

□ 楓香樹的雄花序

□ 楓香樹的雌花序

□ 檵木*Loropetalum chinensis*
全株能活血祛瘀。

□ 紅花檵木*L. chinensis* var. *rubrum*
功用同檵木。

36. 杜仲科 Eucommiaceae $♂P_0A_{8,5\sim10};♀P_0\underline{G}_{(2:1:2)}$

喬木。枝、葉折斷後有銀白色膠絲。花單性異株；無花被；雄蕊5~10枚，常為8枚；子房上位，2枚心皮合生。翅果扁平。

□ 杜仲*Eucommia ulmoides*
樹皮能補肝腎，強筋骨。

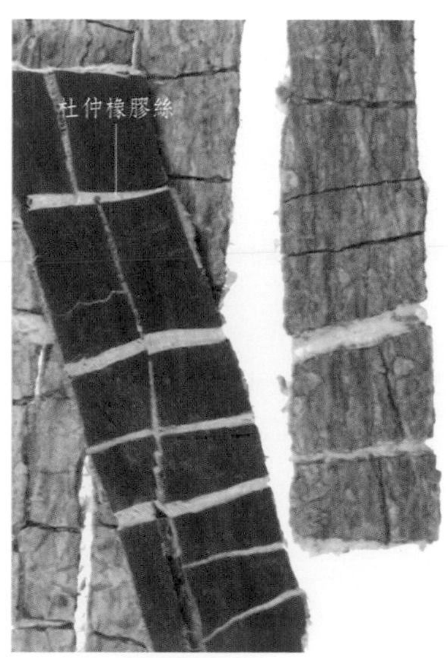

□ 杜仲的樹皮

□ 杜仲的雄花枝

□ 杜仲的雌花枝

第十一章 被子植物

37. 薔薇科 Rosaceae $\text{⚥} * K_5C_5A_{\infty}\underline{G}_{1\sim\infty:1:1\sim\infty}, \overline{G}_{(2\sim5:2\sim5:2)}$

草本，灌木或喬木。莖常具刺。單葉或複葉，多互生，通常有托葉。花兩性，輻射對稱；單生或排成傘房、圓錐花序；花托凸起或凹陷，花被與雄蕊合成碟狀、杯狀、壇狀或壺狀花筒，萼片、花瓣和雄蕊均著生花筒邊緣；萼片5枚，花瓣5枚，分離；雄蕊通常多數；心皮1至多數，分離或結合，子房上位至下位，每室1至多數胚珠。蓇葖果、瘦果、核果或梨果。

繡線菊*Spiraea salicifolia*
全株能通經活絡。

繡線菊的幼果

薔薇*Rosa multiflora*
根能收斂口瘡。

玫瑰*R. rugosa*
花能行氣活血。

□ 月季*R. chinensis*
花能活血調經。

□ 玫瑰花的縱剖圖

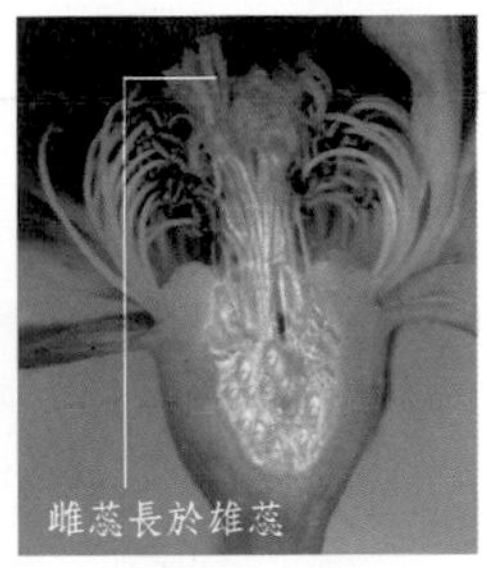

□ 月季花的縱剖圖

□ 金櫻子*R. laevigata*
果實能收斂固精，澀腸止瀉。

□ 金櫻子的薔薇果

□ 蛇莓*Duchesnea indica*
全草能清熱涼血。

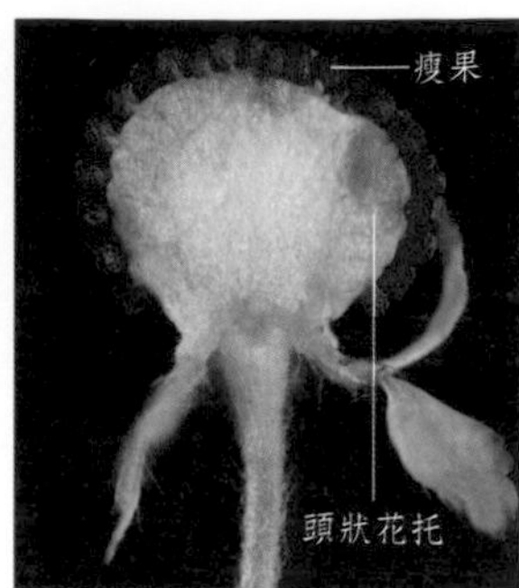

□ 蛇莓的聚合瘦果

□ 貼梗海棠*Chaenomeles speciosa*
果實能平肝舒筋，和胃化濕。

□ 貼梗海棠的果枝

□ 山裡紅*Crataegus pinnatifida* var. *major*
果實能消食健胃。

□ 山裡紅的果枝

□ 山楂*C. pinnatifida*
功用同山裡紅。

□ 委陵菜*Potentilla chinensis*
全草能清熱解毒，止痢。

□ 地榆*Sanguisorba officinalis*
根能止血，斂瘡。

□ 狹葉地榆*S. tenuifolia*
功用同地榆。

□ 枇杷*Eriobotrya japonica*
葉能清肺止咳，降逆止嘔。

□ 枇杷的果枝

桃*Amygdalus persica*
種仁能活血祛瘀，潤腸通便。

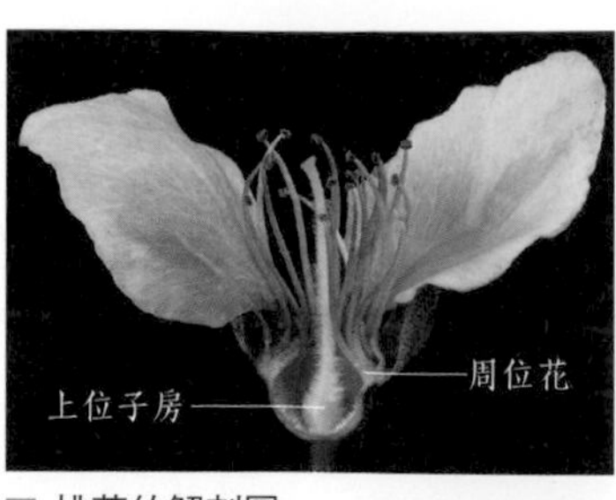

桃花的解剖圖

桃的果枝

杏*Armeniaca vulgaris*
種子能止咳平喘，潤腸。

杏的果實、種子

梅*A. mume*
果實能生津，斂肺。

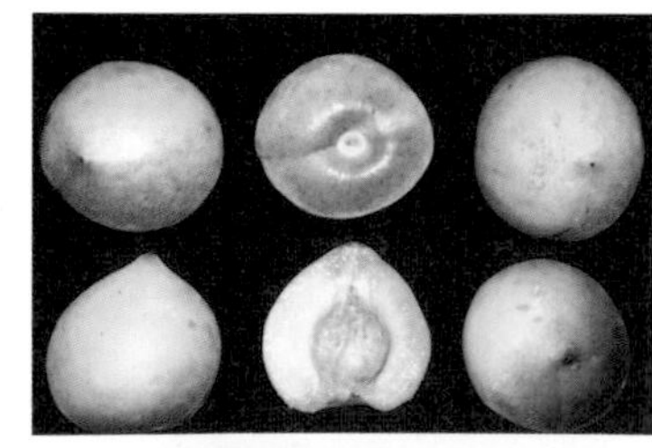

梅的果實、種子

□ 茅莓*Rubus parvifolius*　全株能活血止痛。

□ 茅莓的聚合果

38. 豆科 Fabaceae（Leguminosae） $⚥ * \uparrow K_{5,(5)} C_5 A_{10,(9)+1,\infty} \underline{G}_{1:1:1\sim\infty}$

木本或草本，有時藤本。葉互生，多為複葉，有托葉。花兩性，輻射或兩側對稱；多數為蝶形花；雄蕊10枚，多為二體雄蕊；心皮1枚，子房上位。莢果。

□ 狹葉番瀉*Cassia angustifolia*
葉能瀉熱，通便。

□ 狹葉番瀉的假蝶形花冠

□ 決明*C. tora*
種子能清熱明目，潤腸通便。

□ 決明的假蝶形花冠

□ 合歡*Albizia julibrissin*
樹皮和花能解鬱安神，活血。

□ 含羞草*Mimosa pudica*
全草能安神，散瘀。

□ 甘草*Glycyrrhiza uralensis*
根能補脾益氣，化痰止咳。

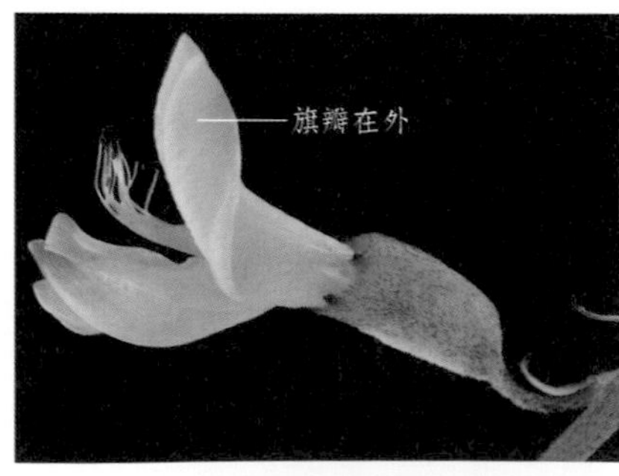

□ 甘草的花

□ 甘草的果枝

□ 兒茶*Acacia catechu*
枝幹的煎膏能活血止痛，止血。

□ 膜莢黃芪*Astragalus membranaceus*
根能補氣固表。

□ 蒙古黃芪*A. membranaceus var. mongholicus*
功用同膜莢黃芪。

□
槐*Sophora japonica*
花、果實能涼血止血，清肝瀉火。

□ 槐花的解剖圖

□ 槐的果枝

□ 苦參*S. flavescens*
根能清熱燥濕，殺菌。

□ 苦參的果枝

□ 越南槐*S. tonkinensis*
根能清熱解毒，消腫利咽。

□ 豬屎豆*Crotalaria pallida*
根能解毒，散積。

□ 豬屎豆的花

□ 皂莢*Gleditsia sinensis*
果實能祛痰開竅；刺能消腫排膿。

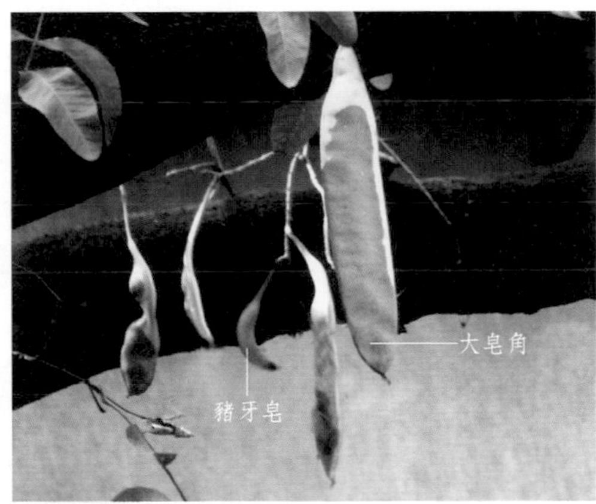

□ 皂莢的果實

皂莢和豬牙皂莢*G. officinalis*原為兩個種，後經調查發現，雜性花的皂莢樹衰老、受傷或經嫁接，部分果實可能產生無性結實而形成不育的豬牙狀的畸形果實，故之後將皂莢與豬牙皂莢給予歸併。

第十一章 被子植物

紫荊*Cercis chinensis*
根皮能活血通經，消腫。

補骨脂*Psoralea corylifolia*
種子能溫腎助陽。

野葛*Pueraria lobata*
根能解肌退熱，透疹。

粉葛*P. thomsonii*
根能解肌退熱，生津止渴，透疹。

粉葛的果枝

蘇木*Caesalpinia sappan*
心材能活血止痛，散風。

□ 雲實*C. decapetala*
種子能解毒除濕，止咳化痰。

□ 相思子*Abrus precatorius*
種子能催吐，拔毒消腫。

□ 廣金錢草*Desmodium styracifolium*
全草能利濕退黃，通淋。

□ 降香*Dalbergia odorifera*
根部心材能化瘀止血，消腫止痛。

□ 白扁豆*Dolichos lablab*
種子能健脾化濕。

39. 酢漿草科　Oxalidaceae　$⚥ * K_5 C_5 A_{(5+5)} \underline{G}_{(5:5:1\sim\infty)}$

一年生或多年生草本。根莖或鱗莖狀塊莖，通常肉質或有地上莖。指狀或羽狀複葉或小葉萎縮而成單葉，基生或莖生。單花或組成近傘形花序或傘房花序。果為開裂的蒴果或為肉質漿果。

酢漿草*Oxalis corniculata*
全草能解熱利尿，消腫散瘀。

酢漿草的果枝

酢漿草的蒴果爆裂

□ 紅花酢漿草*O. corymbosa*
全草能清熱利濕，散瘀消腫。

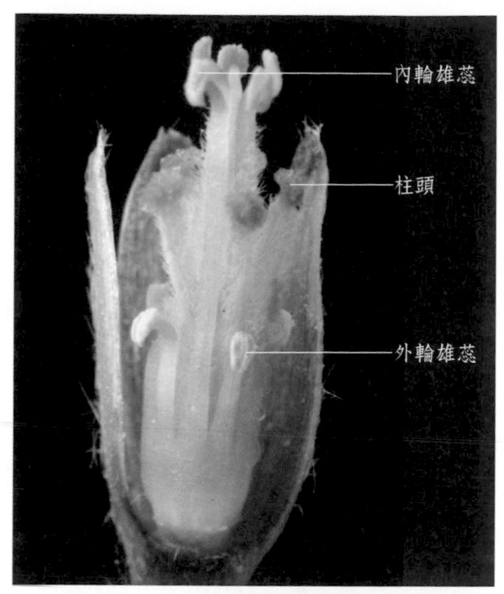

□ 紅花酢漿草花的解剖圖（去花冠）

□ 楊桃*Averrhoa carambola*
果實能生津止渴，止咳。

□ 楊桃的果枝

40. 牻牛兒苗科 Geraniaceae ⚥ $* K_5 C_5 A_{10\sim15} \underline{G}_{(2\sim3\sim5:3\sim5:1\sim2)}$

草本。葉互生或對生，葉片通常掌狀或羽狀分裂，具托葉。聚傘花序腋生或頂生；花兩性，輻射對稱；萼片通常5枚；花瓣5枚；雄蕊10~15枚，2輪，外輪與花瓣對生，花絲基部合生或分離，花藥丁字著生，縱裂；子房上位，心皮2~3~5枚，通常3~5室，每室具1~2枚倒生胚珠。蒴果。

牻牛兒苗*Erodium stephanianum*
全草能祛風除濕，清熱解毒。

老鸛草*Geranium wilfordii*
全草能祛風除濕，清熱解毒。

老鸛草的花

老鸛草的瓣裂蒴果

野老鸛草*G. carolinianum*
功用同老鸛草。

尼泊爾老鸛草*G. nepalense*
全草能強筋骨，祛風濕。

□ 天竺葵*Pelargonium hortorum*
葉能醒神止痛。

41. 蒺藜科 Zygophyllaceae $\text{⚥} * \uparrow K_{4\sim5} C_{4\sim5} A_{4\sim5} \underline{G}_{(3\sim5:3\sim5:1)}$

多年生草本、半灌木或灌木。單葉或羽狀複葉，小葉常對生，肉質。花單生或2朵並生於葉腋。果革質或脆殼質，多為2~10分離或連合果瓣的分果。

□ 蒺藜*Tribulus terrestris*
果實能平肝明目，祛風活血。

□ 駱駝蓬*Peganum harmala*
全草能止咳平喘，祛風濕，消腫毒。

42. 亞麻科 Linaceae ⚥ * $K_5 C_5 A_5 \underline{G}_{(2\sim5:2\sim5:1\sim2)}$

通常為草本。單葉，全緣，互生或對生。花序為聚傘花序、二歧聚傘花序或蠍尾狀聚傘花序；花整齊，兩性，4~5數；萼片覆瓦狀排列，宿存，分離；花瓣輻射對稱或螺旋狀，常早落；雄蕊與花被同數或為其2~4倍，排成1輪或有時具1輪退化雄蕊，花絲基部擴展，合生成筒或環；子房上位，2~3（5）室，每室具1~2枚胚珠。果實為室背開裂的蒴果或為含1粒種子的核果。

□ 亞麻*Linum usitatissimum*
種子能通腸，解毒止痛。

□ 亞麻的群叢

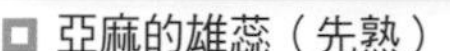

亞麻的雄蕊（先熟）

亞麻的雌蕊（後熟）

亞麻的果

石海椒*Reinwardtia indica*
莖葉能清熱利尿。

43. 芸香科 Rutaceae ⚥ $* K_{4\sim5} C_{4\sim5} A_{8\sim10} \underline{G}_{(2\sim\infty:2\sim\infty:1\sim2)}$

木本。葉、花、果常有透明油腺點。葉常互生，多為複葉。雄蕊8~10枚，著生在花盤基部；子房上位，具下位花盤；外輪雄蕊與花瓣對生。柑果、蒴果或核果。

橘*Citrus reticulata*
果皮能理氣化痰；種子能理氣散結；葉能疏肝散結。

□ 橘的單身複葉

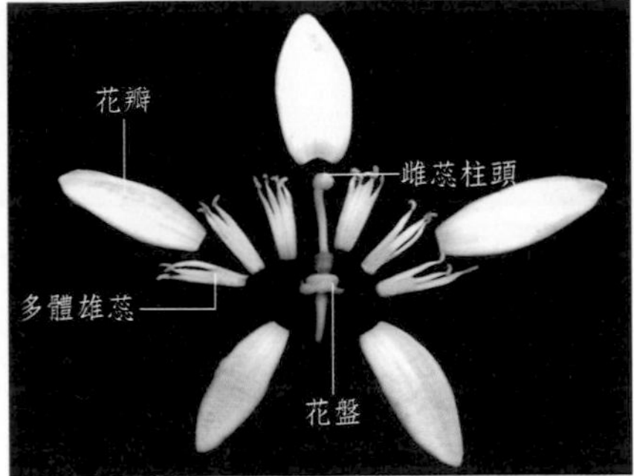

□ 橘的花的解剖圖

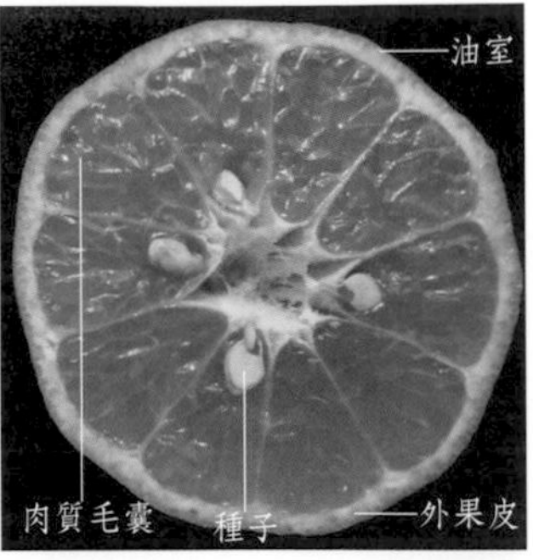

□ 橘的柑果

□ 酸橙*C. aurantium*
果實能理氣消積。

□ 化州柚*C. grandis* var. *tomentosa*
果皮能理氣化痰。

□ 柚*C. grandis*
功用同化州柚。

□ 柚的單身複葉

佛手*C. medica* var. *sarcodactylis*
果實能疏肝和胃。

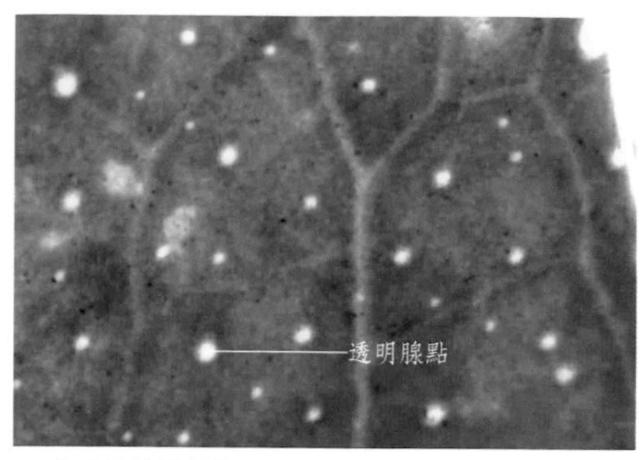

佛手葉的局部圖

枸橘*Poncirus trifoliata*
果實能理氣止痛。

吳茱萸*Evodia rutaecarpa*
果實能散寒止痛。

黃檗*Phellodendron amurense*
樹皮能清熱燥濕。

黃檗的果枝

□ 白鮮*Dictamnus dasycarpus*
根皮能清熱燥濕，祛風解毒。

□ 花椒*Zanthoxylum bungeanum*
果實能溫中止痛，止癢。

□ 兩面針*Z. nitidum*
莖葉能活血化瘀，行氣止痛。

□ 三叉苦*Evodia lepta*
根及葉能清熱解毒，祛風除濕。

□ 芸香*Ruta graveolens*
全草能清熱解毒，涼血散瘀。

□ 芸香的花

44. 苦木科 Simaroubaceae ⚥ $* K_{3\sim5} C_{3\sim5} A_{3\sim5,\,6\sim10} \underline{G}_{(2\sim5:2\sim5:1\sim2)}$

落葉或常綠，喬木或灌木。樹皮常有苦味。葉互生，常羽狀複葉。花序腋生，總狀、圓錐狀或聚傘花序；花小，輻射對稱，單性、雜性或兩性；萼片3~5枚，花瓣3~5枚，分離；花盤環狀或杯狀；雄蕊與花瓣同數或為花瓣兩倍，花絲分離，常在基部有鱗片；子房常2~5裂，2~5室，每室1~2枚胚珠。翅果、核果或蒴果，常不裂。

□ 苦木*Picrasma quassioides*
枝和葉能清熱，祛濕，解毒。

□ 鴉膽子*Brucea javanica*
果實能清熱解毒，截瘧止痢，腐蝕贅疣。

□ 鴉膽子的雄花

□ 鴉膽子的果實

□ 臭椿*Ailanthus altissima*
根皮或樹皮能清熱燥濕，收澀止帶。

□ 臭椿的果枝

45. 橄欖科 Burseraceae ⚥ $*\mathrm{K}_{(3\sim6)}\mathrm{C}_{3\sim6}\mathrm{A}_{6\sim12}\underline{\mathrm{G}}_{(3\sim5:3\sim5:2)}$

喬木或灌木，有樹脂道分泌樹脂或油質。奇數羽狀複葉，互生，通常集中於小枝上部。圓錐花序；花小，雌雄同株或異株。核果，外果皮肉質，不開裂，內果皮骨質。

□ 橄欖*Canarium album*
果實能清熱解毒，利咽生津。

□ 橄欖果實

□ 橄欖果實的解剖圖

46. 楝科　Meliaceae　$⚥ * K_{(4\sim5)} C_{4\sim5} A_{(8\sim10)} \underline{G}_{(2\sim5:2\sim5:1\sim2)}$

木本。葉互生，羽狀複葉，稀單葉，無托葉。花萼基部聯合，上部4~5裂，花冠4~5枚；雄蕊常為花瓣的兩倍，花絲合生成管；花盤管狀或盤狀或缺；子房上位。蒴果、漿果或核果。

川楝*Melia toosendan*
果實能疏肝行氣，止痛。

川楝的花

川楝的果實

楝*M. azedarach*
根皮及樹皮能驅蟲療癬。

第十一章　被子植物

□ 楝的果實

□ 楝的果枝

□ 麻楝*Chukrasia tabularis*
根皮能疏風解表。

□ 麻楝的花

□ 香椿*Toona sinensis*
樹皮能燥濕，澀腸。

□ 香椿的幼芽

47. 遠志科 Polygalaceae $⚥ \uparrow K_5C_{3,5}A_{(4\sim8)}\underline{G}_{(1\sim3:1\sim3:1\sim\infty)}$

草本或灌木。根常肉質化。單葉，通常互生，全緣，無托葉。花兩性，兩側對稱。萼片5枚，不等長，內面兩片常呈花瓣狀；花瓣5或3枚，不等大，下面1枚呈龍骨狀，頂端常具雞冠狀附屬物；花絲合生成鞘，花藥頂孔開裂。蒴果、堅果或核果。

□ 遠志*Polygala tenuifolia*
根能安神益智，祛痰消腫。

□ 遠志的花

□ 西伯利亞遠志*P. sibrica*
根能安神益智。

□ 瓜子金*P. japonica*
全草能活血祛痰。

□ 黃花倒水蓮*P. fallax*
根能補益氣血，健脾利濕，活血調經。

□ 大葉金牛*P. latouchei*
全草能活血祛瘀，止咳。

□ 齒果草*Salomonia cantoniensis*
全草能解毒消炎，散瘀鎮痛。

48. 大戟科 Euphorbiaceae $♂ * K_{0\sim5}C_{0\sim5}A_{1\sim\infty,(\infty)}$；$♀ * K_{0\sim5}C_{0\sim5}\underline{G}_{(3:3:1\sim2)}$

草本、灌木或喬木，常含乳汁。單葉互生，葉基部常有腺體，有托葉。花常單性，常為聚傘花序，或杯狀聚傘花序；雄蕊1至多數，花絲分離或聯合；雌蕊由3枚心皮組成，子房上位，3室；中軸胎座，每室1~2枚胚珠，胚珠懸垂，形成3分果。蒴果，稀漿果或核果。

□ 大戟*Euphorbia pekinensis*
根能瀉水逐飲，消腫散結。

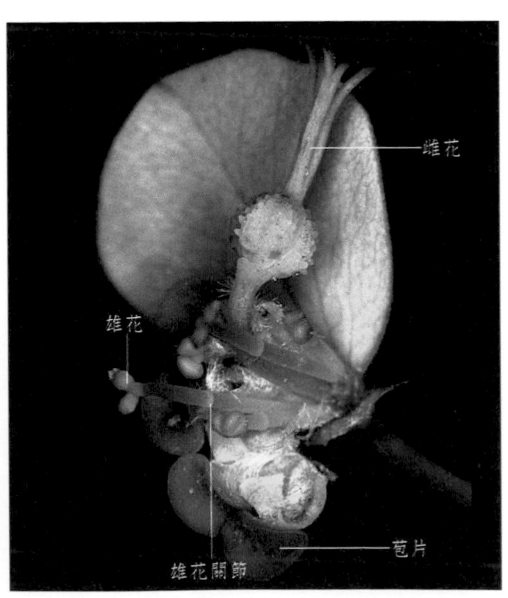

□ 大戟的杯狀聚傘花序

□ 甘遂*E. kansui*
根能瀉水逐飲。

□ 甘遂拐曲的主根

□ 續隨子*E. lathyris*
種子能逐水消腫。

□ 續隨子的果實

第十一章 被子植物

□ 餘甘子*Phyllanthus emblica*
果實能消食健胃，生津止渴。

□ 餘甘子的雄花

□ 葉下珠*P. urinaria*
全草能清肝明目，消積利水。

□ 葉下珠的果

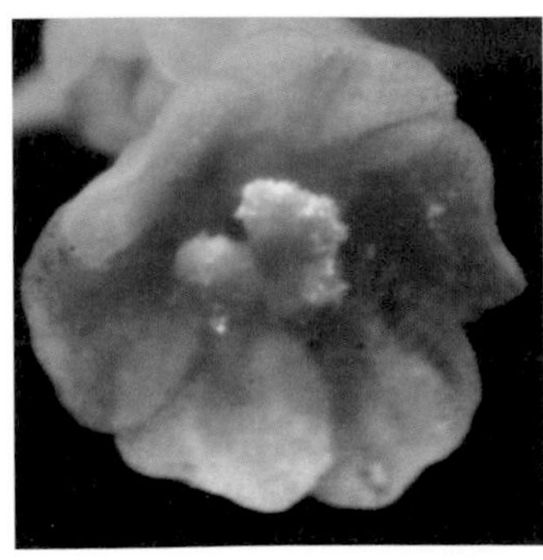

□ 葉下珠的雄花

□ 葉下珠的雌花

巴豆*Croton tiglium*
種子能逐水消腫。

巴豆的果枝

蓖麻*Ricinus communis*
種子能消腫拔毒，瀉下。

□ 蓖麻的花

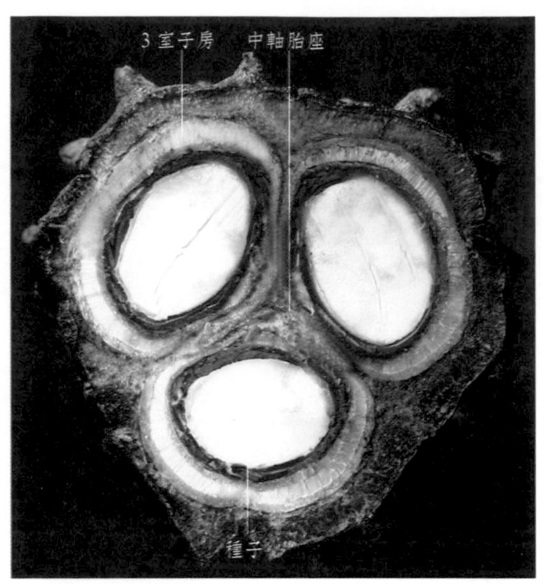

□ 蓖麻果實的橫切面

49. 漆樹科 Anacardiaceae ⚥ $* \mathrm{K}_{(3\sim5)}\ \mathrm{C}_{3\sim5}\mathrm{A}_{5\sim12}\underline{\mathrm{G}}_{(1\sim5:1\sim5:1)}$

常綠或落葉，喬木或灌木。韌皮部具樹脂。單葉、3小葉或羽狀複葉，常互生；無托葉。圓錐花序；花小，輻射對稱，兩性、單性或雜性；花萼3~5深裂；花瓣3~5枚；內生花盤環狀、杯狀或壇狀，全緣或5~10裂；雄蕊5~12枚，花絲線形或鑽形，花藥內側向縱裂；心皮1~5枚，合生，子房上位，1（2~5）室，每室1枚倒生胚珠。核果。

□ 鹽膚木*Rhus chinensis*
葉能清熱解毒；果實能潤肺化痰。

□ 鹽膚木的果枝

□
紅膚楊*R. punjabensis* var. *sinica*
蟲癭能斂肺降火，澀腸。

□ 白背鹽膚木*R. hypoleuca*
功用同鹽膚木。

□ 白背鹽膚木的花

□
野漆樹*R. succedanea*
葉能散瘀止血，解毒。

□ 漆樹*Toxicodendron vernicifluum*
根能活血散瘀，通經止痛。

□ 漆樹的果枝

□ 芒果*Mangifera indica*
果核能健胃消食，化痰。

□ 芒果的果枝

□ 芒果的果核

□ 南酸棗*Choerospondias axillaris*
果實能行氣活血，養心安神。

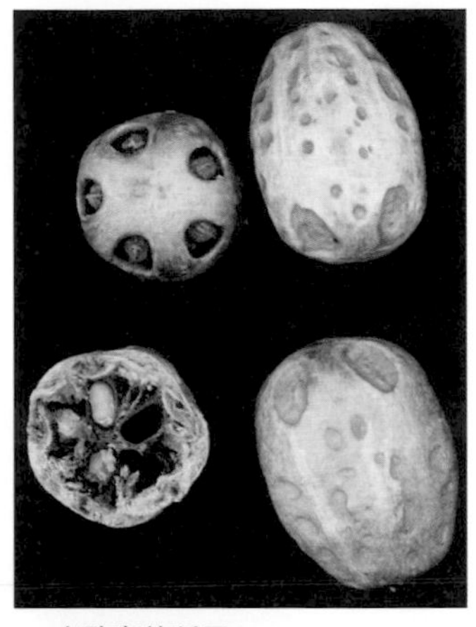

□ 南酸棗的種子

□ 南酸棗的花枝

□ 南酸棗的果實

□ 人面子*Dracontomelon duperreanum*
果實能健胃消食。

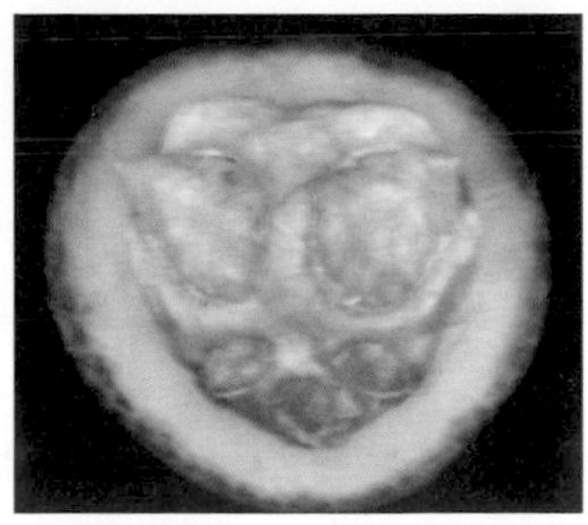

□ 人面子果實的縱剖圖

50. 冬青科 Aquifoliaceae $\male * K_{(3\sim6)} C_{4\sim5,(4\sim5)} A_{(4\sim5)}; \female * K_{(3\sim6)} C_{4\sim5,(4\sim5)} \underline{G}_{(3\sim\infty:3\sim\infty:1\sim2)}$

喬木或灌木，多常綠。單葉互生，托葉早落。花單性或雜性；花萼3~6裂，基部多少連合，常宿存；雄蕊與花瓣同數並與其互生；無花盤；子房上位，由3至多數心皮合生。漿果狀核果。

□ 鐵冬青*Ilex rotunda*
樹皮能清熱涼血，止痛。

□ 鐵冬青的雄花

□ 鐵冬青的雌花

□ 毛冬青*I. pubescens*的雌花枝
根、葉能清熱解毒，活血通脈。

□ 毛冬青的雄花枝

梅葉冬青*I. asprella*
根、葉能清熱解毒，生津止渴。

枸骨*I. cornuta*
葉能清熱養陰，平肝益腎。

51. 衛矛科 Celastraceae ⚥ $* K_{(4\sim5)} C_{4\sim5} A_{4\sim5} G_{(2\sim5:2\sim5:1\sim2)}$

喬木或灌木。單葉對生或互生。花兩性，花部通常4~5數，萼小，宿存；花盤發達，雄蕊生於花盤上，常無花絲；子房上位，與花盤分離或藏於花盤內，花柱短或缺。蒴果、漿果、核果或翅果。種子常有紅色假種皮。

衛矛*Euonymus alatus*
帶翅枝能破血通經，殺蟲止癢。

衛矛帶翅的枝

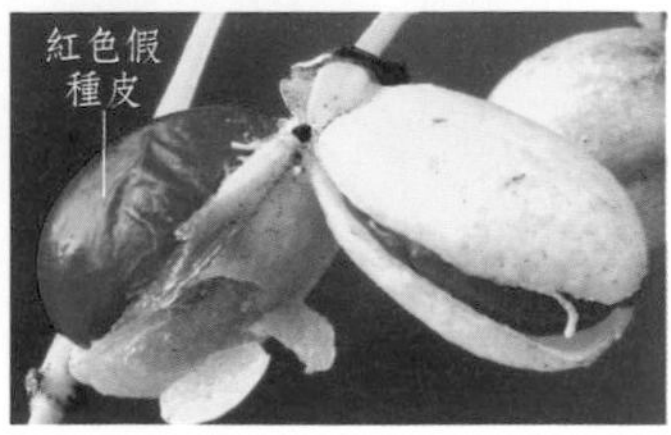

衛矛的果實

□ 疏花衛矛*E. laxiflorus*
根莖能清熱解毒，祛痰利咽。

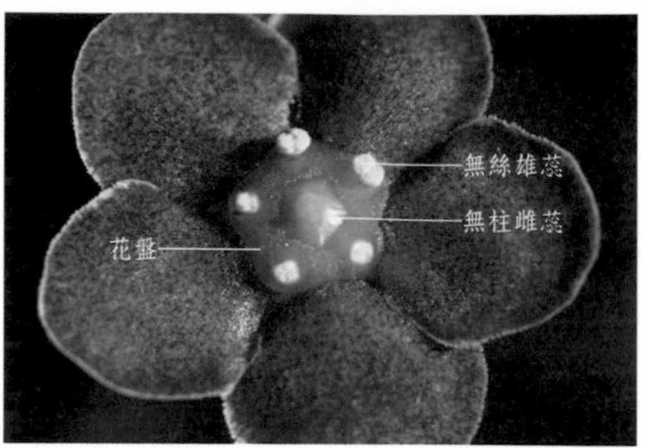

□ 疏花衛矛的花

□ 華衛矛*E. chinensis*
全株能舒筋活絡，強筋壯骨。

□ 絲棉木*E. bungeanus*
根皮能活血通絡，祛風濕。

□ 扶芳藤*E. fortune*
枝葉能舒筋活絡，散瘀止血。

□ 扶芳藤的果枝

□ 雷公藤*Trypterygium wilfordii*
根能舒筋活血，祛風除濕。

□ 昆明山海棠*T. hypoglaucum*
功用同雷公藤。

52. 七葉樹科 Hippocastanaceae $⚥ * K_{(4\sim5)} C_{4\sim5} A_{5\sim9} \underline{G}_{(3:3:2)}$

喬木，落葉稀常綠。葉對生，由3~9枚小葉組成掌狀複葉，無托葉。聚傘圓錐花序，側生小花序系蠍尾狀聚傘花序或二歧式聚傘花序；花雜性，雄花常與兩性花同株；萼片4~5枚；花瓣4~5枚，與萼片互生；雄蕊5~9枚；子房上位，3室，每室有2枚胚珠，花柱1個，柱頭小而常扁平。蒴果。

□ 七葉樹*Aesculus chinensis*
種子能疏肝理氣，止痛。

□ 七葉樹的果枝

□ 浙江七葉樹*A. chekiangensis*
功用同七葉樹。

□ 浙江七葉樹果實的解剖圖

□ 天師栗*A. wilsonii*
功用同七葉樹。

53. 無患子科 Sapindceae ⚥ * ↑ $K_{4\sim5}C_{4\sim5,0}A_{8,5\sim10}\underline{G}_{(2\sim4:2\sim4:1\sim2)}$

木本。葉互生，常為羽狀複葉，多無托葉。花兩性，單性或雜性，輻射對稱或兩側對稱；常為總狀或圓錐花序；花盤發達，2~4枚心皮。核果、蒴果、漿果或翅果。種子常有假種皮。

□ 無患子*Sapindus mukorossi*
種子能清熱解毒，止咳化痰。

□ 無患子的果枝

□ 龍眼*Dimocarpus longan*
假種皮能補益心脾，養血安神。

□ 龍眼的花

荔枝
Litchi chinensis
種子能行氣散結，止痛。

荔枝的花及幼果

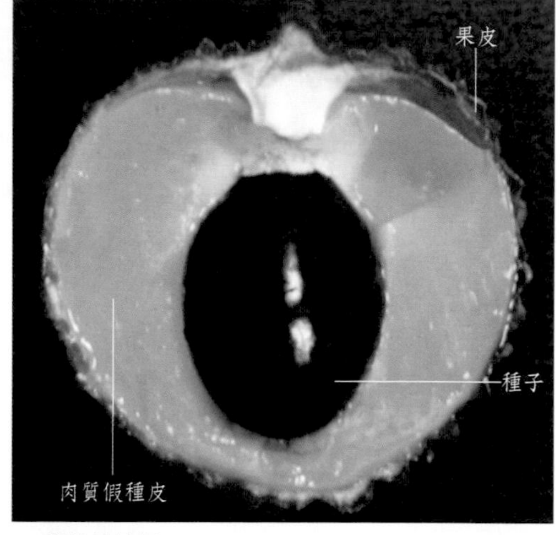

荔枝的核果

倒地鈴*Cardiospermum halicacabum*
全草能散瘀消腫。

倒地鈴的果枝

複羽葉欒樹 *Koelreuteria bipinnata*
根能活血消腫，止痛。

54. 鳳仙花科 Balsaminaceae ⚥ ↑ $K_{3,5}C_5A_5\underline{G}_{(4\sim5:4\sim5:2\sim\infty)}$

一年生或多年生草本，莖通常肉質。單葉，螺旋狀排列，對生或輪生，邊緣具圓齒或鋸齒。花兩性，萼片3枚，側生萼片2枚，下面倒置的1枚萼片大（亦稱唇瓣）；花通常呈舟狀，漏斗狀或囊狀，基部漸狹或急收縮成具蜜腺的距；花瓣5枚，分離，位於背面的1枚花瓣（即旗瓣）離生，下面的側生花瓣成對合生成2裂的翼瓣，基部裂片小於上部的裂片；雄蕊5枚，與花瓣互生，花絲短，扁平，內側具鱗片狀附屬物。假漿果或蒴果。

鳳仙花 *Impatiens balsamina*
花能祛風除濕，活血止痛。

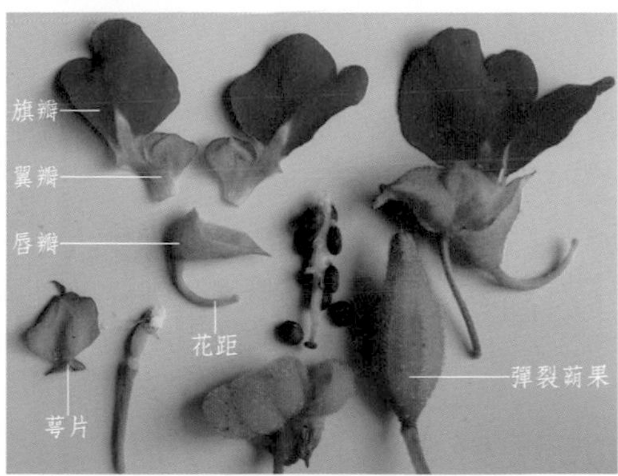

鳳仙花的花和果實的解剖圖

□ 華鳳仙*I. chinensis*
莖葉能清熱解毒，活血散瘀，消腫排膿。

□ 水金鳳*I. nolitangere*
花、全草能活血調經，祛風除濕。

55. 鼠李科 Rhamnaceae ⚥ $*K_{(4\sim5)}C_{(4\sim5)}A_{4\sim5}\underline{G}_{(2\sim4:2\sim4:1)}$

喬木或灌木。葉多互生。花兩性，稀單性，輻射對稱，排成聚傘花序或簇生；雄蕊與花瓣對生，花盤肉質，子房上位或部分埋於花盤中。多為核果，有時為蒴果或翅果狀。

□ 棗*Ziziphus jujuba*
果實能補中益氣，養血安神。

□ 棗的花

酸棗*Z. jujuba* var. *spinose*
種子能補肝腎，養血安神。

枳椇*Hovenia dulcis*
種子能止渴除煩，清濕熱，解酒。

多花勾兒茶*Berchemia floribunda*
莖葉能健脾利濕。

鼠李*Rhamnus davurica*
樹皮能清熱通便。

馬甲子 *Paliurus ramosissimus*
根能解毒，消腫。

馬甲子的果枝

56. 葡萄科 Vitaceae $\text{⚥} * K_{(4\sim5)} C_{4\sim5} A_{4\sim5} \underline{G}_{(2\sim6:2\sim6:1\sim2)}$

多為木質藤本。卷鬚與葉對生。單葉互生。聚傘花序常與葉對生；花萼不明顯；花瓣在花蕾中成鑷合狀排列；雄蕊生於花盤周圍，與花瓣同數而對生。漿果。

□ 白蘞*Ampelopsis japonica*
根能清熱解毒，消腫止痛。

□ 白蘞的果枝

□ 烏蘞莓*Cayratia japonica*
全草能涼血解毒，利尿消腫。

□ 烏蘞莓的花

葡萄*Vitis vinifera*
莖藤能祛風濕。

葡萄的花

爬山虎*Parthenocissus tricuspidata*
莖能破瘀血，消腫毒。

57. 椴樹科 Tiliaceae $⚥ * K_{4\sim5}C_{4\sim5,0}A_{\infty}\underline{G}_{(2\sim6:2\sim6:1\sim\infty)}$

喬木、灌木或草本。單葉互生。花兩性，輻射對稱，排成聚傘花序或圓錐花序，或具特異的苞片。萼片4~5枚，鑷合狀；花瓣4~5枚或缺，具腺體或有花瓣狀退化雄蕊，與花瓣對生；雄蕊多數；子房上位，2~6室，每室1至多數胚珠，中軸胎座，花柱多單生。核果、蒴果、漿果或翅果。

□ 椴樹*Tilia tuan*
根能祛風除濕，活血止痛，止咳。

□ 布渣葉*Microcos paniculata*
葉能清熱利濕，健胃消滯。

□ 布渣葉的花

□ 扁擔桿*Grewia biloba*
全株能健脾益氣，祛風除濕。

□ 扁擔桿的果枝

□ 刺蒴麻*Triumfetta rhomboidea*
全株能解表，利尿。

□ 刺蒴麻的花

58. 錦葵科　Malvaceae　$⚥ * K_{5,(5)} C_5 A_{(\infty)} \underline{G}_{(3\sim\infty:3\sim\infty:1\sim\infty)}$

木本或草本，具黏液細胞，韌皮纖維發達，幼枝、葉表面常有星狀毛。單葉互生，常具掌狀脈，有托葉。花萼片外常有苞片，稱副萼；雄蕊多數，花絲下部連合成管狀單體雄蕊，花藥1室，花粉粒大，具刺。蒴果，常裂成分果瓣。

□ 木槿*Hibiscus syriacus*
根皮能清熱潤燥，止癢。

□ 木槿的花

□ 木芙蓉*H. mutabilis*
葉能涼血，消腫解毒。

□ 木芙蓉的花蕊

□ 玫瑰茄（洛神花）*H. sabdariffa*
種子能利尿，強壯。

□ 玫瑰茄（洛神花）的花

□ 冬葵*Marva verticillata*
種子能清熱利尿，消腫。

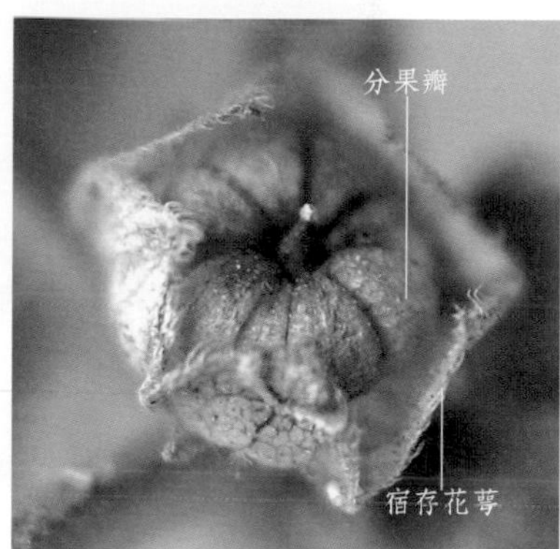

□ 冬葵的蒴果

□ 苘麻*Abutilon theophrasti*
種子能清熱利濕，解毒退翳。

□ 苘麻的蒴果

59. 梧桐科 Sterculiaceae ♂*$K_{(5)}\ C_{5,0}\ A_{(5\sim15)}$；♀$K_{(5)}\ C_0\ \underline{G}_{(2\sim5:2\sim5:2)}$

喬木或灌木。單葉互生，常有托葉。花序腋生，圓錐、聚傘、總狀或傘房花序；花單性、兩性或雜性；萼片5枚，花瓣5枚或無，分離或基部與雌雄蕊柄合生；雄蕊的花絲常合生成管狀，有5枚舌狀或線狀的退化雄蕊與萼片對生，或無退化雄蕊；雌蕊由2~5枚合生的心皮或單心皮所組成。蒴果或蓇葖果。

梧桐*Firmiana simplex*
莖皮能祛風濕；種子能和胃補腎。

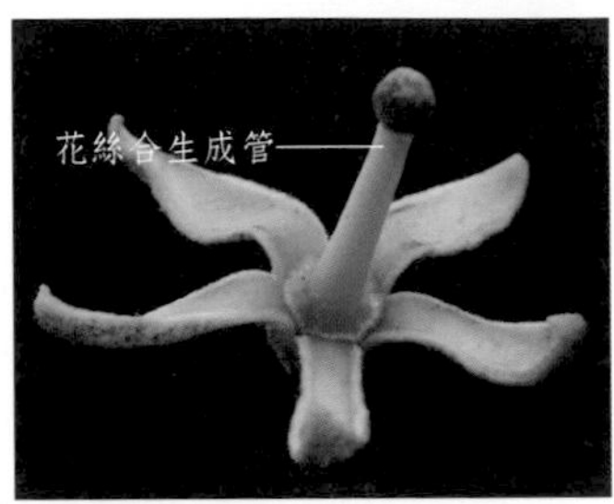

梧桐的雄花

梧桐的果枝

胖大海*Sterculia lychnophora*
種子能利咽解毒，潤腸通便。

胖大海的雄花

□ 蘋婆*Sterculia nobilis*
果殼能止痢；種子能和胃消食，解毒殺蟲。

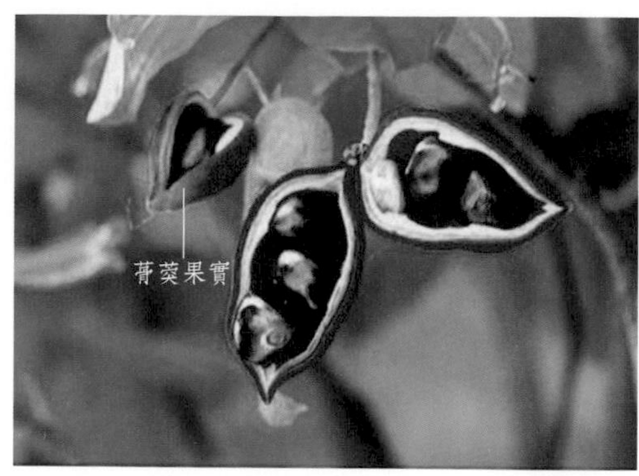

□ 蘋婆的果實

□ 假蘋婆*S. lanceolata*
葉能散瘀止痛。

□ 假蘋婆的果實

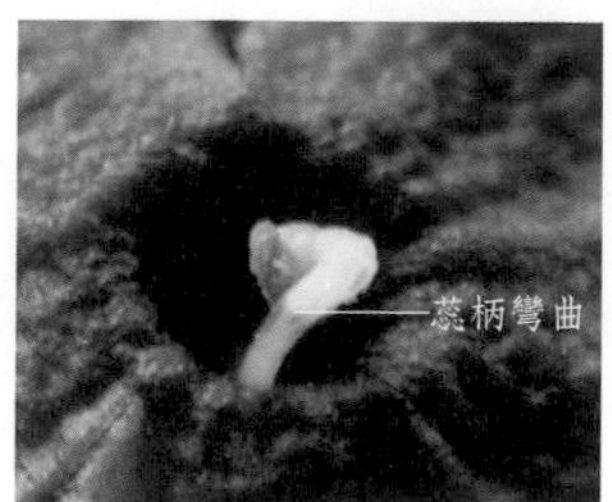

□ 假蘋婆的雄花

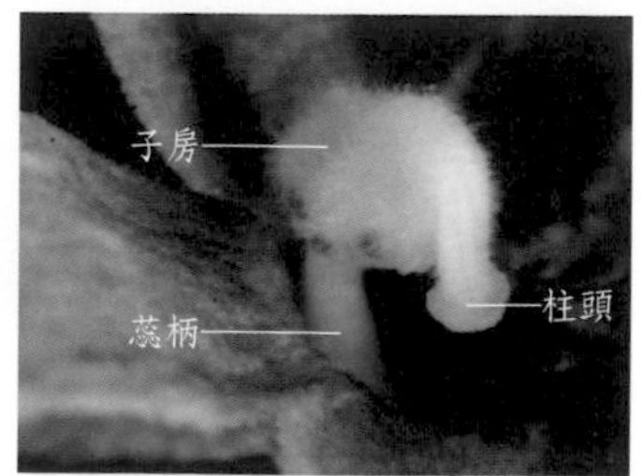

□ 假蘋婆的雌花

可可*Theobroma cacao*
種子能醒神。

山芝麻*Helicteres angustifolia*
全株能解表。

60. 獼猴桃科 Actinidiaceae ⚥ $*K_5C_{5,\infty}A_{10,\infty}\underline{G}_{(3\sim\infty:3\sim\infty:\infty)}$

常綠或落葉，喬木、灌木或藤本。單葉互生，無托葉。花兩性或單性，雌雄異株；聚傘花序、總狀花序或單花腋生。萼片5枚，覆瓦狀排列；花瓣5至多枚，覆瓦狀排列，分離或基部合生；雄蕊10或極多數，2輪或螺旋狀密集排列；雌蕊3至極多數，子房3至多室，花柱離生或合生，胚珠每室極多或少數，中軸胎座。漿果或蒴果。種子1至極多枚，具肉質假種皮。

獼猴桃（奇異果）*Actinidia chinensis*
果實能降糖止瀉。

獼猴桃（奇異果）的果枝

※台灣稱「獼猴桃」為「奇異果」。

◻ 華南獼猴桃（奇異果）*A. glaucophylla*
功用同獼猴桃（奇異果）。

※台灣稱「獼猴桃」為「奇異果」。

◻ 異色獼猴桃（奇異果）*A. callosa* var. *discolor*
根皮能健胃，通淋。

◻ 狗棗獼猴桃（奇異果）*A. kolomikta*
果實能補脾益氣。

◻ 水冬哥*Saurauia tristyla*
根、葉能疏風清熱，止咳。

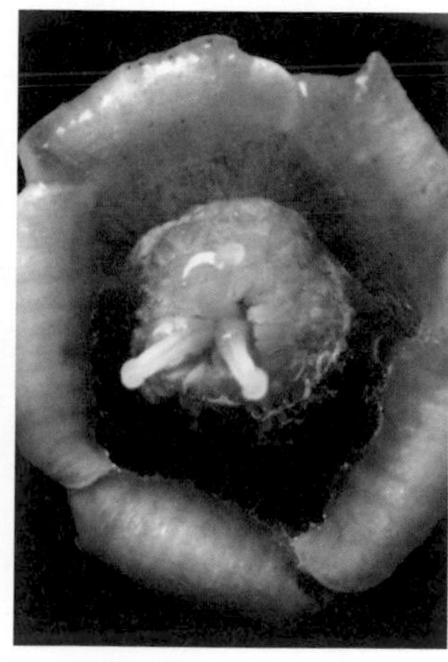

◻ 水冬哥的花

61. 山茶科 Theaceae $⚥ * K_{5\sim\infty}\ C_{5\sim\infty,\ (5\sim\infty)}\ A_{\infty}\ \underline{G}_{(2\sim10:2\sim10:2\sim\infty)}$

喬木或灌木。葉革質，互生，羽狀脈，具柄，無托葉。花兩性，單生或數花簇生，苞片2至多枚；萼片5至多枚；花瓣5至多枚，基部連生；雄蕊多數，排成多列，花絲分離或基部合生，子房上位，2~10室；胚珠每室2至多枚，垂生或側面著生於中軸胎座；花柱分離或連合，柱頭與心皮同數。果為蒴果，或不分裂的核果及漿果狀。

□ 茶*Camellia sinensis*
嫩葉、嫩芽能清頭目，除煩渴。

□ 茶的果枝

□ 油茶*C. oleifera*
根皮能清熱解毒，理氣止痛。

□ 油茶的果枝

連蕊茶*C. fraterna*
根、葉和花能清熱解毒，消腫。

大頭茶*Gordonia axillaris*
莖皮能活絡止痛；果實能溫中止瀉。

金花茶*C. chrysantha*
花能收斂止血；葉能清熱解毒，止痢。

木荷*Schima superba*
根皮能解瘡毒。

62. 藤黃科 Guttiferae $\text{⚥} * K_{4\sim5}C_{4\sim5}A_{\infty}\underline{G}_{(3,5:1\sim12:1\sim\infty)}$

喬木或灌木，內含有樹脂或油。單葉，全緣，常對生，一般無托葉。花序聚傘狀或傘狀，或為單花；小苞片通常生於花萼之下；花兩性或單性；萼片覆瓦狀排列或交互對生；花瓣覆瓦狀排列或旋捲；雄蕊多數，離生或成4~5束，束離生或不同程度合生；子房上位，通常有5或3個多少合生的心皮。蒴果、漿果或核果。

□ 藤黃*Garcinia hanburyi*
樹脂能消腫攻毒，止血殺蟲，祛腐蝕瘡。

□ 藤黃的花

□ 金絲桃*Hypericum chinense*
全株能清熱解毒，散瘀止痛。

□ 金絲梅*H. patulum*
全株能清熱利濕，疏肝通絡。

□ 貫葉金絲桃*H. perforatum*
全草能調經通乳，清熱利濕。

□ 貫葉金絲桃的花枝

□ 元寶草*H. sampsonii*
全草能通經活絡，涼血止血。

□ 地耳草*H. japonicum*
全草能解毒消腫，散瘀止痛。

□ 黃牛木*Cratoxylon ligustrinum*
嫩葉能解暑清熱，利濕消滯。

□ 黃牛木的3束雄蕊與3叉柱頭

63. 檉柳科 Tamaricaceae $♀ * K_{4\sim5}C_{4\sim5}A_{4,5,\infty}\underline{G}_{(2\sim5:1:\infty)}$

灌木、半灌木或喬木。葉小，多呈鱗片狀，互生，無托葉，常無葉柄，多具泌鹽腺體。花常集成總狀花序或圓錐花序，常兩性，花萼4~5深裂，宿存；花瓣4~5枚，分離；雄蕊4、5枚或多數，常分離，著生在花盤上；雌蕊1枚，由2~5枚心皮構成，子房上位，側膜胎座，胚珠多數。蒴果。

□ 檉柳*Tamarix chinensis*
嫩枝葉能解表透疹。

□ 檉柳的花枝

□ 水柏枝*Myricaria bracteata*
功用同檉柳。

第十一章 被子植物

64. 堇菜科 Violaceae ⚥↑ $K_{5,(5)}C_5A_5\underline{G}_{(3:1:\infty)}$

草本。單葉互生或基生，具托葉。花兩性，兩側對稱，單生；花瓣5枚，下面1枚常擴大而基部有距；子房上位，3枚心皮合生，1室，側膜胎座。蒴果，常3瓣裂。

□ 紫花地丁*Viola yedoensis*
全草能清熱解毒，涼血消腫。

□ 犁頭草*V. japonica*
全草能清熱解毒。

□ 犁頭草的果枝

□ 長萼堇菜*V. inconspicua*
全草能清熱解毒。

□ 蔓莖堇菜*V. diffusa*
全草能清熱解毒，涼血消腫。

65. 旌節花科 Stachyuraceae ⚥ $* K_{2+2} C_4 A_{4+4} \underline{G}_{(4:4:\infty)}$

灌木或小喬木。落葉或常綠；小枝明顯具髓。單葉互生，膜質至革質，邊緣具鋸齒。總狀花序或穗狀花序腋生，直立或下垂；花小，整齊，兩性或雌雄異株，具短梗或無梗。漿果，外果皮革質；種子小，多數，具柔軟的假種皮。

□ 中國旌節花
Stachyurus chinensis
莖髓能利尿，催乳，清濕熱。

□ 中國旌節花的花枝

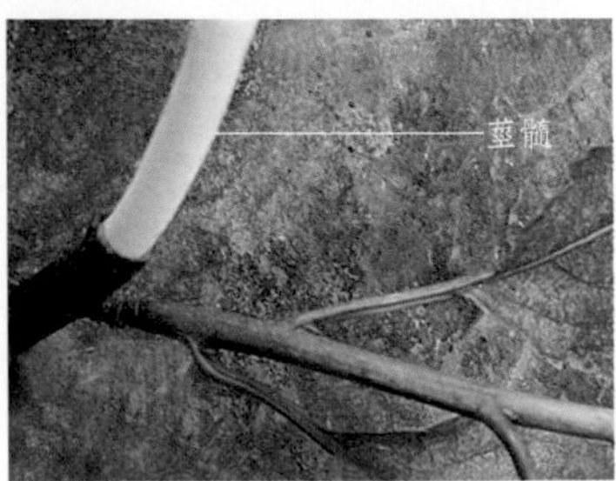

□ 中國旌節花小枝的莖髓

喜馬拉雅旌節花
S. himalaicus
功用同中國旌節花。

66. 秋海棠科 Begoniaceae $♂ * P_{2\sim4}A_{\infty, (\infty)} ; ♀ P_{2\sim5}\overline{G}_{(2\sim5:1:\infty)}$

多年生肉質草本。莖直立。單葉互生，通常基部偏斜，兩側不相等；具長柄；托葉早落。花單性，雌雄同株，常組成聚傘花序；花被片花瓣狀；雄花被片2~4枚，離生，雄蕊多數，花絲離生或基部合生；雌花被片2~5枚，離生；雌蕊由2~5枚心皮形成；子房下位，1室，具3個側膜胎座。蒴果，通常具不等大3翅，種子極多數。

秋海棠*Begonia evansiana*
果實和塊莖能涼血止血，散瘀調經。

掌裂葉秋海棠*B. pedatifida*
根莖能祛風活血，利水解毒。

□ 裂葉秋海棠*B. laciniata*
全草能清熱，化瘀消腫。

□ 威氏秋海棠*B. wilsonii*
根莖能養血，散瘀止痛。

□ 紫背天葵*B. fimbristipulata*
全草、球莖能清熱涼血，止咳化痰。

□ 紫背天葵的花

67. 仙人掌科 Cactaceae　$⚥ * P_{\infty} A_{\infty} \overline{G}_{(3\sim\infty:1:\infty)}$

多年生肉質草本，稀為灌木或喬木。刺座螺旋狀散生，或沿棱、角或瘤突著生，常有短枝變態形成的刺。花兩性，單生無梗；花托常與子房合生，外面覆以鱗片和刺座；花被螺旋狀貼生於花托筒上部；雄蕊基部至子房之間常有蜜腺或蜜腺腔。雌蕊子房通常下位，花柱頂生，柱頭3至多數。漿果肉質，常具黏液。

□ 食用仙人掌*Opuntia milpaalta*
肉質莖能清熱解毒，健胃補脾。

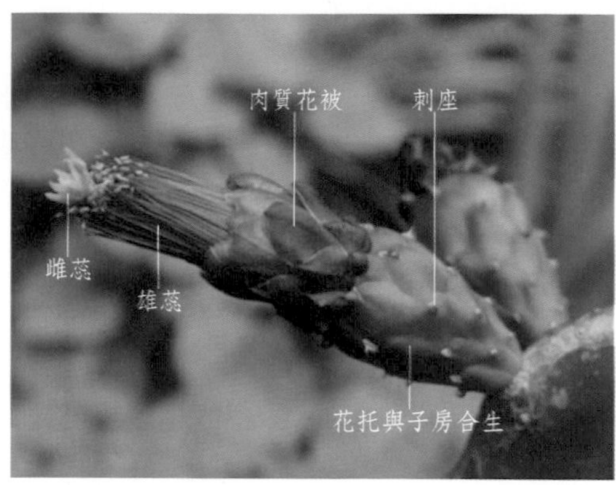

□ 食用仙人掌的花枝

□ 仙人掌*O. dillenii*
莖能行氣活血，清熱解毒，涼血止血，清肺止咳。

□ 仙人球*Echinopsis multiplex*
莖能清熱止咳。

曇花*Epiphyllum oxypetalum*
花能清肺止咳，涼血止血。

盛開的曇花

量天尺*Hylocereus undatus*
莖能舒筋活絡，解毒消腫。

68. 瑞香科 Thymelaeaceae ⚥* $K_{(4\sim5)}\ C_0 A_{4\sim5,\ 8\sim10}\ \underline{G}_{(2:1\sim2:1)}$

多為灌木。根及莖富含韌皮纖維。單葉互生或對生，全緣，無托葉。花兩性，輻射對稱；花萼管狀或花瓣狀；花瓣缺或退化成鱗片狀；雄蕊與萼裂片同數或為其兩倍，稀為2枚；子房上位，1~2室，每室胚珠1枚。漿果、核果、堅果或蒴果。

白木香*Aquilaria sinensis*
含脂木材能行氣止痛。

白木香花的解剖圖

白木香的果

成熟後開裂， 2 種子通過附屬體被膠絲懸掛，以方便雀鳥取食，為其傳播種子。

□ 芫花*Daphne genkwa*
花蕾能瀉水逐飲，解毒殺蟲。

□ 黃芫花（祖師麻）*D. giraldii*
根皮能止痛，祛風通絡。

□
瑞香狼毒
Stellera chamaejasme
根能逐水，殺蟲。

□ 南嶺蕘花*Wikstroemia indica*
根能消腫散結，止痛。

□ 南嶺蕘花花的解剖圖

69. 胡頹子科 Elaegnaceae ⚥* $K_{(2\sim4)}C_0A_{4\sim8}\underline{G}_{(1:1:1)}$

木本，全部被銀色或褐色的盾狀鱗片。單葉互生，稀對生。花兩性或單性，無花瓣，單生或排成腋生的總狀花序，雄花花萼2~4裂；兩性花或雌花花萼管狀，2~4裂，果實下部肉質化；雄蕊4~8枚；子房上位，1室。瘦果或堅果，包藏於肉質花被內。

□ 胡頹子*Elaeagnus pungens*
根能祛風利濕，行瘀止血；果實能消食止痢。

□ 胡頹子葉背的盾狀鱗片

□ 白花胡頹子*E. pallidiflora*
功用同胡頹子。

□ 白花胡頹子的雄花

□ 沙棘*Hippophae rhamnoides*
果實能止咳祛痰，消食活血。

70. 千屈菜科 Lythraceae $⚥ * K_{(6)}C_6A_{(6+6)}\underline{G}_{(3\sim6:2\sim16:\infty)}$

草本、灌木或喬木，枝通常四棱形。葉對生，常具腺體。花兩性，單生、簇生或組成穗狀花序、總狀花序或圓錐花序；花6基數，花萼筒狀或鐘狀，平滑或有棱；花瓣與萼裂片同數或無花瓣，花瓣如存在，則著生萼筒邊緣；雄蕊通常為花瓣的倍數，著生於萼筒上，但位於花瓣的下方；子房上位，2~16室，每室具倒生胚珠數枚，著生於中軸胎座上。蒴果。

□ 千屈菜*Lythrum salicaria*
全草能清熱解毒，止血。

□ 紫薇*Lagerstroemia indica*
花能清熱解毒；根能利濕活血。

□ 紫薇的6基數花

大花紫薇*L. speciosa*
根能斂瘡解毒，涼血止血。

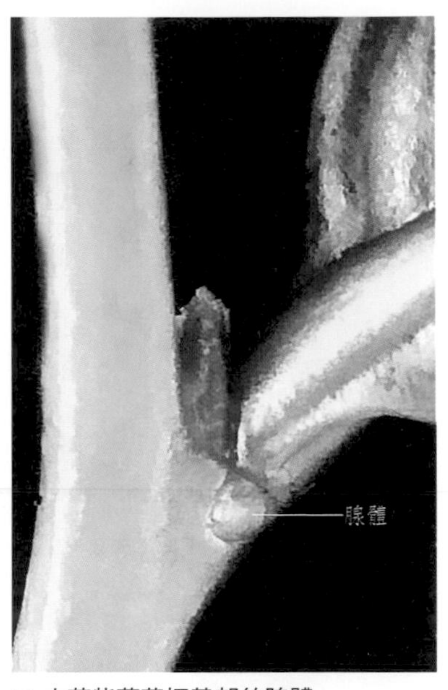

大花紫薇葉柄基部的腺體

圓葉節節菜*Rotala rotundifolia*
全草能清熱利濕，消腫解毒。

71. 使君子科 Combretaceae $⚥ * K_{4\sim5}C_{4\sim5,0}A_{2,4\sim5}\overline{G}_{(4\sim5:1:2\sim6)}$

喬木或灌木。單葉對生或互生，具葉柄，無托葉。葉基、葉柄或葉下緣齒間具腺體。花通常兩性，輻射對稱，由多花組成頭狀花序、穗狀花序、總狀花序或圓錐花序；花萼裂片4~5枚；花瓣4~5枚或不存在，雄蕊通常插生於萼管上子房下位。堅果、核果或翅果，常有2~5棱。

□ 使君子*Quisqualis indica*

果實能殺蟲，消積；葉能理氣健脾，殺蟲解毒。

□ 使君子花的解剖圖

□ 使君子的果枝

□ 欖仁樹*Terminalia catappa*

種子能清熱解毒。

□ 欖仁樹的果枝

□ 訶子*T. chebula*
果實能斂肺，下氣，利咽。

□ 訶子的果枝

□ 阿江欖仁*T. arjuna*
樹皮能保護心肌缺血性損傷。

72. 桃金娘科 Myrtaceae ⚥ $* K_{(4\sim5)}\ C_{4\sim5} A_{(2\sim\infty)}\ \overline{G}_{(2\sim5:1\sim5:\infty)}$

常綠木本，多含揮發油。單葉對生，全緣，有透明油腺點。雄蕊多數，常成束著生花盤邊緣，而與花瓣對生，藥隔頂端常有1個腺體；子房下位或半下位，花柱單生。漿果、蒴果、稀核果。

□ 丁香*Eugenia aromaticum*

花蕾能溫中降逆，補腎助陽。

□ 丁香的果枝

□ 桃金娘*Rhodomyrtus tomentosa*

根能祛風通絡，止瀉。

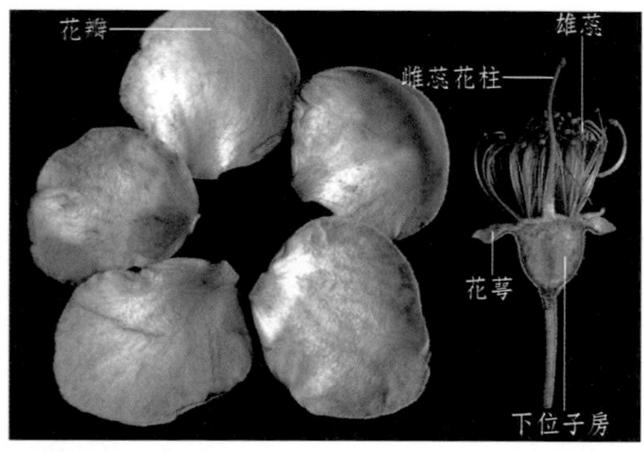

□ 桃金娘花的解剖圖

□ 大葉桉*Eucalyptus robusta*

葉能疏風，清熱，止癢。

□ 藍桉*E. globulus*

葉能疏風，驅蚊，止癢。

蒲桃*Syzygium jambos*
果實能涼血，止痢。

洋蒲桃*S. samarangense*
果實能潤肺止咳。

白千層*Melaleuca leucadendra*
樹皮能安神鎮靜。

紅千層*Callistemon rigidus*
枝葉能祛風，化痰，消腫。

73. 野牡丹科 Melastomataceae ⚥ $* K_{(4\sim5)} C_{4\sim5} A_{4\sim10} \overline{G}, \underline{G}_{(2\sim5:1\sim5:\infty)}$

草本、灌木或小喬木。單葉對生或輪生，通常為3~5基出脈。花兩性，輻射對稱，通常為4~5數；花瓣常具鮮豔的顏色，著生於萼管喉部，與萼片互生，通常呈螺旋狀排列或覆瓦狀排列，常偏斜；雄蕊為花被片的同倍或倍數，著生於萼管喉部，分離；子房下位或半下位，子房室與花被片同數或1室；中軸胎座或特立中央胎座，胚珠多數或數枚。蒴果或漿果。

□ 野牡丹*Melastoma candidum*
全草能消積利濕，活血止血。

□ 野牡丹的果枝

□ 多花野牡丹*M. polyanthum*
全草能清熱利濕，化瘀止血。

□ 毛蕊*M. sanguineum*
全草能解毒止痛，生肌止血。

毛菍花的解剖圖

毛菍的果枝

毛菍炸裂的果實

地菍*M. dodecandrum*
全草能清熱解毒，活血止血。

□ 金錦香*Osbeckia chinensis*
全草能消腫解毒。

□ 闊葉金錦香（朝天罐）*O. opipara*
枝葉能清熱利濕。

74. 石榴科 Punicaceae $⚥ * K_{5\sim9}C_{5\sim9}A_{\infty}\overline{G}_{(\infty:\infty:\infty)}$

落葉喬木或灌木。冬芽小，有兩對鱗片。單葉，通常對生或簇生。花頂生或近頂生，單生或幾朵簇生或組成聚傘花序。漿果球形，頂端有宿存花萼裂片，果皮厚；種子多數，種皮外層肉質，內層骨質。

□ 石榴*Punica granatum*
果皮能澀腸止瀉，止血，驅蟲。

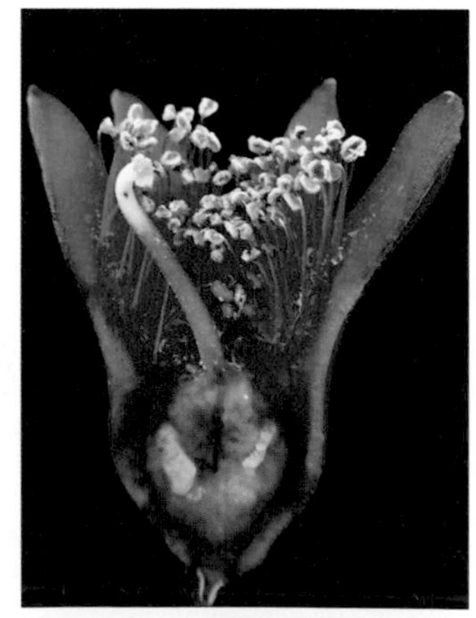

□ 石榴花的縱剖圖

石榴的果枝

石榴老熟開裂的果實

75. 柳葉菜科 Onagraceae ⚥ $\uparrow * K_4 C_4 A_{4\sim8} \overline{G}_{(4\sim5:4\sim5:\infty)}$

一年生或多年生草本。葉互生或對生。花單生於葉腋或排成頂生的穗狀花序、總狀花序或圓錐花序。蒴果。

月見草*Oenothera biennis*
根能祛風濕，強筋骨；種子能降血脂。

□ 美麗月見草*O. speciosa*
功用同月見草。

□ 細花丁香蓼*Ludwigia perennis*
全草能清熱解毒，殺蟲止癢。

□ 吊鐘海棠*Fuchsia hybrida*
花能補腎強腰。

□ 柳蘭*Epilobium angustifolium*
全草能消腫利水，下乳，潤腸。

76. 鎖陽科 Cynomoriaceae $⚥ * P_{4\sim6}A_1\overline{G}_{(1:1:1)}$

多年生肉質寄生草本，全株紅棕色，無葉綠素。莖圓柱形，肉質，分枝或不分枝，具螺旋狀排列的脫落性鱗片葉。花雜性，極小，由多數雄花、雌花與兩性花密集形成頂生的肉穗花序，花序中散生鱗片狀葉。果為小堅果狀。

□ 鎖陽*Cynomorium songaricum*
全株能補腎，益精，潤燥。

□ 鎖陽的花枝

□ 鎖陽的入地剖面

77. 八角楓科 Alangiaceae ⚥ $*K_{(4\sim10)}\ C_{(4\sim10)}\ A_{4\sim10}\overline{G}_{(1:1:1)}$

落葉喬木或灌木。單葉互生。花序腋生，聚傘狀，小花梗常分節。花淡白色或淡黃色，通常有香氣。核果橢圓形、卵形或近球形，頂端有宿存的萼齒和花盤；種子1顆，具大型的胚和豐富的胚乳。

□ 八角楓*Alangium chinense*
根能祛風除濕，舒筋活絡，散瘀止痛。

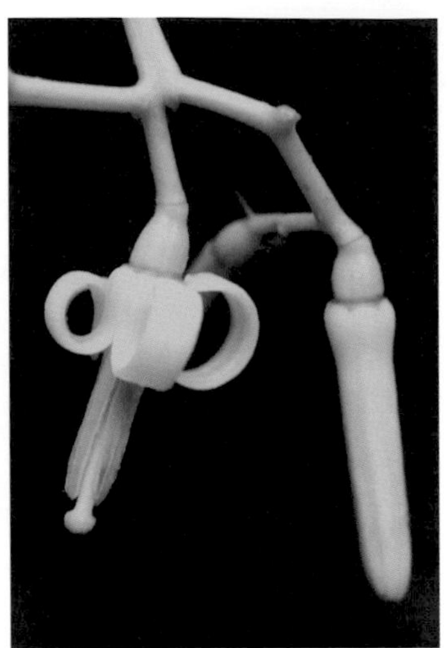

□ 八角楓的花

□ 瓜木*A. platanifolium*
功用同八角楓。

□ 瓜木的果枝

78. 藍果樹科 Nyssaceae $♂ * K_0C_5A_{5+5}$；$♀ K_{(5)} C_{5\sim10}\overline{G}_{(1,6\sim10:1,6\sim10:1)}$

落葉喬木。單葉互生。花序頭狀、總狀或傘形；花單性或雜性，異株或同株，常無花梗或有短花梗。果實為核果或翅果，頂端有宿存的花萼和花盤。

□ 珙桐*Davidia involucrata*
果皮能解瘡毒。

□ 珙桐的花序（1雌花，多雄花組成頭狀花序）

□ 喜樹*Camptotheca acuminata*
葉能解瘡毒；果實能解毒抗癌。

□ 喜樹的頭狀花序

79. 五加科 Araliaceae ⚥ $* K_5 C_{5\sim10} A_{5\sim10} \overline{G}_{(2\sim15:2\sim15:1)}$

多年生草本。莖常具刺。葉多互生，為掌狀複葉。花小，兩性，稀單性，輻射對稱；傘形花序或集成頭狀花序；萼齒5枚，小花瓣5~10枚，分離；雄蕊5~10枚，生於花盤邊緣，花盤生於子房頂部；子房下位，由2~15枚心皮合生，通常2~5室，每室1枚胚珠。漿果或核果。

□ 人參*Panax ginseng*
根能大補元氣，生津安神。

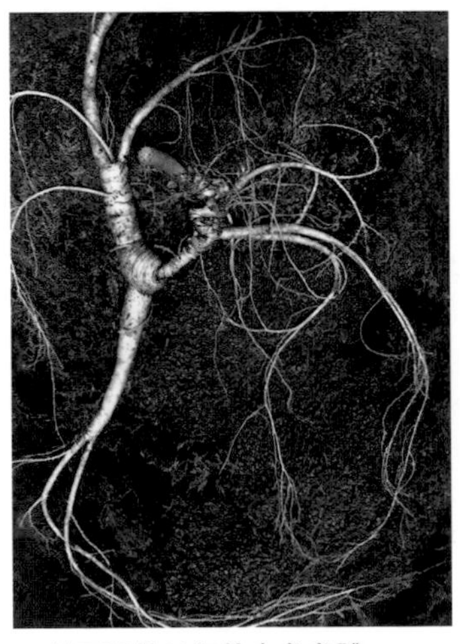

□ 林下種植10年的人參參體

□ 園內種植的人參

□ 園內種植4年的人參參體

□ 西洋參*P. quinquefolium*
根能補肺，養胃，生津。

□ 三七*P. notoginseng*
根能散瘀止血，消腫。

□ 竹節參*P. japonicus*
根能散瘀止痛。

□ 刺五加*Acanthopanax senticosus*
根能補氣安神。

□ 細柱五加*A. gracilistylus*
根皮能祛風濕，強筋骨。

□ 細柱五加的花

□ 通脫木*Tetrapanax papyrifer*
莖髓能清熱利尿，通氣下乳。

□ 通脫木的頭狀花序

□ 鴨腳木 *Schefflera octophylla*
樹皮能消腫散瘀。

□ 鴨腳木的花

□
九眼獨活*Aralia cordata*
根莖能祛風除濕，消腫止痛。

□ 楤木*A. chinensis*
根皮能活血利尿。

□ 楤木的果序

□ 刺楸*Kalopanax septemlobus*
樹皮能祛風除濕，活血。

□ 刺楸樹幹上的乳狀刺

□ 常春藤*Hedera nepalensis* var. *sinensis*
全株能祛風利濕，活血消腫。

□ 常春藤的營養枝

80. 傘形科 Umbelliferae $⚥ * K_{(5),0} C_5 A_5 \overline{G}_{(2:2:1)}$

草本，常含揮發油。莖常中空，有縱棱。葉互生，葉片分裂或為複葉，少為單葉；葉柄基部擴大成鞘狀。花小，兩性；多為複傘形花序，少數為單傘形花序；花萼與子房貼生，萼齒5枚或不明顯；花瓣5枚，雄蕊5枚，與花瓣互生。心皮2枚，合生，子房下位，2室，每室1枚胚珠，子房頂端有盤狀或短圓錐狀的花柱基（上位花盤），花柱2個。雙懸果。

□ 羌活*Notopterygium incisum*
根莖能祛風散寒，止痛。

□ 當歸*Angelica sinensis*
根能補血活血，調經止痛。

□ 祁白芷*A. dahurica 'Qibaizhi'*
根能散風除濕，通竅止痛，消腫排膿。

□ 杭白芷*A. dahurica 'Hangbaizhi'*
功用同祁白芷。

□ 杭白芷的雙懸果

□ 川芎*Ligusticum chuanxiong*
根莖能活血行氣，祛風止痛。

□ 川芎近地莖的節膨大

□ 藁本*L. sinense*
根莖能祛風除濕，止痛。

□ 紫花前胡*Peucedanum decursivum*
根能散風清熱，化痰。

□ 白花前胡*P. praeruptorum*
功用同紫花前胡。

□ 白花前胡的花

□ 芫荽*Coriandrum sativum*
果實能發表透疹，消食。

□ 芫荽的花序

第十一章 被子植物

□ 茴香*Foeniculum vulgare*
果實能理氣和胃，止痛。

□ 茴香的花

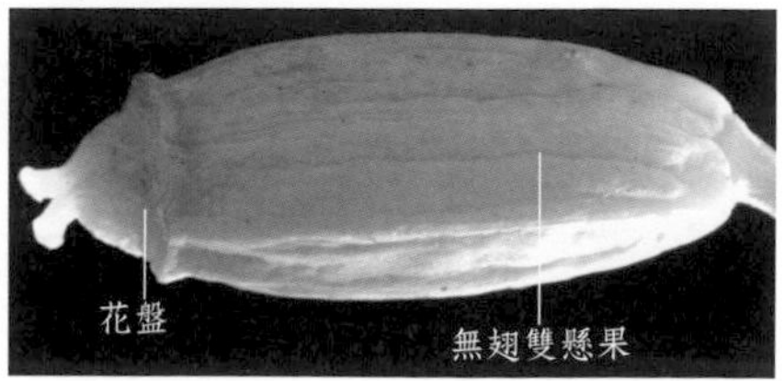

□ 茴香的果

□ 竊衣*Torilis scabra*
果實能活血消腫，殺蟲。

□ 柴胡*Bupleurum chinense*
根能退熱，疏肝，升陽。

□ 防風*Saposhnikovia divaricata*
根能解表祛風，勝濕止痙。

□ 防風的複傘形花序

□ 珊瑚菜（北沙參）*Glehnia littoralis*
根能養陰清肺，益胃生津。

□ 珊瑚菜的果枝

□
野胡蘿蔔*Daucus carota*
種子能殺蟲消積。

□
新疆阿魏*Ferula sinkiangensis*
樹脂能消積，散痞，殺蟲。

81. 山茱萸科　Cornaceae　$⚥ * K_{4\sim5,0}C_{4\sim5,0}A_{4\sim5}\overline{G}_{(2:1\sim4:1)}$

多木本。葉多對生，少互生或輪生，無托葉。花常兩性，稀單性，頂生聚傘花序或傘形花序狀，有時具大型苞片，有時花生於葉面中脈上；花萼通常4~5裂或缺；花瓣4~5枚或缺；雄蕊與花瓣同生於花盤基部。核果或漿果。

□ 山茱萸*Cornus officinalis*
果實能補益肝腎，澀精固脫。

□ 山茱萸的花枝

□ 川鄂山茱萸*C. chinensis*
果肉能補益肝腎。

□ 川鄂山茱萸的花

□ 青莢葉*Helwingia japonica*
莖髓能清熱利尿，下乳。

□ 中華青莢葉*H. chinensis*
功用同青莢葉。

□ 四照花*Dendrobenthamia japonica* var. *chinensis*
果實能疏肝活血。

□ 四照花的果枝

82. 鹿蹄草科 Pyrolaceae $⚥ * K_5 C_{(5)} A_{10} \underline{G}_{(5:1:\infty)}$

常綠草本狀小半灌木，具細長的根莖，或為腐生肉質草本植物，無葉綠素，全株無色半透明。葉為單葉，基生，互生。花單生或聚成總狀花序、傘房花序或傘形花序。果為蒴果或漿果。

□ 紅花鹿蹄草*Pyrola incarnata*
全草能祛風濕，強筋骨。

□ 鹿蹄草*P. calliantha*
功用同紅花鹿蹄草。

□ 水晶蘭*Monotropa uniflora*
全草能補虛止咳。

（二）合瓣花亞綱　Sympetalae

花被較進化，多為蟲媒適應。花被形成各式聯合，以適應昆蟲授粉和保護雄蕊及雌蕊。花的輪數和各部數目向簡約化、特美化的方向進化。主要的藥用品種如下。

83. 杜鵑花科　Ericaceae　$⚥ * K_{(4\sim5)}\ C_{(4\sim5)}\ A_{(8\sim10)}\ \underline{G}_{(4\sim5:4\sim5:\infty)}$

多為常綠灌木。單葉，多互生。花兩性，輻射對稱或略不對稱；花萼常5裂；雄蕊多為花冠裂片的兩倍，生於花盤基部，花藥2室，多頂孔開裂，有些屬常有尾狀或芒狀附屬物；子房上位，稀下位，4~5枚心皮合生成4~5室，中軸胎座，每室胚珠常多數。多為蒴果，少漿果或核果。

□ 杜鵑*Rhododendron simsii*
根能活血止血，祛風止痛。

雌蕊柱頭
花藥頂孔開裂

□ 杜鵑的花蕊

□ 興安杜鵑*R. dahuricum*
葉能祛痰止咳。

□
羊躑躅*R. molle*
花能麻醉，鎮痛。

□
馬纓杜鵑*R. delavayi*
花葉能清熱解毒，調經。

□
照山白*R. micranthum*
葉能通絡止痛，化痰止咳。

烈香杜鵑*R. anthopogonoides*
葉能祛痰止咳。

嶺南杜鵑*R. mariae*
全株能止咳祛痰。

岩須*Cassiope selaginoides*
全株能理氣止痛。

□ 滇白珠*Gaultheria leucocarpa* var. *crenulata*
全株能祛風濕，舒筋活絡。

□ 南燭*Vaccinium bracteatum*
果實能益腎固精；葉能明目，止瀉。

□ 越橘*V. vitis-idaea*
葉能清熱利尿。

□ 越橘的果枝

□ 毛葉吊鐘花
Enkianthus deflexus
葉能治跌打損傷。

84. 紫金牛科 Myrsinaceae ⚥ * $K_{(4\sim5)}$ $C_{(4\sim5)}$ $A_{4\sim5}$ $\underline{G}_{(4\sim5:1:\infty)}$

灌木或喬木，稀藤木。單葉互生，通常具腺點或脈狀腺條紋。花輻射對稱，4~5數；萼宿存，雄蕊與花冠裂片同數而對生，常具腺點；心皮合生，子房常為特立中央胎座。漿果狀核果，稀蒴果。

□ 紫金牛*Ardisia japonica*
全株能祛痰止咳。

□ 紫金牛的花枝

□ 百兩金*A. crispa*
根能清熱利咽，止咳。

□ 百兩金的果枝

□ 九節龍*A. pusilla*
全株能祛痰止咳。

□ 山血丹 *A. lindleyana*
根能活血調經。

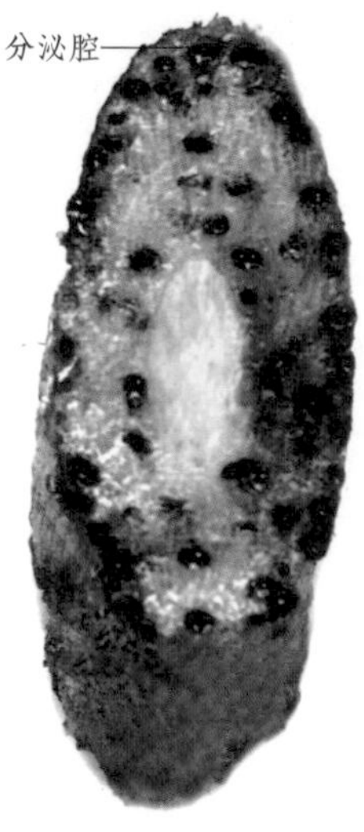

□ 山血丹根的切面圖

□ 朱砂根*A. crenata*
根能活血消腫，祛風除濕。

□ 朱砂根的花

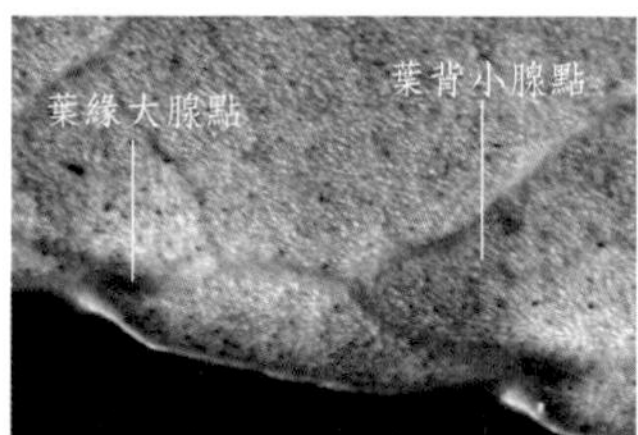

□ 朱砂根的葉緣

□ 朱砂根葉的紫背變異

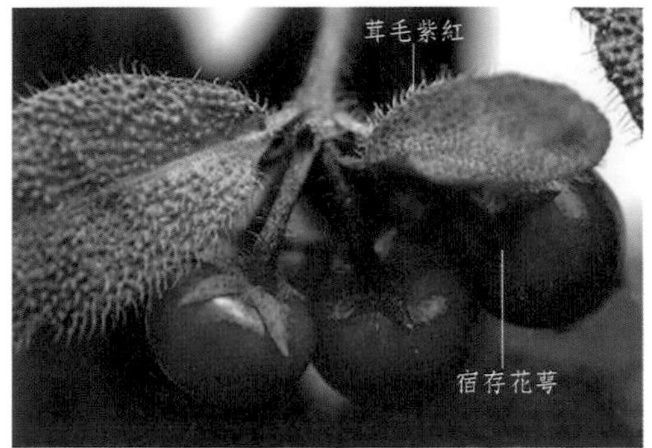

□ 虎舌紅*A. mamillata*
全株能祛風除濕，活血。

□ 蓮座紫金牛*A. primulifolia*
全草能補血，活血，止咳。

□ 九管血*A. brevicaulis*
全株能祛風解毒。

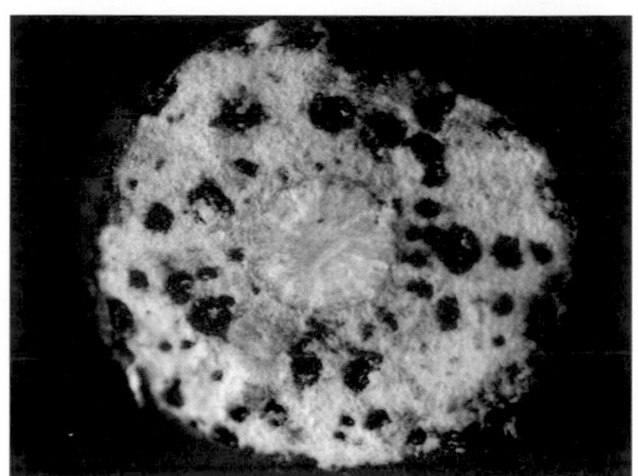

□ 九管血根的橫切面圖

□ 走馬胎*A. gigantifolia*
根能祛風活血，強壯筋骨，散瘀消腫。

□ 鯽魚膽*Maesa perlarius*
全株能消腫，生肌，接骨。

□ 鯽魚膽的果枝

□ 鐵仔*Myrsine africana*
葉、枝能清熱利濕。

85. 報春花科 Primulaceae ⚥ $* K_{(5)}, {}_5C_{(5)} A_5 \underline{G}_{(5:1:\infty)}$

多為草本，常有腺點。葉多基生。花兩性，輻射對稱；花萼常5裂，宿存；花冠常5裂；雄蕊與花冠裂片同數而對生，著生花冠管上；子房上位，1室，特立中央胎座，胚珠多數。蒴果。

□ 聚花過路黃*Lysimachia congestiflora*
全草能祛風，止咳祛痰。

□ 聚花過路黃的花

過路黃*L. christinae*
全草能清熱利濕，退黃。

重樓排草（落地梅）
L. paridiformis
全草能祛風，止咳。

狹葉落地梅
L. paridiformis var. *stenophylla*
全草能祛風，止咳。

□ 靈香草*L. foenum-graecum*
全草能清熱涼血。

□ 珍珠菜*L. clethroides*
全草能清熱解毒，消腫散結。

□ 澤星宿菜*L. candida*
功用同珍珠菜。

□
排草*L. sikokiana*
全草能祛風濕，理氣止痛。

□ 點地梅*Androsace umbellata*
全草能清熱解毒。

□ 點地梅的花

86. 白花丹科 Plumbaginaceae ⚥ * $K_5C_{(5)}A_5\underline{G}_{(5:1:1)}$

小灌木、半灌木或多年生草本。莖、枝有明顯的節，沿節多少呈「之」字形曲折。單葉，互生或基生，全緣。花兩性，整齊，花的各部均為5；花瓣或多或少連合。蒴果包藏於萼筒內；種子有薄層粉質胚乳。莖、葉上常被有鈣質顆粒。

□ 白花丹*Plumbago zeylanica*
根能祛風止痛，散瘀消腫。

□ 白花丹花萼上的腺毛

□ 藍花丹*P. auriculata*
根能散瘀消腫。

□ 補血草*Limonium sinense*
全草能止血，利水。

87. 柿樹科　Ebenaceae　♂ * $K_{3\sim7}C_{3\sim7}A_{6\sim14}$；♀ $K_{3\sim7}C_{3\sim7}\underline{G}_{(4:\ 2\sim16:\ 1\sim2)}$

喬木或直立灌木。單葉，互生，排成兩列，全緣，無托葉，具羽狀葉脈。花多單生，通常雌雄異株，腋生；雌花單生；雄花常成小聚傘花序或簇生，或單生，整齊；花萼多少深裂，在雌花或兩性花中宿存，果期時常增大；花冠早落；雄蕊離生或著生花冠管基部，常為花冠裂片數的2~4倍；雌花子房上位。漿果多肉質。

柿*Diospyros kaki*
果實能潤肺生津，降壓止血；宿存花萼能降逆下氣。

柿的花枝

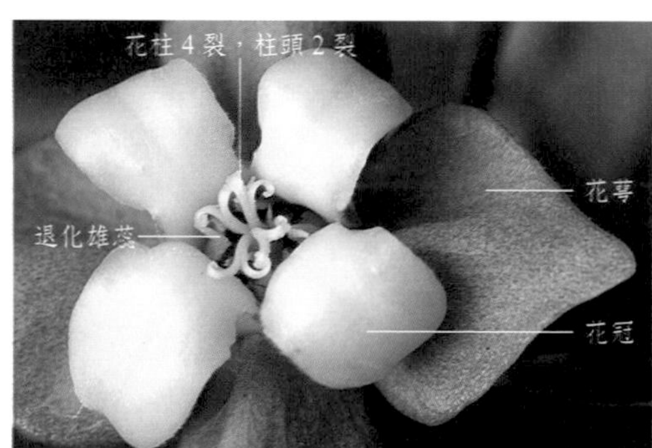

柿的雌花

羅浮柿*D. morrisiana*
葉和莖皮能解毒，止瀉。

□ 君遷子*D. lotus*
果實能清熱止渴。

□ 金彈子*D. cathayensis*
根能清熱利濕。

88. 木犀科 Oleaceae ⚥*$K_{(4)}C_{(4),0}A_2\underline{G}_{(2:2:2)}$

喬木或灌木。單葉、三出複葉或羽狀複葉對生。花為圓錐、聚傘花序或簇生，稀單生；花兩性，稀單性異株；輻射對稱；花萼、花冠常4裂，稀無花瓣；雄蕊常2枚；子房上位，2室，每室常2枚胚珠，柱頭2裂。核果、蒴果、漿果或翅果。

□ 連翹*Forsythia suspensa*
果實能清熱解毒，消腫散結。

□ 連翹的果枝

花冠4裂

□ 連翹的花

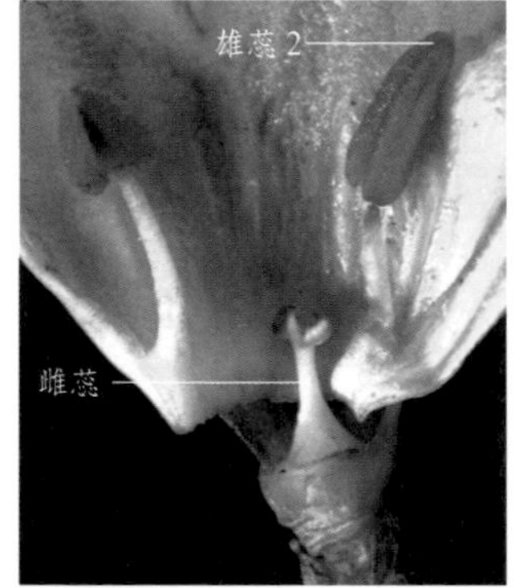

□ 連翹花的解剖圖

□ 桂（金桂）*Osmanthus fragrans* var. *thunbergii*
花能化痰止咳。

□ 桂的果枝

◻ 銀桂 *O. fragrans* var. *latifolius*

◻ 丹桂*O. fragrans* var. *aurantiacus*

◻ 女貞*Ligustrum lucidum*
果實能補腎滋陰，養肝明目。

◻ 女貞的果枝

◻ 宿柱梣*Fraxinus stylosa*
樹皮能清熱燥濕，清肝明目。

◻ 大葉梣*F. rhynchophylla*
功用同宿柱梣。

白蠟樹*F. chinensis* 功用同宿柱梣。

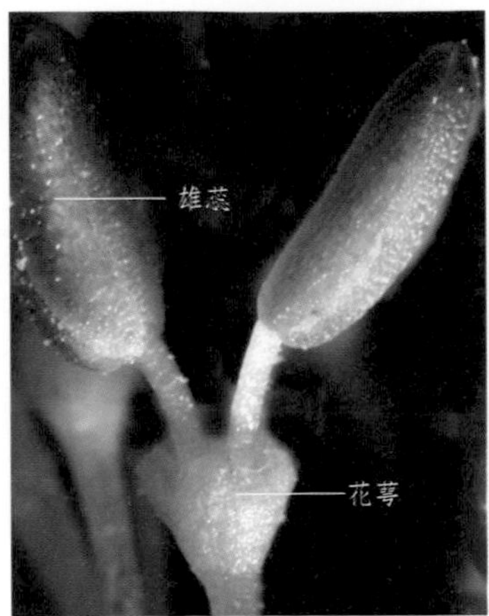

白蠟樹的無瓣雄花

白蠟樹的雌花枝

白蠟樹的無瓣雌花

尖葉梣*F. szaboana* 功用同宿柱梣。

暴馬丁香*Syringa reticulata* 枝能鎮咳，利水。

暴馬丁香的果枝

89. 馬錢科 Loganiaceae ⚥ * $K_{(4\sim5)}$ $C_{(4\sim5)}$ $A_{4\sim5}$ $\underline{G}_{(2:2:\infty)}$

喬木、灌木、藤本或草本。單葉對生或輪生，具葉柄。花常兩性，輻射對稱，單生或孿生，或組成2~3歧聚傘花序，有苞片和小苞片。花萼4~5裂，花冠4~5裂；雄蕊通常著生於花冠管內壁上，與花冠裂片同數，互生，子房上位，常2室，中軸胎座或子房1室為側膜胎座。蒴果、漿果或核果。

□ 馬錢*Strychnos nuxvomica*
種子能通絡止痛，散結消腫。

□ 馬錢果實及種子的解剖圖

□ 牛眼馬錢*Strychnos angustiflora*
功用同馬錢。

□ 牛眼馬錢的花

□ 鉤吻*Gelsemium elegans*
全草能祛風攻毒，散結消腫，止痛。

鉤吻的長柱花

鉤吻的蒴果

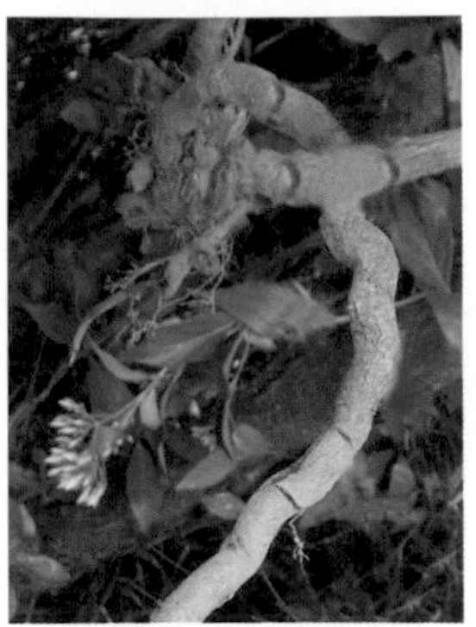

鉤吻的根（扭曲如腸，易環裂，似斷腸）

密蒙花*Buddleja officinalis*
花能清熱養肝，明目退翳。

紫花醉魚草*B. davidii*
枝葉能祛風散寒，活血止痛。

白花醉魚草*B. asiatica*
功用同紫花醉魚草。

90. 龍膽科 Gentianaceae ⚥ * $K_{(4\sim5)}\ C_{(4\sim5)}\ A_{4\sim5}\ \underline{G}_{(2:1:\infty)}$

草本。莖直立或攀緣。單葉對生，全緣，無托葉。多集成聚傘花序；花兩性，輻射對稱；花萼4~5裂；花冠裂瓣間常有褶瓣；雄蕊著生花冠管上；子房上位，常2枚心皮合成1室。蒴果2瓣裂。

龍膽*Gentiana scabra*
根及根莖能清肝利濕。

龍膽花的解剖圖

三花龍膽*G. triflora*
功用同龍膽。

條葉龍膽*G. manshurica*
功用同龍膽。

第十一章 被子植物

□ 秦艽*G. macrophylla*
根能祛風除濕，舒筋止痛。

□ 粗莖秦艽*G. crassicaulis*
功用同秦艽。

□ 華南龍膽*G. loureiroi*
全草能清熱利濕。

□ 華南龍膽的花

□ 麻花秦艽*G. straminea*
功用同秦艽。

□ 紅花龍膽*G. rhodantha*
全草能利濕涼血。

□ 獐牙菜*Swertia bimaculata*
全草能健胃利濕。

□ 青葉膽*S. mileensis*
全草能清肝利膽。

□ 青葉膽的花枝

□ 瘤毛獐牙菜*S. pseudochinensis*
全草能清肝膽濕熱。

□ 瘤毛獐牙菜的花

□ 橢圓葉花錨*Halenia elliptica*
全草能清熱利濕。

91. 夾竹桃科 Apocynaceae $⚥ * K_{(5)} C_{(5)} A_5 \underline{G}_{2:1\sim2:1\sim\infty,\ (2:1\sim2:1\sim\infty)}$

草本、木本或藤本，具白色乳汁或水液。單葉對生或輪生，無托葉或退化為蜜腺。花單生或多朵組成聚傘花序；花兩性，輻射對稱；花萼5裂，基部常有腺體；花冠喉部常有副花冠或附屬體（鱗片或膜質或毛狀）；雄蕊著生花冠管上或花冠喉部；花藥常箭頭形，具花盤；子房上位，常2枚心皮，離生或合生。蓇葖果、漿果、核果或蒴果。種子一端常具毛。

□ 絡石*Trachelospermum jasminoides*
莖葉能祛風濕，通絡。

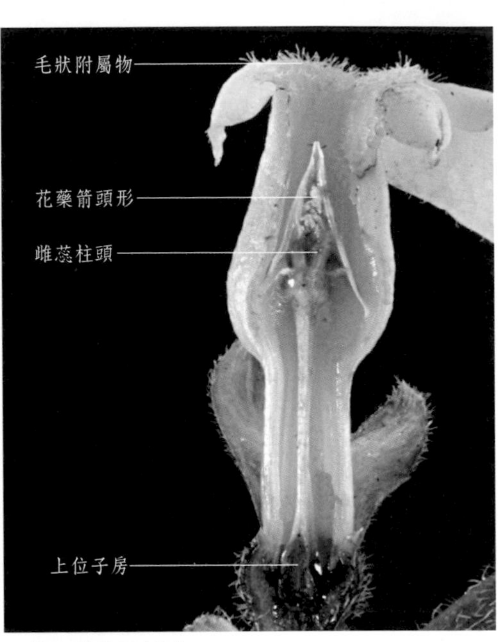

□ 絡石花的解剖圖

□ 羅布麻*Apocynum venetum*
葉能降壓，平喘。

□ 蘿芙木*Rauvolfia verticillata*
全株能降壓，活血。

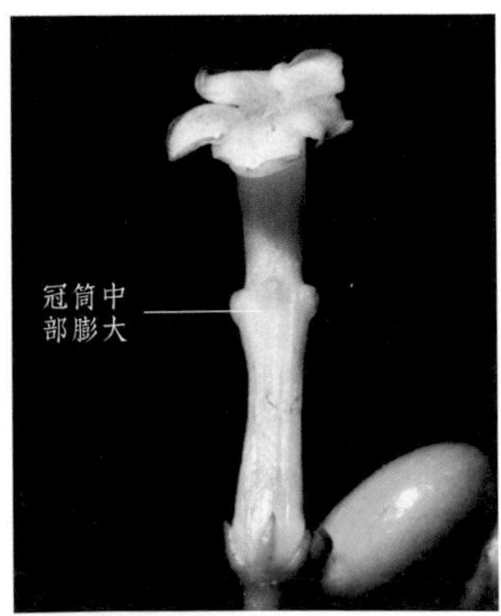

□ 蘿芙木的花

□ 羊角拗的果枝

□ 羊角拗*Strophanthus divaricatus*
葉及種子能強心，殺蟲，止癢。

□ 長春花*Catharanthus roseus*
全草能抗癌，利尿。

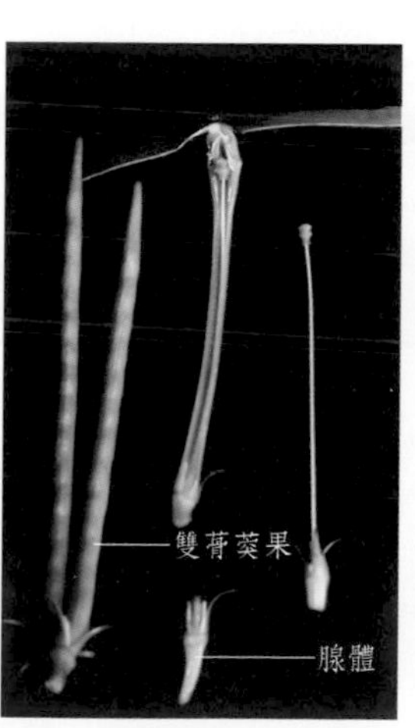

□ 長春花的果

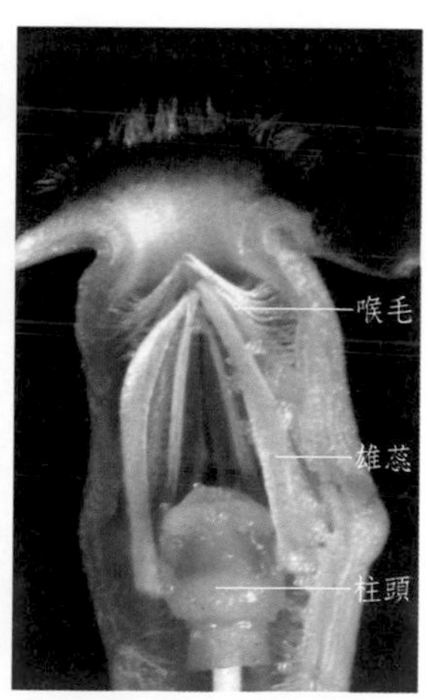

□ 長春花局部的解剖圖

黃花夾竹桃*Thevetia peruviana*
種子能強心利尿。

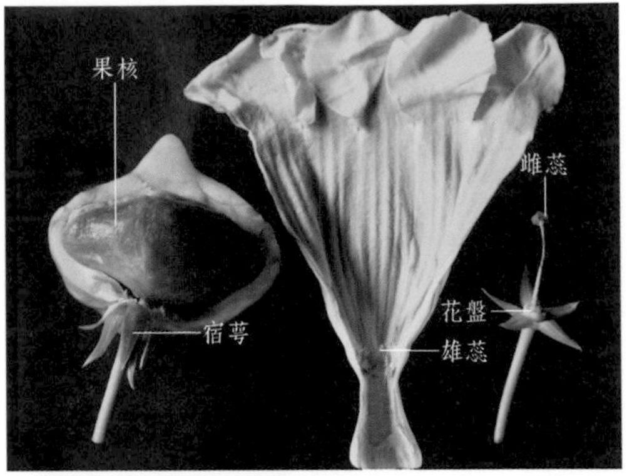

黃花夾竹桃花及果實的解剖圖

夾竹桃*Nerium indicum*
葉能強心利尿，祛痰殺蟲。

雞骨常山*Alstonia yunnanensis*
根能解熱截瘧，止血。

雞蛋花*Plumeria rubra*
花能清熱解暑，潤肺。

92. 蘿藦科 Asclepiadaceae ⚥ $*K_{(5)}C_{(5)}A_5\underline{G}_{2:1:\infty}$

草本或草質藤本，具乳汁。單葉對生，少輪生，葉柄頂端常有腺體。聚傘花序；花萼基部常有腺體；花冠裂片旋轉，常有裂片或鱗片組成的副花冠，生於花冠管上或雄蕊背部或合蕊冠上；雄蕊與雌蕊貼生成合蕊柱，花藥合生成一環且貼生於柱頭基部的膨大處，花絲合生成管包圍雌蕊，稱合蕊冠，花粉結成塊狀。蓇葖果雙生，或因一個不育而單。種子多數，頂端具絲狀長毛。

□ 蘿藦 *Metaplexis japonica*
塊根能補肝腎，強筋骨。

□ 蘿藦的果枝

□ 娃兒藤 *Tylophora ovata*
全草能祛風除濕。

□ 娃兒藤的花

耳葉牛皮消
Cynanchum auriculatum
塊根能健脾，補肝腎。

白薇*C. atratum*
根能清熱涼血，利尿。

蔓生白薇*C. versicolor*
功用同白薇。

柳葉白前*C. stauntonii*
根及根莖能化痰止咳，平喘。

白前*C. glaucescens*
功用同柳葉白前。

徐長卿*C. paniculatum*
全草能消腫止痛，通經活絡。

槓柳*Periploca sepium*
根皮能祛風濕，強筋骨，利水消腫。

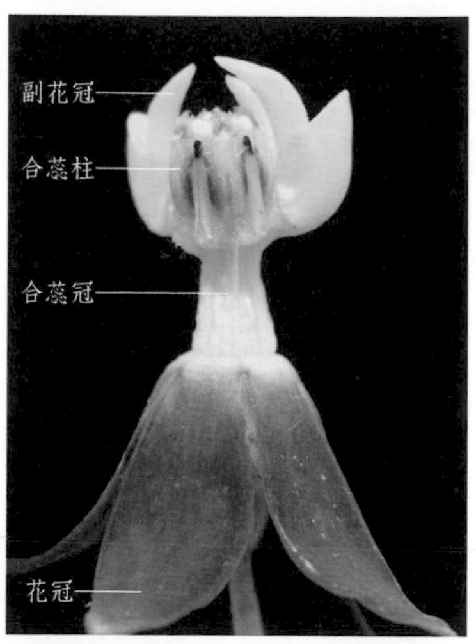

馬利筋的花

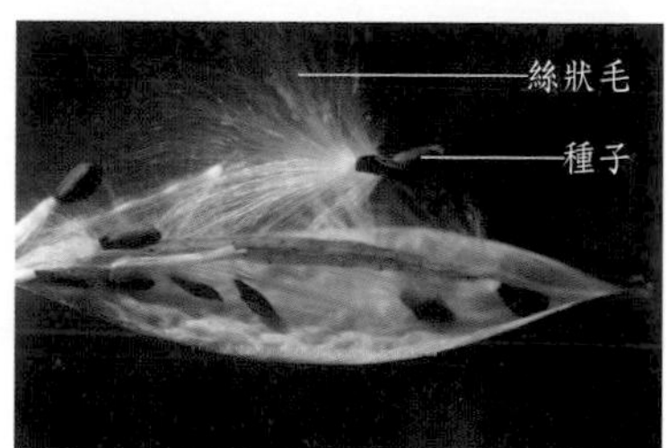

馬利筋*Asclepias curassavica*
全草能退虛熱，消腫。

馬利筋的果

球蘭*Hoya carnosa*
全株能清熱化痰，消腫止痛。

球蘭的花

93. 旋花科 Convolvulaceae $\text{⚥} * K_5C_{(5)}A_5\underline{G}_{(2:1\sim4:1\sim2)}$

纏繞藤本。常單葉互生。花兩性，輻射對稱；萼片常宿存；花冠漏斗狀、鐘狀、壇狀，展開前成旋轉狀，全緣或微5裂；雄蕊生於花冠管上；子房上位，常為花盤包圍。蒴果，稀為漿果。

牽牛*Ipomoea nil*
種子能逐水消腫。

凌晨欲放的牽牛花

牽牛花的解剖圖

圓葉牽牛*I. purpurea*
功用同牽牛。

菟絲子*Cuscuta chinensis*
種子能補腎益精。

□ 金燈藤*C. japonica*
功用同菟絲子。

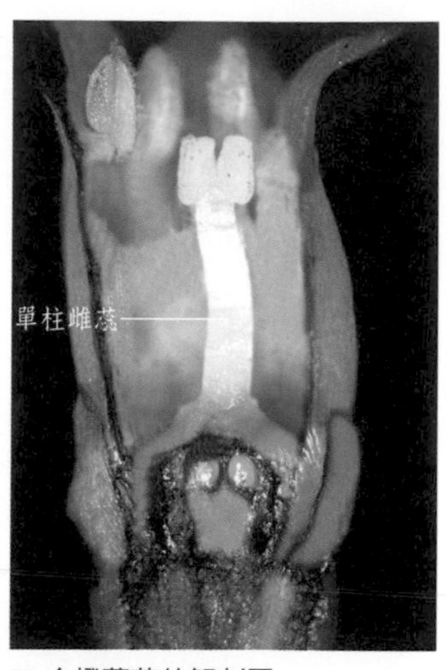

□ 金燈藤花的解剖圖

□ 南方菟絲子*C. australis*
功用同菟絲子。

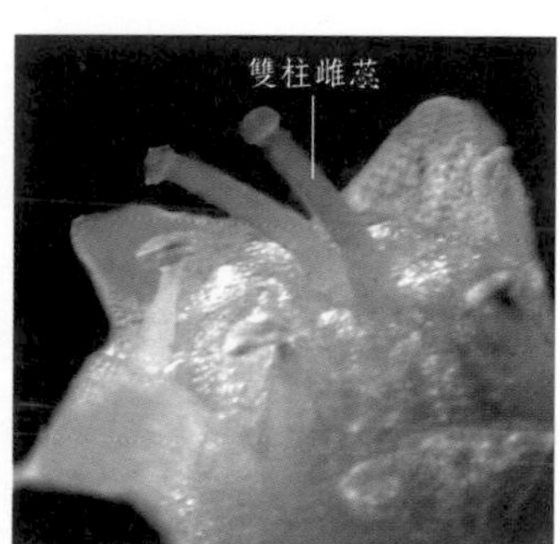

□ 南方菟絲子的花

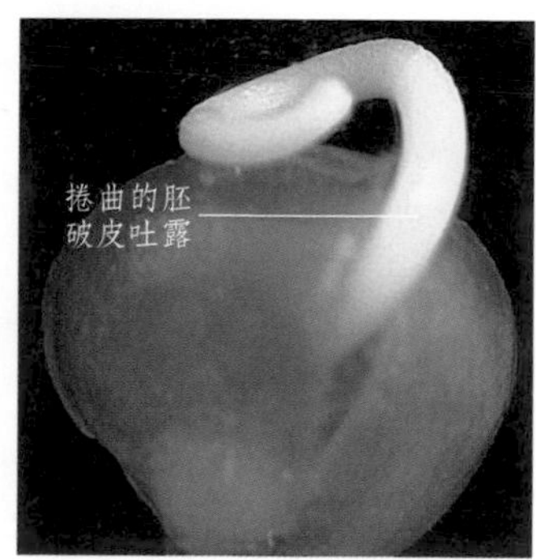

□ 南方菟絲子種子泡水後的吐絲現象

甘薯*Ipomoea batatas*
塊根能補脾胃，強腎陰。

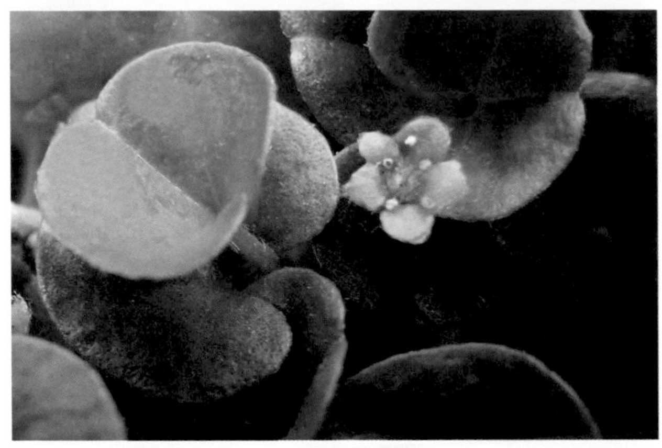

馬蹄金*Dichondra repens*
全草能清熱利濕，解毒。

面根藤*Calystegia hederacea*
根能健脾利濕。

田旋花*Convolvulus arvensis*
全草能祛風止癢，止痛。

94. 紫草科 Boraginaceae $\hat{\varphi} * K_{5,(5)} C_{(5)} A_5 \underline{G}_{(2:2\sim4:2\sim1)}$

多年生草本。單葉互生，多為全緣。常為單歧聚傘花序；花5數，萼片分離或基部合生；花冠管喉部常有附屬物；雄蕊生於花冠管上；子房上位，2枚心皮，子房常4深裂形成4室，花柱生於子房頂部或4分裂子房的基部。核果或四分小堅果。

紫草*Lithospermum erythrorhizon*
根能涼血活血，解毒透疹。

新疆紫草*Arnebia euchroma*
功用同紫草。

內蒙紫草*A. guttata*
功用同紫草。

滇紫草*Onosma paniculatum*
功用同紫草。

第十一章 被子植物

□ 長花滇紫草
O. hookeri var. *longiflorum*
功用同紫草。

□ 附地菜*Trigonotis peduncularis*
全草能行血止痛，解毒消腫。

□ 附地菜的花

□ 聚合草*Symphytum officinale*
全草能清熱利濕。

倒提壺*Cynoglossum amabile*
全草能清熱利濕，散瘀。

95. 馬鞭草科 Verbenaceae ⚥$\uparrow K_{(4\sim5)}\ C_{(4\sim5)}\ A_4\ \underline{G}_{(2:4:1\sim2)}$

木本，稀草本，常具特殊氣味。單葉或複葉對生。花常兩側對稱；花萼多宿存，花冠4~5裂，常偏斜或二唇形；雄蕊4枚，常二強雄蕊；子房上位，稍4裂；花柱頂生，柱頭2裂。核果或漿果狀核果，稀四分小堅果。

馬鞭草*Verbena officinalis*
全草能清熱解毒，利尿。

馬鞭草的花

黃荊*Vitex negundo*
果實能止咳平喘，理氣止痛。

牡荊*V. negundo* var. *cannabifolia*
功用同黃荊。

蔓荊*V. trifolia*
果實能疏風清熱。

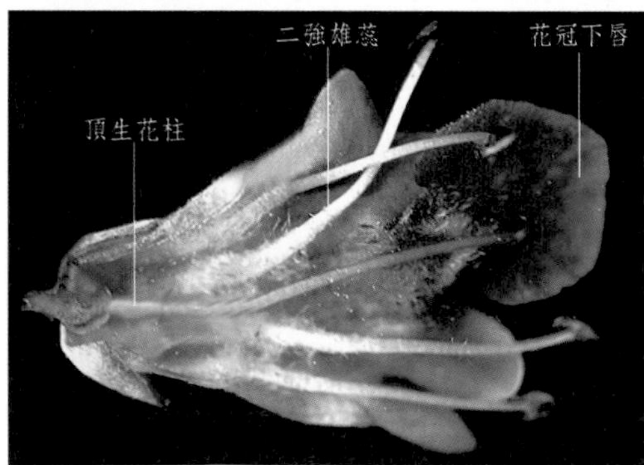

蔓荊花的解剖圖

單葉蔓荊*V. trifolia* var. *simplicifolia*
功用同蔓荊。

第十一章 被子植物

□ 海州常山*Clerodendrum trichotomum*
根能祛風濕。

□ 海州常山的果枝

□ 臭牡丹*C. bungei*
根葉能祛風濕，活血消腫。

□ 臭牡丹的果序

□ 紫珠*Callicarpa formosana*
葉能止血，散瘀。

□ 大葉紫珠*C. macrophylla*
功用同紫珠。

□ 大青*Clerodendrum cyrtophyllum*
莖葉能清熱解毒，涼血止血。

96. 唇形科 Lamiaceae（Labiatae） ⚥↑$K_{(5)}C_{(5)}A_{4,2}\underline{G}_{(2:4:1)}$

多草本，含揮發油。莖四方形。葉對生。腋生聚傘花序排成輪傘狀，再組成總狀、穗狀、圓錐狀的混合花序；萼片5裂，宿存；花冠5裂，唇形；雄蕊4枚，二強；雌蕊由2枚心皮組成，常4深裂形成假4室，每室1枚胚珠，花柱著生於4裂子房的底部。四分小堅果。

□ 丹參*Salvia miltiorrhiza*
根能活血祛瘀，清心除煩。

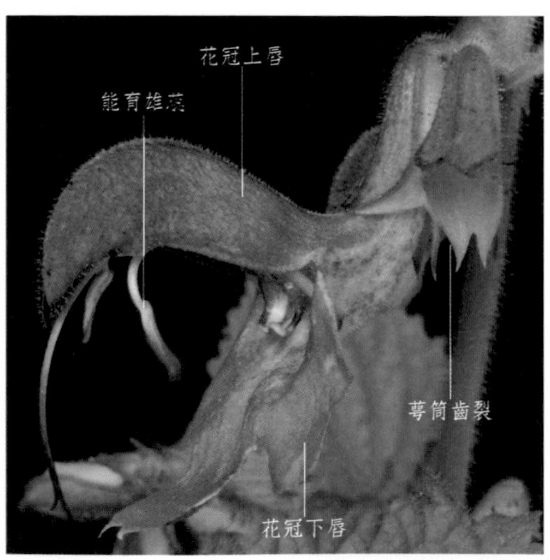

□ 丹參的花

□ 益母草*Leonurus heterophyllus*　全草能活血調經，清肝明目。

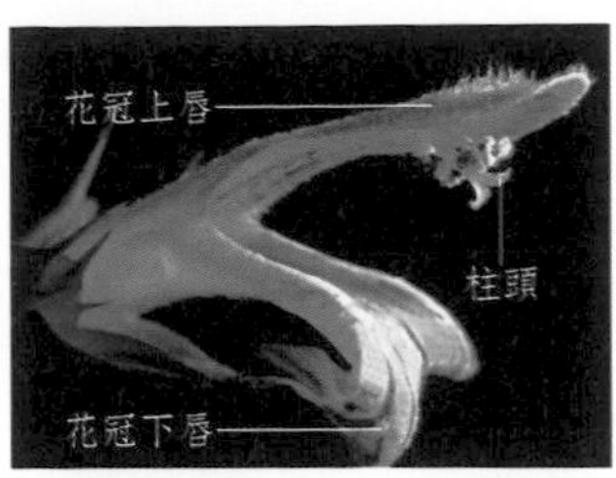

□ 益母草的花

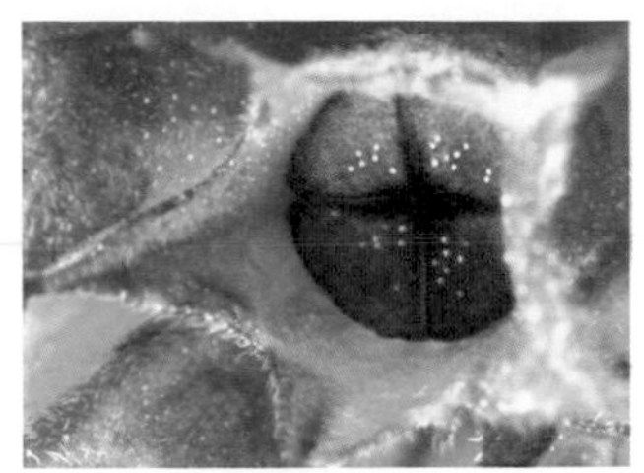

□ 益母草宿萼內的四分小堅果

□
廣藿香*Pogostemon cablin*
全草能芳香化濕，健胃止嘔。

□
藿香*Agastache rugosa*
功用同廣藿香。

□ 紫蘇*Perilla frutescens*
葉能解表和胃；果實能降氣消痰。

□ 紫蘇的花

□ 雞冠紫蘇*P. frutescens* var. *crispa*
功用同紫蘇。

□ 雞冠紫蘇葉的非腺毛與腺點

□
黃芩*Scutellaria baicalensis*
根能清熱燥濕，安胎。

韓信草*S. indica*
全草能活血消腫，止痛。

半枝蓮*S. barbata*
全草能清熱解毒，活血消腫。

百里香*Thymus mongolicus*
全草能祛風止痛。

金瘡小草*Ajuga decumbens*
全草能散瘀消腫。

羅勒*Ocimum basilicum*
全草能健脾化濕。

羅勒的花

羅勒的四分小堅果

獨一味*Lamiophlomis rotata*
全草能舒筋活血，止血。

薄荷*Mentha haplocalyx*
全草能疏散風熱，清利頭目。

夏枯草*Prunella vulgaris*
全草能清肝散結，降壓。

地瓜兒苗*Lycops lucidus*
全草能活血通經，利尿。

荊芥*Schizonepeta tenuifolia*
全草、花序能解表散風。

□ 活血丹*Glechoma longituba*
全草能活血，利尿。

□ 腎茶*Clerodendranthus spicatus*
全草能清熱去濕，排石利水。

97. 茄科 Solanaceae ⚥ $* \uparrow K_{(5)} C_{(5)} A_5 \underline{G}_{(2:2:\infty)}$

草本或木本。葉常互生，無托葉。花單生、簇生或成種種花序；兩性，輻射對稱；花萼常5裂，宿存，果實常增大；花冠合瓣，呈鐘狀、漏斗狀、輻狀，裂片5枚；雄蕊常5枚，著生在花冠管上；子房上位，由2枚心皮合成2室，有時1室，或有不完全的假隔膜在下部分隔成假4室，或胎座延伸成假多室；中軸胎座，胚珠常多數。漿果或蒴果。

□ 洋金花*Datura metel*
花能平喘止咳，鎮痛，解痙。

□ 毛曼陀羅*D. innoxia*
功用同洋金花。

□ 曼陀羅*D. stramonium*
功用同洋金花。

□ 曼陀羅變異的紫花

□ 曼陀羅變異的無刺果實

過去文獻中記載了曼陀羅、紫花曼陀羅*D. tatula*和無刺曼陀羅*D. inermis*三種曼陀羅。經實驗分類學的研究證明，它們屬於一個種。花白色或紫色，果實表面有刺或無刺，只是一對基因顯性和隱性的不同，它們在遺傳上是不穩定的。自然界在生長著許多紫花、果有刺的植株中，也雜生著花淡紫色、果實表面無刺而平滑的植株。這些不穩定的變異類型宜歸屬為一個種。

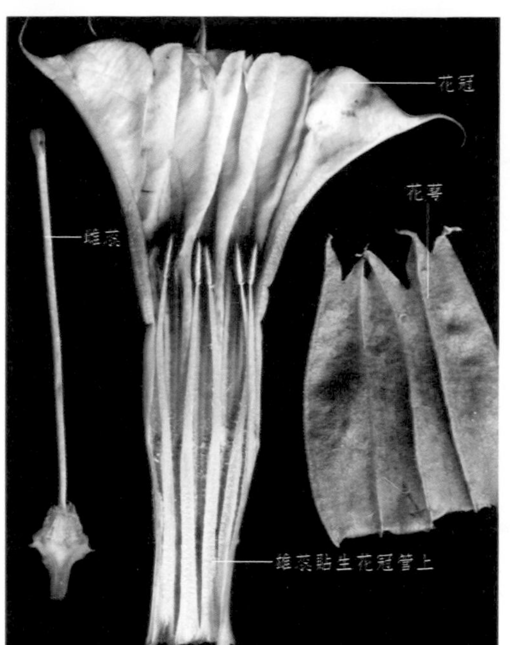

□ 曼陀羅花的解剖圖

□ 曼陀羅果的橫切面

□ 木本曼陀羅*D. arborea*
花能止咳，鎮痙。

枸杞*Lycium chinense*
根皮能涼血除蒸，清肺降火。

枸杞的花

寧夏枸杞*L. barbarum*
果實能滋補肝腎，益精明目。

莨菪*Hyoscyamus niger*
種子能定驚止痛。

顛茄*Atropa belladonna*
全草能解痙止痛。

三分三*Anisodus acutangulus*
根能解痙止痛。

白英*Solanum lyratum*
全草能清熱解毒，息風利濕。

白英的花序

白英的果序

龍葵*S. nigrum*
全草能清熱解毒，活血消腫。

野茄（黃果茄）*S. undatum*
根能鎮痙止痛。

野茄的花

刺顛茄*S. surattense*
根能鎮痙鎮痛。

刺顛茄的花

98. 玄參科 Scrophulariaceae $⚥\uparrow K_{(4\sim5)}\ C_{(4\sim5)}\ A_{4,2}\ \underline{G}_{(2:2:\infty)}$

多草本。葉多對生。花序總狀或聚傘；花冠二唇形；雄蕊著生於花冠管上，多為4枚，二強。子房上位，基部有花盤，心皮2枚，2室，中軸胎座。蒴果。

□ 玄參*Scrophularia ningpoensis*
根能滋陰降火，消腫散結。

□ 玄參的根

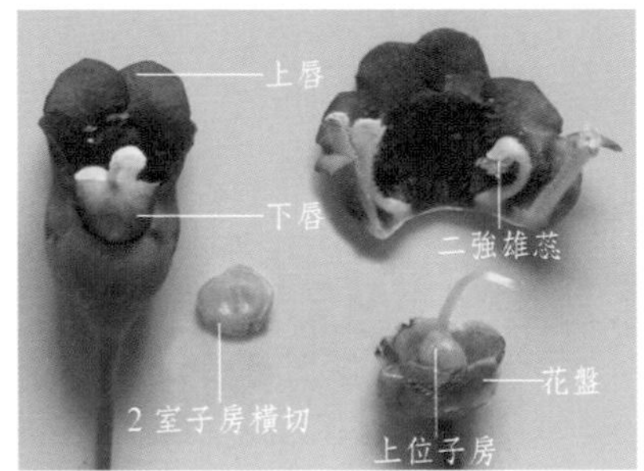

□ 玄參花的解剖圖

□ 地黃*Rehmannia glutinosa*
塊根能清熱涼血，養陰生津。

□ 地黃的野生植株

□ 天目野地黃*R. chingii*
塊根能清熱涼血。

□ 胡黃蓮*Picrorhiza scrophulariiflora*
根莖能清虛熱，燥濕，消疳。

□ 陰行草*Siphonostegia chinensis*
全草能清熱涼血。

□ 鞭打繡球*Hemiphragma heterophyllum*
全草能調經活血。

婆婆納*Veronica didyma*
全草能理氣止痛。

來江藤*Brandisia hancei*
全株能清熱利濕。

草本威靈仙*Veronicastrum sibiricum*
全草能祛風清熱。

腹水草*V. axillare*
全草能消腫散瘀。

99. 紫葳科 Bignoniaceae $⚥ \uparrow K_{(2\sim5)}\ C_{(4\sim5)}\ A_4 \underline{G}_{(2:2\sim4:\infty)}$

喬木、灌木或木質藤本；常具有各式卷鬚及氣生根。葉多對生，多羽狀複葉，葉柄基部或脈腋處常有腺體。花兩性，左右對稱，常大而美麗，聚傘花序、圓錐花序或總狀花序；花萼鐘狀、筒狀；花冠鐘狀或漏斗狀，常二唇形，5裂；能育雄蕊常4枚，具1枚後方退化雄蕊，著生於花冠筒上；花盤環狀，肉質；子房，2室，或因隔膜發達而成4室。蒴果。

凌霄*Campsis grandiflora*
花能行血去瘀，涼血袪風。

凌霄花的解剖圖

美洲凌霄*C. radicans*
功用同凌霄。

□ 硬骨凌霄*Tecomaria capensis*
花能通經利尿。

□ 木蝴蝶*Oroxylum indicum*
種子能清肺利咽，疏肝和胃；樹皮能清熱利濕。

□ 木蝴蝶的果枝

□ 梓樹*Catalpa ovata*
樹皮能清熱利濕，殺蟲止癢。

□ 粉花凌霄*Pandorea jasminoides*
全草能活血祛風。

□ 角蒿*Incarvillea sinensis*
全草能祛風濕，解瘡毒。

100. 苦苣苔科 Gesneriaceae $⚥\uparrow K_{(4)\sim(5)}C_{(4)\sim(5)}A_{4\sim5}\underline{G}_{(2:1:\infty)}$

多年生草本，常具根狀莖、塊莖或匍匐莖，或為灌木。葉為單葉，不分裂。花單生或為雙花聚傘花序（有2朵頂生花）、單歧聚傘花序。果實通常為蒴果。

□ 峨眉半蒴苣苔（降龍草）*Hemiboea omeiensis*
全草能清熱利濕。

□ 吊石苣苔*Lysionotus pauciflorus*
全草能通絡止痛。

□ 大葉鑼*Didissandra sesquifolia*
全草能補腎固精。

101. 列當科 Orobanchaceae $\text{⚥}\uparrow K_4 C_{(5)} A_{2+2} \underline{G}_{(2\sim3:2:2\sim\infty)}$

多年生或一二年生寄生草本。莖常不分枝。葉鱗片狀，螺旋狀排列。花多數，沿莖上部排列成總狀或穗狀花序，或簇生於莖端成近頭狀花序；苞片1枚，常與葉同形；花近無梗或有短梗；花萼筒狀、杯狀或鐘狀；花冠左右對稱，常彎曲，二唇形；雄蕊二強，著生於花冠筒中部或中部以下，與花冠裂片互生；雌蕊子房上位，側膜胎座，胚珠倒生。蒴果。

□ 肉蓯蓉*Cistanche deserticola*

帶鱗葉的肉質莖能補腎陽，益精血，潤腸通便。

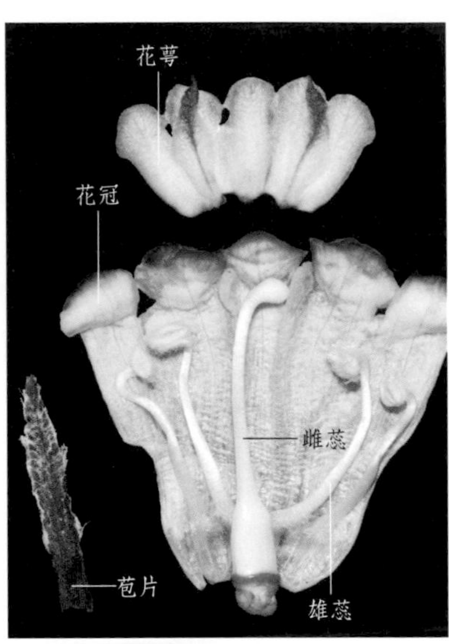

□ 肉蓯蓉花的解剖圖

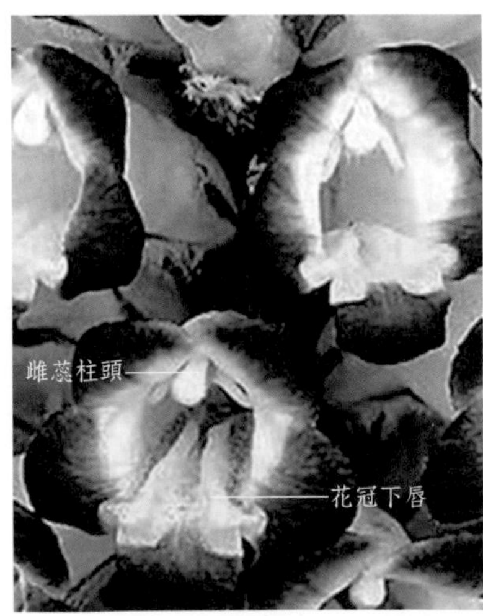

□ 肉蓯蓉花序的局部圖

第十一章 被子植物

□ 肉蓯蓉在新疆于田沙漠中的種植基地

□ 肉蓯蓉在沙漠植物梭梭樹根部出土開花

□ 肉蓯蓉的具毛雄蕊

□ 肉蓯蓉幼體寄生在梭梭根部

□ 管花肉蓯蓉*C. tubulosa*
功用同肉蓯蓉。

□ 管花肉蓯蓉从寄主植物根部長出植物體

□ 管花肉蓯蓉的果序

□ 管花肉蓯蓉的花

第十一章 被子植物

□
管花肉蓯蓉花的解剖圖

□
列當*Orobanche coerulescens*
全草能補腎潤腸。

□
野菰*Aeginetia indica*
全草能清熱解毒。

102. 爵床科 Acanthaceae ⚥↑$K_{(4\sim5)}$ $C_{(4\sim5)}$ $A_{4,2}$ $\underline{G}_{(2:2:1\sim\infty)}$

草本或灌木。莖節常膨大。單葉對生，葉、莖的表皮細胞常含鐘乳體。每花通常具1枚苞片和2枚小苞片；花常為聚傘花序再組成其他花序，少單生或成總狀；花萼4～5裂，常為二形或裂片相等；雄蕊2或4枚，若為4枚則為二強；子房上位，下部常有花盤。蒴果背開裂。種子通常著生於胎座的鉤狀物上。

□ 爵床*Rostellularia procumbens*
全草能清熱利尿。

□ 穿心蓮*Andrographis paniculata*
全草能清熱解毒，消腫止痛。

□ 穿心蓮的花

□ 馬藍*Strobilanthes cusia*
葉、根能清熱解毒。

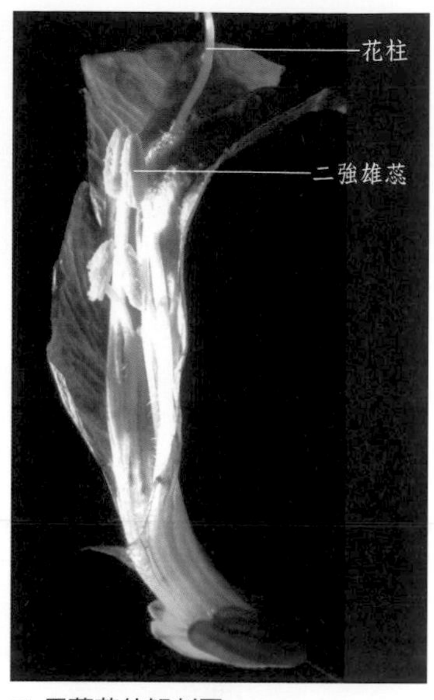

□ 馬藍花的解剖圖

□
球花馬藍*S. pentstemonoides*
全草能清熱解毒，涼血消斑。

□
駁骨丹*Gendarussa vulgaris*
全草能活血，祛風濕。

□ 大駁骨丹*G. ventricosa*
全草能活血止痛，化瘀接骨。

□ 狗肝菜*Dicliptera chinensis*
全草能清熱解毒，利尿。

第十一章 被子植物

□
老鼠簕*Acanthus ilicifolius*
枝葉能清熱解毒，散瘀止痛，化痰利濕。

□
水蓑衣*Hygrophila salicifolia*
全草能止咳化痰。

103. 胡麻科 Pedaliaceae $⚥\uparrow K_{(4\sim5)}\ C_{(5)}\ A_4\underline{G}_{(2\sim4:2\sim4:\infty)}$

一年生或多年生草本。葉對生或生於上部的互生。花左右對稱，單生、腋生或組成頂生的總狀花序；花梗短，苞片缺或極小。蒴果，常覆以硬鉤刺或翅。

芝麻*Sesamum indicum*
種子能補肝腎，益精血，潤腸燥。

芝麻的花

芝麻的蒴果和種子

104. 車前科 Plantaginaceae $\male\!\!\!\!\female * K_{(4)} C_{(4)} A_4 \underline{G}_{(2:2:1\sim\infty)}$

草本。單葉，螺旋狀互生，常排成蓮座狀；弧形脈3~11條。穗狀花序，花序梗細長；每花具1枚苞片；花兩性，花萼花冠均4裂；雄蕊4枚；雌蕊由背腹向2枚心皮合生而成，雄雌蕊明顯外伸，子房上位，2室，中軸胎座。常為周裂蒴果。

□ 車前*Plantago asiatica*
全草、種子能清熱利尿，涼血解毒。

□ 車前的周裂蒴果（蓋裂蒴果）

□ 車前的花序

□ 平車前*P. depressa*
功用同車前。

□ 車前鬚根系與平車前直根系對比圖

□ 大車前*P. major*
功用同車前。

□ 北美毛車前*P. virginica*
全草能清熱利尿，涼血解毒。

105. 茜草科 Rubiaceae ⚥ * $K_{(4\sim5)}$ $C_{(4\sim5)}$ $A_{4\sim5}\overline{G}_{(2:2:1\sim\infty)}$

木本或草本。莖常具四棱。單葉對生或輪生，常全緣；具各式托葉。二歧聚傘花序排成圓錐狀或頭狀，有時單生。花常兩性，輻射對稱；花冠4~5裂；雄蕊與花冠裂片同數互生；子房下位，常2枚心皮，合生。蒴果、漿果或核果。

□ 茜草*Rubia cordifolia*
根能涼血止血，祛瘀通經。

□ 茜草的花（茜草花雄蕊先發育，雌蕊發育時，雄蕊退位，以利異花授粉，避免近親繁殖。）

□ 梔子*Gardenia jasminoides*
果實能清熱瀉火，解毒。

□ 梔子花的解剖圖

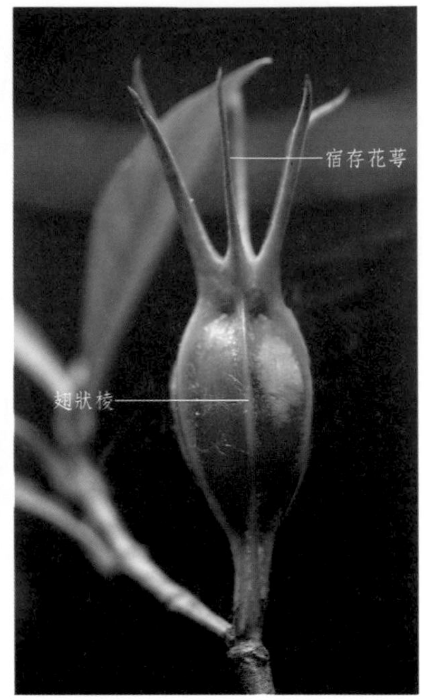

□ 梔子的果枝

□ 梔子的枝葉

□ 白花蛇舌草*Hedyotis diffusa*
全草能清熱解毒，活血散瘀。

□ 傘房花耳草*H. corymbosa*
全草能清熱解毒。

□ 雞矢藤*Paederia scandens*
全株能消食，利濕。

□ 鉤藤*Uncaria rhychophylla*
莖枝能平肝定驚。

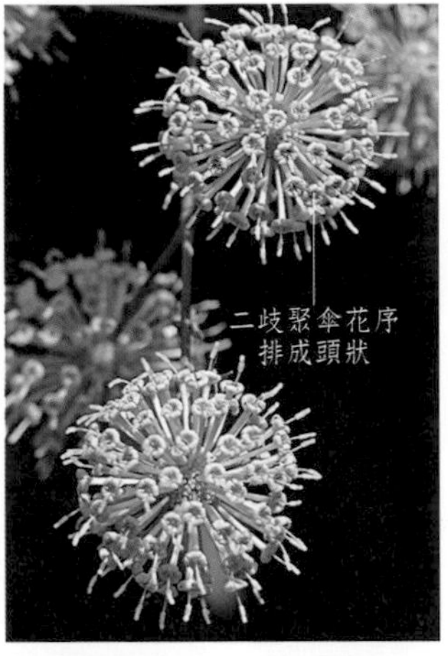

□ 鉤藤的花

□ 大葉鉤藤*U. macrophylla*
功用同鉤藤。

□ 華鉤藤*U. sinensis*
功用同鉤藤。

□ 華鉤藤的果枝

□
咖啡*Coffea arabica*
果實能興奮神經，利尿。

巴戟天*Morinda officinalis*
根能補腎強筋。

巴戟天的根

紅大戟*Knoria valerianoides*
塊根能瀉水消腫。

106. 忍冬科 Caprifoliaceae $⚥ * \uparrow K_{(4\sim5)} C_{(4\sim5)} A_{4\sim5} \overline{G}_{(2\sim5:1\sim5:1\sim\infty)}$

木本，稀草本。葉對生，單葉，少為羽狀複葉；常無托葉。聚傘花序；花兩性，輻射對稱或兩側對稱；花萼4~5裂；花冠管狀，通常5裂，有時二唇形；雄蕊和花冠裂片同數互生，著生花冠管上；子房下位，2~5枚心皮，形成1~5室，通常為3室，每室通常1枚胚珠，有時僅1室發育。漿果、核果或蒴果。

忍冬*Lonicera japonica*
花、莖枝能清熱解毒，通絡。

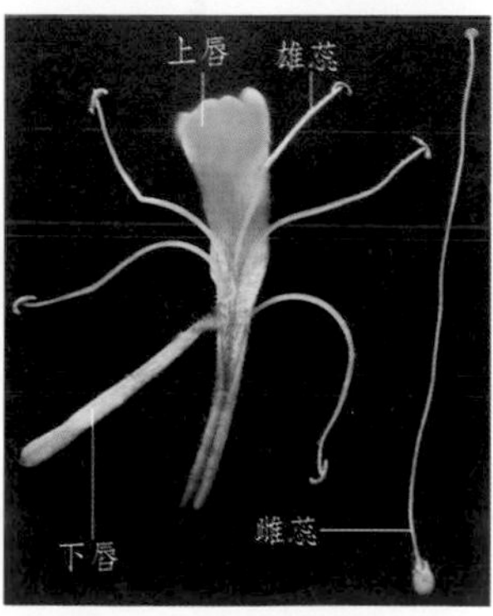

忍冬花的解剖圖

□ 華南忍冬*L. confuse*
功用同忍冬。

□ 淡紅忍冬*L. acuminata*
功用同忍冬。

□ 紅腺忍冬*L. hypoglauca*
功用同忍冬。

□ 黃褐毛忍冬*L. fulvotomentosa*
功用同忍冬。

□ 灰氈毛忍冬
L. macranthoides
功用同忍冬。

□ 接骨木*Sambucus williamsii*
全株能接骨續筋，活血。

□ 接骨木的果枝

□ 接骨草*S. chinensis*
全草能祛風活絡，散瘀消腫。

□ 接骨草的花

107. 敗醬科 Valerianaceae $⚥\uparrow K_{5\sim15}C_{(3\sim5)}A_{3\sim4}\overline{G}_{(3:3:1)}$

多年生草本，全體通常具強烈臭氣或香氣。葉對生或基生，多為羽狀分裂。花小，多為兩性，稍不整齊；聚傘花序；萼各式；花冠筒狀，基部通常有偏突的囊或距，上部3～5裂；雄蕊3或4枚，著生花冠筒上，子房下位，由3枚心皮合成3室，僅1室發育，含 1 枚胚珠，由室頂倒垂。瘦果。有時頂端的宿存花萼成冠毛狀，或與增大的苞片相連成翅果狀。

◘ 白花敗醬*Patrinia villosa*
全草能清熱解毒，消腫排膿。

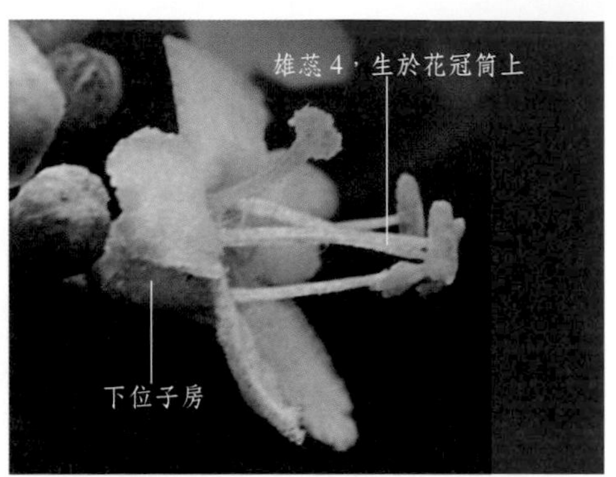

◘ 白花敗醬的花

◘ 黃花敗醬*P. scabiosaefolia*
功用同白花敗醬。

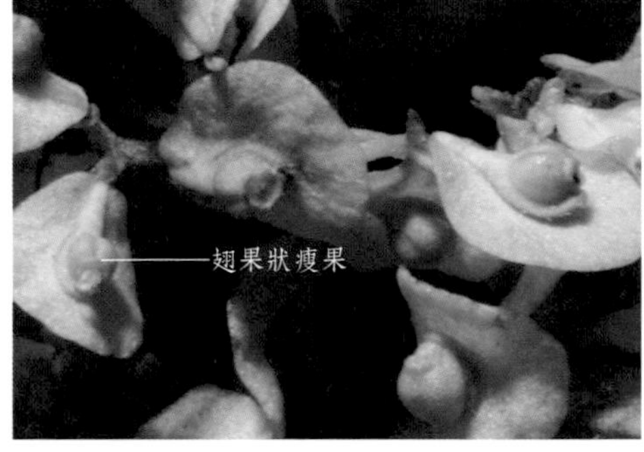

◘ 黃花敗醬的果

□ 甘松*Nardostachys chinesis*
根及根莖能理氣止痛，開鬱醒脾。

□ 纈草*Valeriana officinalis*
根及根莖能安神，理氣止痛。

□ 心葉纈草（蜘蛛香）*V. jatamansi*
根及根莖能養血生血。

□ 心葉纈草的花

108. 川續斷科 Dipsacaceae ⚥↑$K_{(5\sim\infty)}C_{(4\sim5)}A_{4,2}\overline{G}_{(2:1:1)}$

多為草本，莖被長毛或有刺。葉常對生，無托葉。花序為具總苞的頭狀花序或為穗狀輪傘花序，兩性，花萼邊緣有刺或全裂成針刺狀或羽毛狀剛毛；花冠漏斗狀，4~5裂，二唇形；雄蕊4枚，有時2枚，著生在花冠管上，和花冠裂片互生；雌蕊後發育，子房下位，花柱單一，柱頭頭狀或2裂。瘦果位於小總苞中，常冠以宿存的花萼。

川續斷*Dipsacus asperoides*
根能強筋骨，續筋接骨，活血祛瘀。

川續斷的頭狀花序

川續斷的肉質根

麗江續斷*D. lijiangensis*
功用同川續斷。

麗江續斷的果序

109. 葫蘆科 Cucurbitaceae $♂*K_{(5)}C_{(5)}A_{5,(3\sim5)}$；$♀*K_{(5)}C_{(5)}\overline{G}_{(3:1:\infty)}$

草質藤本。葉互生，常為單葉，掌狀分裂，有時為鳥趾狀複葉，具卷鬚。花單性，同株或異株，輻射對稱；花萼及花冠聯合，裂片5，少為離瓣花冠；雄蕊3或5枚，分離或各式合生，花藥通直或折曲；子房下位，3枚心皮組成1室，側膜胎座，常在中間相遇，少為3室。瓠果。

絞股藍*Gynostemma pentaphyllum*
全草能清熱解毒，止咳化痰。

絞股藍的雄花

□ 栝蔞*Trichosanthes kirilowii*
果實、根能清熱化痰，降火潤燥。

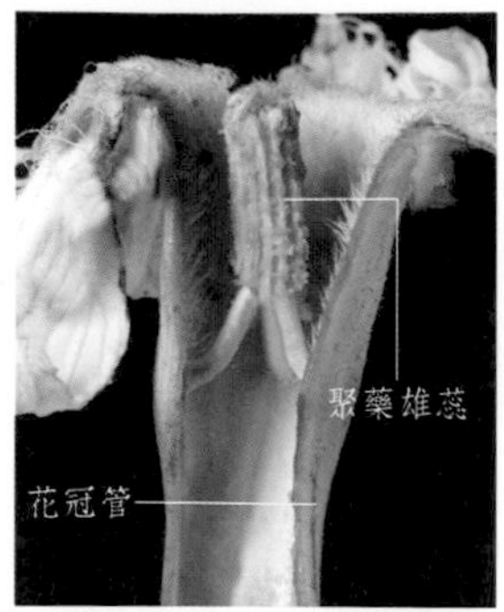

□ 中華栝蔞雄花的解剖圖

□ 栝蔞的果

□ 中華栝蔞（雙邊栝蔞）*T. rosthornii*
功用同栝蔞。

羅漢果*Siraitis grosvenorii*
果實能潤肺止咳。

木鱉*Momordica cochinchinensis*
種子能解毒，消腫，散結。

木鱉的果枝

苦瓜*M. charantia*
果實能清熱解毒，降血糖。

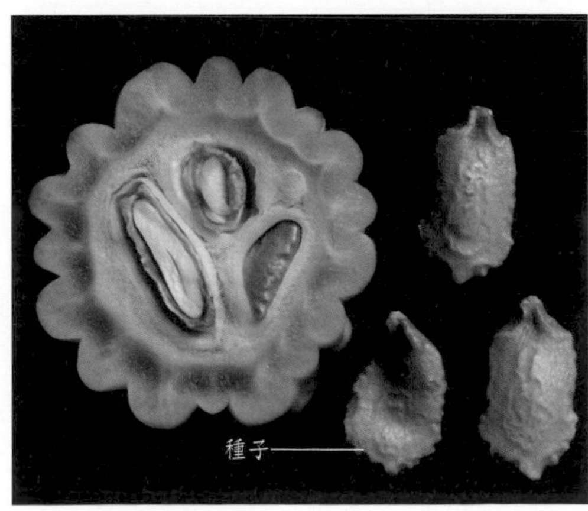

苦瓜果實的解剖圖

□ 絲瓜*Luffa cylindrica*
果實的維管束（絲瓜絡）能通絡。

□ 冬瓜*Benincasa hispida*
果皮能利尿消腫。

□ 雪膽*Hemsleya chinensis*
塊根能清熱利濕。

□ 西瓜*Citrullus lanatus*
果皮能清熱利尿。

110. 桔梗科 Campanulaceae $⚥ * K_{(5)} C_{(5)} A_5 \overline{G}_{(2\sim5:2\sim5:\infty)}, \underline{G}_{(2\sim5:2\sim5:\infty)}$

草本，常具乳汁。單葉互生，少為對生或輪生。花兩性，輻射對稱或兩側對稱；花萼常5裂，宿存；花冠常鐘狀或管狀，5裂；雄蕊5枚；雌蕊1枚，子房下位或半下位，心皮3枚，稀2或5枚，合生，中軸胎座。蒴果，稀漿果。

□ 桔梗*Platycodon grandiflorum*
根能宣肺祛痰，排膿消腫。

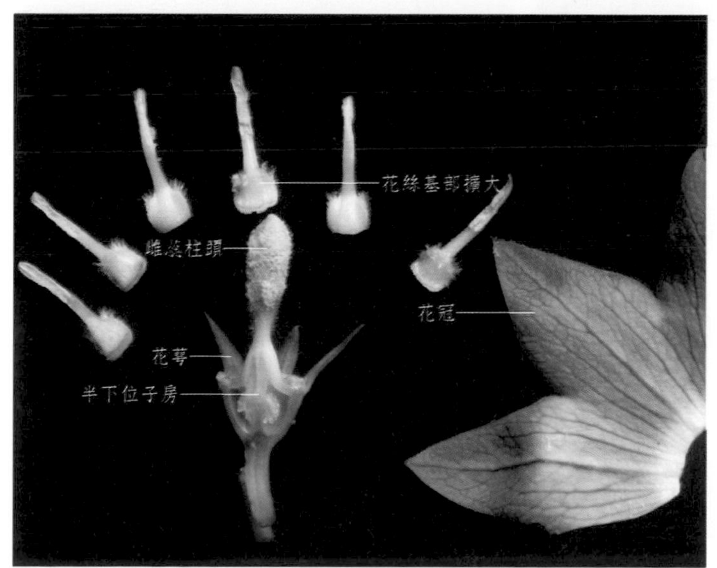

□ 桔梗花的解剖圖

□ 桔梗的花枝

□ 桔梗的成熟果

□ 黨參*Codonopsis pilosula*
根能補脾益氣，生津。

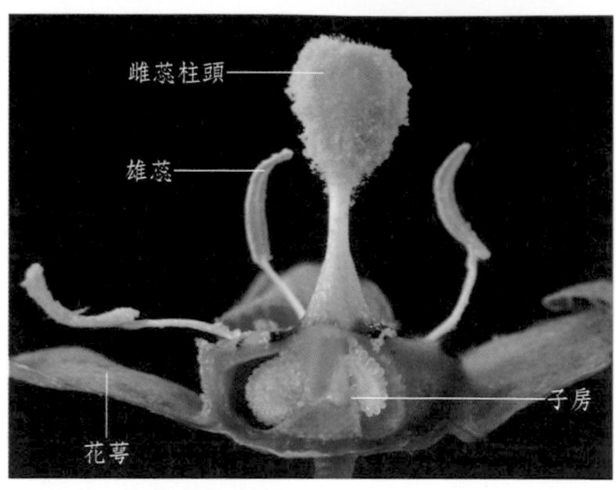

□ 黨參去花冠的縱剖圖

□ 大花金錢豹*Campanumoea javanica*
根能補肺下乳。

□ 四葉參*C. lanceolata*
根能通乳排膿。

□ 沙參*Adenophora stricta*
根能養陰清肺，祛痰止咳。

沙參花的解剖圖

輪葉沙參*A. tetraphylla*
功用同沙參。

半邊蓮*Lobelia chinensis*
全草能解毒消腫。

銅錘玉帶草*Pratia nummularia*
全草能祛風濕。

111. 菊科 Asteraceae（Compositae） ⚥ $* \uparrow K_{0\sim\infty} C_{(3\sim5)} A_{(4\sim5)} \overline{G}_{(2:1:1)}$

常為草本。單葉互生，有的具乳汁或樹脂道。頭狀花序外為總苞圍繞，頭狀花序可再集成總狀、傘房狀等複花序。花多兩性，少單性或中性；萼片常變為冠毛，或成針狀（鬼針草屬）、鱗片狀（勝紅薊屬）或缺（紅花屬）；花冠合瓣，通常分為管狀或舌狀；雄蕊5枚，稀4枚，聚藥；雌蕊由2枚心皮合生，1室，子房下位，具1枚倒生胚珠，柱頭2裂。連萼瘦果。

□ 菊（杭菊）*Chrysathemum morifolium*
花能清熱解毒，疏風明目。

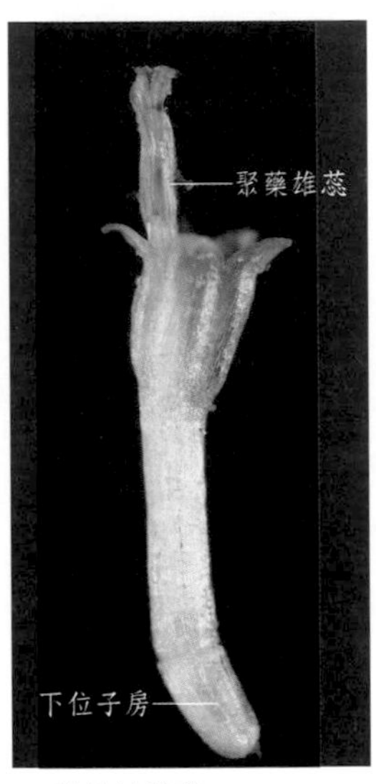

□ 菊的管狀花

□ 菊的舌狀花

□ 菊（黃杭菊）

□ 菊（滁菊）
功用同菊。

野菊*C. indicum*
花能清熱解毒，瀉火平肝。

蒼朮*Atractylodes lancea*
根莖能健脾燥濕，祛風。

白朮*A. macrocephala*
根莖能補脾健胃，燥濕化痰。

蒼耳*Xanthium sibiricum*
果實能散風除濕，通鼻竅。

蒼耳的果實

□ 紅花*Carthamus tinctorius*
花能活血通經，祛瘀止痛。

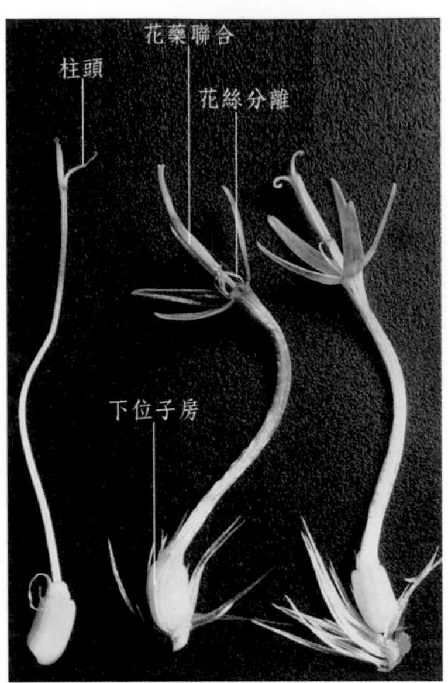

□ 紅花的解剖圖

□ 木香*Aucklandia lappa*
根能行氣止痛，健脾消食。

□ 牛蒡*Arctium lappa*
種子能疏散風熱，透疹利咽。

□ 旋覆花*Inula japonica*
花能化痰降氣，軟堅行水。

□ 大薊*Cirsium japonicum*
全草能散瘀消腫，涼血止血。

□ 刺兒菜*C. setosum*
全草能涼血止血，消散癰腫。

□ 佩蘭*Eupatorium fortunei*
全草能芳香化濕，醒脾，發表清暑。

□ 紫菀*Aster tataricus*
根莖及根能潤肺，祛痰止咳。

□ 豨薟草*Siegesbeckia orientalis*
全草能祛風濕，利關節。

□ 艾*Artemisia argyi*
葉能散寒止痛，溫經止血。

□ 黃花蒿*A. annua*
莖葉能清熱祛暑，涼血截瘧。

□ 茵陳蒿*A. capillaris*
莖葉能清濕熱，退黃疸。

□ 鬼針草*Bidens pilosa*
全草能清熱解毒，散瘀消腫。

□ 白花鬼針草*B. pilosa* var. *radiata*
功用同鬼針草。

□ 苦苣菜*Sonchus oleraceus*
全草能清熱解毒，散結。

□ 蒲公英*Taraxacum mongolicum*
全草能清熱解毒，消腫散結。

□ 蒲公英的果序

□ 水飛薊*Silybum marianum*
果實能保肝利膽。

□ 松果菊*Echinacea purpurea*
花能提高機體免疫力。

□ 新疆雪蓮*Saussurea involucrata*
全草能活血通經。

□ 水母雪兔子*S. medusa*
全草能祛風濕，調經。

□ 耆草*Achillea millefolium*
全草能清熱解毒。

□ 艾納香*Blumea balsamifera*
全草能祛風除濕。

□ 一枝黃花*Solidago decurrens*
全草能疏風解毒。

□ 千里光*Senecio scandens*
全草能清熱解毒，明目退翳。

二 單子葉植物綱 Monocotyledoneae

單子葉植物多為多年生草本（竹類、棕櫚類除外），鬚根系。莖中維管束散生，常無形成層；平行葉脈（天南星科、薯蕷科和百部科除外）。花各部基數多為3（百部科除外），子葉1枚。主要藥用種類如下。

112. 香蒲科 Typhaceae $♂ * P_0A_{1\sim3}; ♀ P_0\underline{G}_{(1:1:1)}$

多年生沼生、水生草本。根狀莖橫走，鬚根多。葉二列互生。花單性，雌雄同株，花序穗狀；雄花序生於上部至頂端，花期時比雌花序粗壯；雌性花序位於下部；苞片葉狀，著生於雌雄花序基部，亦見於雄花序中；雄花無被，常由1~3枚雄蕊組成；雌花無被，子房柄基部至下部具白色絲狀毛。果實紡錘形、橢圓形，果皮膜質，透明，或灰褐色，具條形或圓形斑點。

□ 東方香蒲*Typha orientalis*
花粉能止血，化瘀，通淋。

□ 東方香蒲的果期植株

□ 水燭香蒲*T. angustifolia*
功用同東方香蒲。

113. 黑三棱科　Sparganiaceae　$♂ * P_{3\sim6}A_{3,\infty}; ♀ P_{4\sim6}\underline{G}_{(1:1:1)}$

水生或沼生草本。葉扁平條形，二列互生。多個雄性和雌性頭狀花序組成總狀花序或穗狀花序；雄花被片3~6，膜質，雄蕊通常3枚或更多；雌花具小苞片，膜質，鱗片狀，短於花被片，花被片4~6枚，子房無柄或有柄，1室，稀2室，胚珠1枚。果實為堅果狀或核果狀。

□ 黑三棱*Sparganium stoloniferum*
塊莖能祛瘀通經，破血消癥，行氣消積。

□ 小黑三棱*S. simplex*
功用同黑三棱。

□ 黑三棱的雌花（先發育）

□ 黑三棱的雄花（後發育）

□ 黑三棱的果枝

第十一章　被子植物

114. 澤瀉科 Alismataceae $⚥ * P_{3+3} A_{6\sim\infty} \underline{G}_{6\sim\infty:1:1}$；$♂ * P_{3+3} A_{6\sim\infty}$；$♀ * P_{3+3} \underline{G}_{6\sim\infty:1:1}$

草本，水生或沼生。具塊莖或球莖。單葉，常基生，基部鞘狀。花常輪生於花葶上組成總狀或圓錐花序；花三數，兩性或單性，花被片6枚，外輪萼片狀，宿存；內輪花瓣狀，脫落；雄蕊6至多數；心皮6至多數，離生，常螺旋狀排列在花托上。聚合瘦果，每瘦果含1枚種子。

□ 澤瀉*Alisma orientale*
塊莖能利尿，清熱解毒。

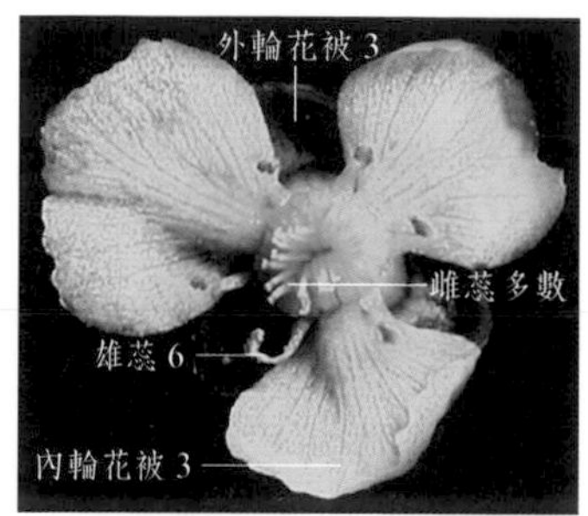

□ 澤瀉的兩性花

□ 澤瀉的塊莖

□ 野慈姑 *Sagittaria trifolia*
全草能解毒療瘡，清熱利膽。

□ 慈姑*S. trifolia* var. *sinensis*
球莖能清熱止血，解毒，消腫散結。

□ 慈姑的球莖

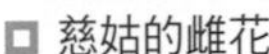
慈姑的雌花

慈姑的雄花

115. 禾本科 Gramineae（Poaceae） ⚥ $* P_{2\sim3} A_{3\sim6} \underline{G}_{(2\sim3:1:1)}$

草本（禾亞科）或木本（竹亞科）。地上莖稱稈，稈的節間明顯，節間常中空。單葉互生成2列；葉鞘包稈，通常一側開裂；葉片常狹長，平行脈，中脈明顯；葉舌膜質或退化為一圈毛狀物，有的葉鞘頂端有葉耳。花序種種，由小穗集成；小穗基部生有2枚穎片，下方的稱外穎，上方的稱內穎；花高度簡化，外包有外稃和內稃，外稃較厚硬，頂端或背部常有芒（苞片），內稃膜質；子房基部有2枚漿片（花被）；雄蕊多為3~6枚，花絲細長，花藥長大，花粉輕小，易被風吹送散布；雌蕊柱頭2個，多羽毛狀，易接受由風傳來的花粉。穎果。

小麥*Triticum aestivum*
發芽果實能止汗解毒。

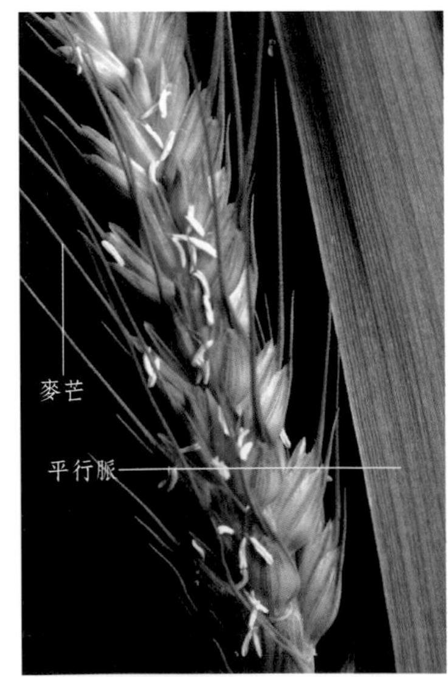

小麥的複穗狀花序

□ 大麥*Hordeum vulgare*
芽能消食和中，疏肝通乳。

□ 稻*Oryza sativa*
芽能消食和中，健脾開胃。

□ 玉米*Zea mays*
花柱能清血熱，利尿。

□ 玉米的雄花序

□ 蘆葦*Phragmites communis*
根莖能清熱生津，除煩。

□ 薏苡*Coix lacryma-jobi* var. *ma-yuen*
種子能健脾利濕。

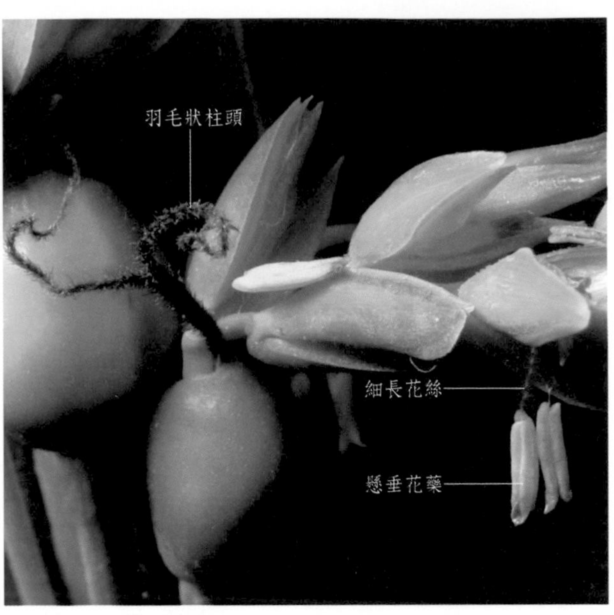

□ 薏苡風媒花的結構圖

□ 淡竹葉*Lophatherum gracile*
全草能清熱利尿。

□ 淡竹葉的塊根

□ 白茅*Imperata cylindrica* var. *major*
根莖能清熱利尿，涼血。

□ 青稈竹*Bambusa tuldoides*
莖絨能清熱化痰，除煩止嘔。

□ 青皮竹*B. textilis*
杆內分泌物能清熱豁痰。

□ 苦竹*Pleioblastus amarus*
葉能清熱除煩。

竹子一生中只開一次花，開完花後就枯死，花不作為主要的分類特徵，分類主要依據竹節、稈籜、枝生葉。

116. 莎草科　Cyperaceae　$⚥ * P_0A_3\underline{G}_{(2\sim3:1:1)}$；$♂ * P_0A_3$；$♀ * P_0\underline{G}_{(2\sim3:1:1)}$

草本。常具根狀莖。稈多實心，常三棱形。葉片線形，有封閉的葉鞘。花單生於鱗片腋內，兩性或單性，由2至多朵組成小穗，小穗再集作各式花序，花序下面常有片狀、剛毛狀、鱗片狀的苞片；穎片成2列或螺旋狀排列；花被退化為下位鱗片或剛毛或無被；雄蕊常3枚；雌蕊子房上位，花柱單一，柱頭2~3個。小堅果，有時為苞片形成的果囊所包裹。

□ 荸薺*Heleocharis dulcis*
球莖能清熱生津，開胃。

□ 荸薺的球莖

□ 香附*Cyperus rotundus*
塊莖能行氣解鬱，調經止痛。

雄蕊 3
柱頭 3，絲狀

□ 香附花的小穗

□ 荊三棱*Scirpus yagara*
塊莖能活血化瘀。

□ 荊三棱的雌花序

□ 荊三棱的果序

水蜈蚣*Kyllinga brevifolia*
全草能解表，清熱利濕。

漿果苔草*Carex baccans*
種子能透疹止咳。

117. 棕櫚科 Palmae $⚥ * P_{3+3}A_{3+3}\underline{G}_{(3:1\sim3:1)}$；$♂ * P_{3+3}A_{3+3}$；$♀ * P_{3+3}\underline{G}_{(3:1\sim3:1)}$

喬木或灌木，稀藤本。莖常不分枝。葉互生，常聚生莖頂，常綠，掌狀或羽狀分裂，葉柄基部常有擴大成纖維的鞘。肉穗花大型，常具佛焰苞1至數枚；花小，淡綠色，輻射對稱，兩性、單性同株或異株；花被2輪，每輪3枚，離生或合生；雄蕊常6枚；心皮常3枚，分離或合生，子房上位，1~3室，每室1枚胚珠。漿果、核果或堅果，外果皮常纖維質。

蒲葵*Livistona chinensis*
種子能抗腫瘤。

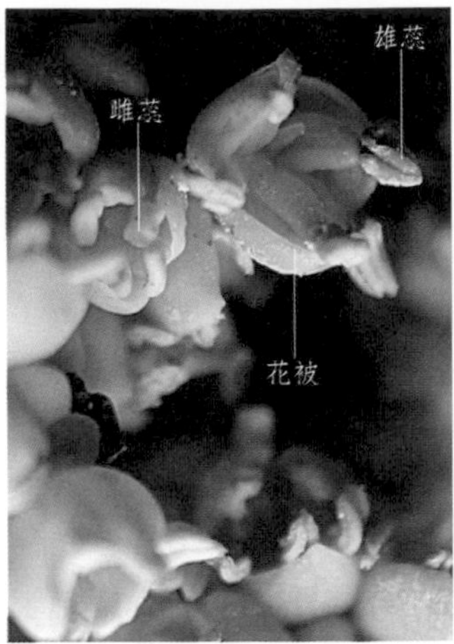

□ 棕櫚*Trachycarpus fortunei*
葉鞘纖維煅後能收斂止血，止瀉。

□ 棕櫚的纖維葉鞘

□ 棕櫚的雄花

□ 檳榔*Areca catechu*
種子能殺蟲消積；果皮能下氣行水。

□ 檳榔的花序

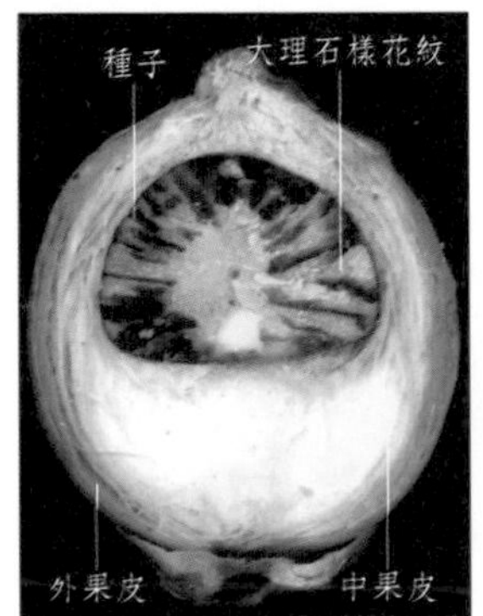

□ 檳榔果實的縱剖圖

□ 檳榔林

118. 天南星科 Araceae $♂ * P_0 A_{(1\sim8),(\infty),1\sim8,\infty}; ♀ * P_0 \underline{G}_{1\sim\infty:1\sim\infty}; ⚥ * P_{4\sim6} A_{4\sim6} \underline{G}_{(1\sim\infty:1\sim\infty:1\sim\infty)}$

多草本。單葉或複葉，葉柄基部常具膜質鞘；網狀脈。肉穗花序，總苞片特化呈火焰狀，稱佛焰苞。花兩性或單性；單性花雌雄同株（同序）或異株；同序者雌花群在下部，雄花群在上部，雌、雄花群間時有中性花（不育雄花）相隔；單性花不具花被，兩性花具有4~6個花被。漿果，密集於肉質花序軸上。天南星科菖蒲屬植物的佛焰苞實為與花序軸合生的葉片，其他如胚胎學、解剖學、化學、分子生物學等特徵，也與本科其他屬植物顯著不同，有學者將其另立為菖蒲科Acoraceae。

□ 天南星*Arisaema consanguineum*
塊莖能燥濕化痰。

天南星的雌花序

天南星的雄花序

天南星的果序

東北天南星*A. amurense*
功用同天南星。

象南星*A. elephas*
塊莖能燥濕止痛。

□ 異葉天南星*A. heterophyllum*
功用同天南星。

□ 掌葉半夏*Pinellia pedatisecta*
塊莖能燥濕化痰，消腫散結。

□ 半夏*P. ternata*
塊莖能燥濕化痰，降逆止嘔。

□ 半夏的解剖圖

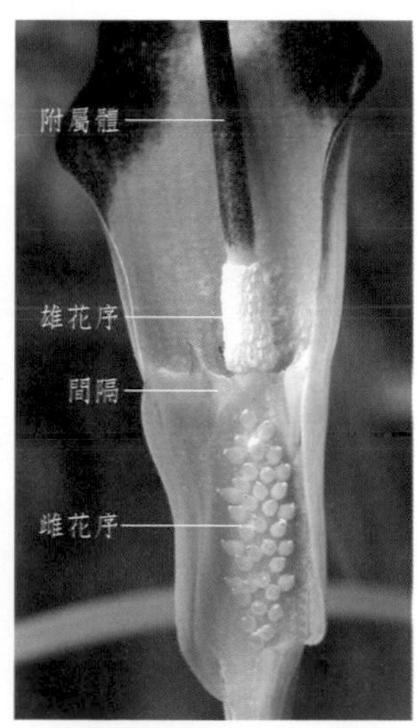

□ 半夏的肉穗花序（雌雄同株）

半夏雌雄花序的間隔有避免同株授粉的作用，但在無昆蟲進行異株授粉時，同株花粉也可以通過間隔空隙與下部的雌花進行同株異花授粉，以確保能夠成功授粉，繁衍後代。

獨角蓮
Typhonium giganteum
塊莖能祛風痰，定驚止痛。

犁頭尖*T. divaricatum*
塊莖能解毒，治蛇傷。

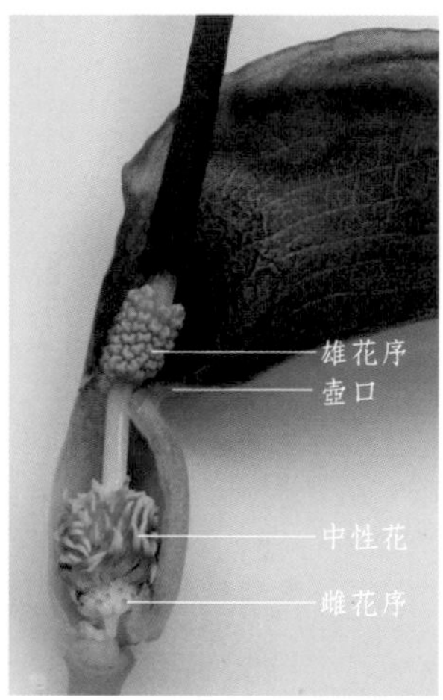

犁頭尖特化的肉穗花序

犁頭尖的總苞和尾狀附屬物的腐肉色和氣味引誘小蠅鑽入壺部，壺口收緊，困住小蠅將帶來的花粉為雌花授粉後，雄花散出花粉，壺口鬆開，讓小蠅帶著花粉飛出。

鞭檐犁頭尖（水半夏）*T. flagelliforme*
功用同半夏。

千年健*Homalomena occulta*
根莖能祛風濕，強筋骨。

□ 石菖蒲*Acorus tatarinowii*
根莖能開竅化痰，理氣活血。

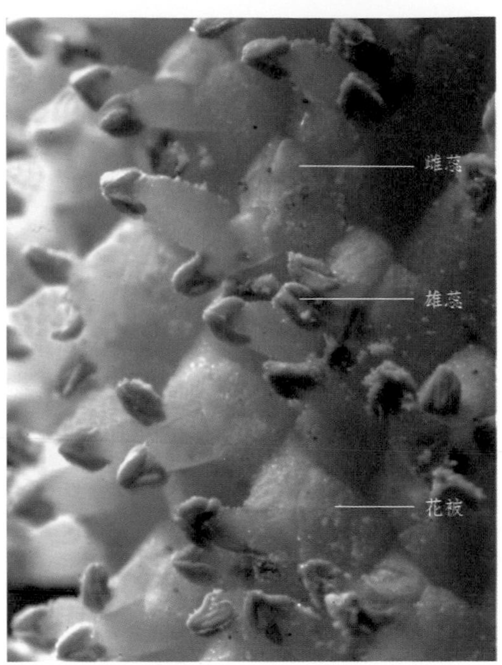

□ 石菖蒲花序的局部

□ 石菖蒲花序軸與葉的關係圖

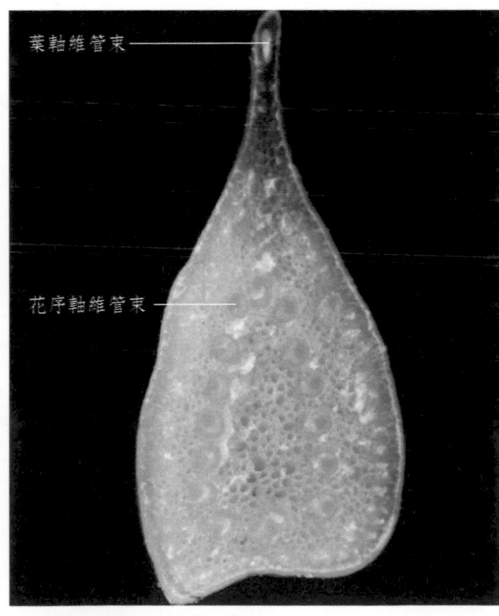

□ 石菖蒲花序軸的橫切面

菖蒲屬植物的花序軸切面顯示另有葉軸維管束，證明葉狀佛焰苞實為與花序軸合生的葉片。

□ 水菖蒲*A. calamus*
根莖能開竅化痰，健脾利濕。

□ 水菖蒲的花序

119. 浮萍科 Lemnaceae ♂ * P_0A_1；♀ * $P_0\underline{G}_{(1:1:1)}$

飄浮或沉水小草本。莖不發育，以圓形或長圓形的小葉狀體形式存在；葉狀體綠色，扁平。根絲狀，有的無根。很少開花，主要為無性繁殖。花單性，無花被，著生於莖基的側囊中。果不開裂。

□
青萍*Lemna minor*
全草能發汗透疹，清熱利水。

紫萍*Spirodela polyrhiza*
功用同青萍。

紫萍的葉狀體背面紫色，根絲狀

120. 穀精草科 Eriocaulaceae $♂*K_{(3)}C_{(3)}A_{3+3};♀*K_{(3)}C_3\underline{G}_{(3:3:1)}$

一年生或多年生沼生或水生草本，通常高僅30公分。葉狹窄，基部鞘狀，螺旋狀著生在莖上，具方格狀的「膜孔」。頭狀花序向心式開放；花小，單性，集生於光禿或具密毛的總（花）托上，通常雌花與雄花同序，3或2基數，花被2輪，有花萼、花冠之分。蒴果小。

穀精草*Eriocaulon buergerianum*
帶花莖的頭狀花序能疏散風熱，明目退翳。

□ 穀精草的果枝

□ 華南穀精草*E. sexangulare*
功用同穀精草。

121. 鴨跖草科 Commelinaceae ⚥ $* K_3C_3A_{3+3}\underline{G}_{(3:2\sim3:1\sim\infty)}$

草本。莖有明顯的節和節間。葉互生，葉鞘開口或閉合。花常為聚傘花序，頂生或腋生，總苞片佛焰苞狀。花兩性；萼片3枚；花瓣3枚；雄蕊6枚；全育或僅2~3枚能育，其餘退化；子房3室，或退化為2室，每室有1至數枚直生胚珠。蒴果。

□ 鴨跖草*Commelina communis*
全草能清熱，解毒，利尿。

□ 鴨跖草的花序

□ 紫鴨跖草*C. purpurea*
全草能活血，止血，解蛇毒。

□ 痰火草*Murdannia bracteata*
全草能化痰，通淋。

□ 聚花草*Floscopa scandens*
全草能清熱解毒，利尿。

蚌花*Tradescantia spathacea*
葉能清熱化痰，涼血止痢。

杜若*Pollia japonica*
全草能理氣止痛，疏風消腫。

122. 燈心草科 Juncaceae ⚥ * $P_{3+3}A_6\underline{G}_{(3:1:\infty)}$

多年生水生或沼生草本。根狀莖直立或橫走。莖多叢生，表面常具縱溝棱，內部具充滿或間斷的髓心或中空。葉全部基生成叢或具莖生葉數片，常排成3列；葉片線形、圓筒形、披針形。花單生或集生成穗狀或頭狀；花小型，兩性；花被片排成2輪；雄蕊與花被片對生；雌蕊子房上位。蒴果。

野燈心草*Juncus setchuensis*
全草能清心火，利小便。

燈心草*J. effusus*
莖髓能清心火，利小便。

燈心草的花序

燈心草髓心的一種藥用加工品

123. 百部科 Stemonaceae ⚥ * $P_{2+2}A_{2+2}\underline{G}$，$\underline{\underline{G}}_{(2:1:2\sim\infty)}$

多年生草本或亞灌木。通常具肉質塊根。單葉互生、對生或輪生，網狀葉脈。花兩性，輻射對稱。花基數為2，花被花瓣狀；雄蕊藥隔頂端通常延伸呈鑽狀條形；子房上位或半下位，1室，胚珠2至多數，生室底或自室頂懸垂，柱頭單一或2~3淺裂。蒴果開裂為2瓣。

□ 對葉百部*Stemona tuberosa*
塊根能潤肺止咳，殺蟲。

□ 對葉百部的花蕊

□ 對葉百部的花

□ 直立百部*S. sessilifolia*
功用同對葉百部。

□ 蔓生百部*S. japonica*
功用同對葉百部。

□ 蔓生百部的花

124. 百合科 Liliaceae ⚥ * $P_{3+3,\ (3+3)}\ A_{3+3}\ \underline{G}_{(3:3:1\sim\infty)}$

多草本。具根狀莖、鱗莖或塊根。單葉，互生或基生，少有輪生或對生，葉有時退化為膜質鱗片，莖扁化成葉狀枝。花序種種；花常兩性，輻射對稱；花被6枚，花瓣狀，2輪排列，分離或合生；雄蕊6枚；子房上位，3枚心皮生成3室，中軸胎座，胚珠多數。蒴果或漿果。

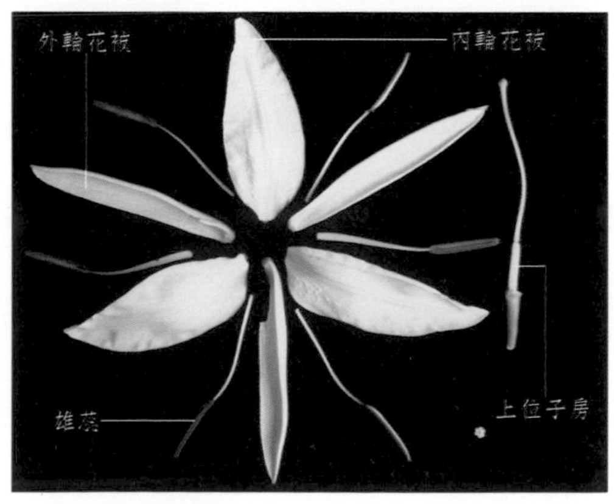

□ 百合*Lilium brownii* var. *viridulum*
鱗莖能養陰潤肺，清心安神。

□ 百合花的解剖圖

□ 卷丹*L. lancifolium*
功用同百合。

□ 山丹*L. pumilum*
功用同百合。

□ 大百合*Cardiocrinum giganteum*
鱗莖能清肺止咳。

□ 大百合的果序

□ 川貝母*Fritillaria cirrhosa*
鱗莖能潤肺，止咳化痰。

□ 川貝母的花

□ 川貝母的全株

□ 暗紫貝母*F. unibracteata*
功用同川貝母。

□ 暗紫貝母的花

□ 暗紫貝母在青海的種植基地

□ 瓦布貝母*F. unibracteata* var. *wabuensis*
功用同川貝母。

□ 瓦布貝母花的局部圖

□ 梭砂貝母*F. delavayi*
功用同川貝母。

□ 梭砂貝母花的局部圖

□ 甘肅貝母*F. przewalskii*
功用同川貝母。

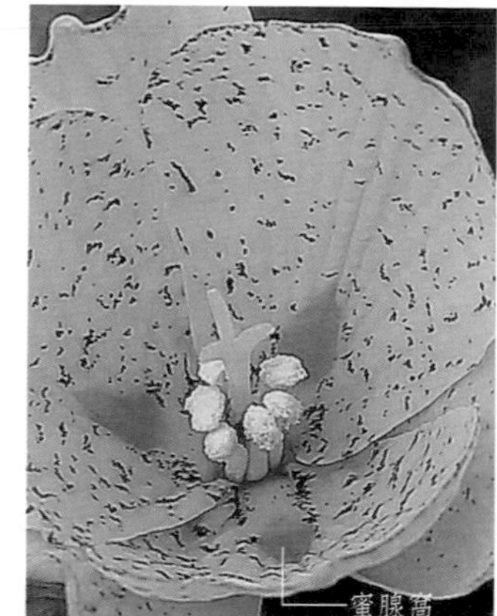

□ 甘肅貝母的花

□ 太白貝母*F. taipaiemsis*
功用同川貝母。

□ 平貝母*F. ussuriensis*
鱗莖能清熱潤肺，止咳化痰。

□ 伊貝母*F. pallidiflora*
鱗莖能清熱潤肺，止咳化痰。

□ 伊貝母的花

□ 浙貝母*F. thunbergii*
鱗莖能清熱化痰，開鬱散結。

□ 浙貝母的果枝

□ 玉竹*Polygonatum odoratum*
根莖能養陰潤肺，生津止渴。

□ 黃精*P. sibiricum*
根莖能補氣養陰，健脾潤肺。

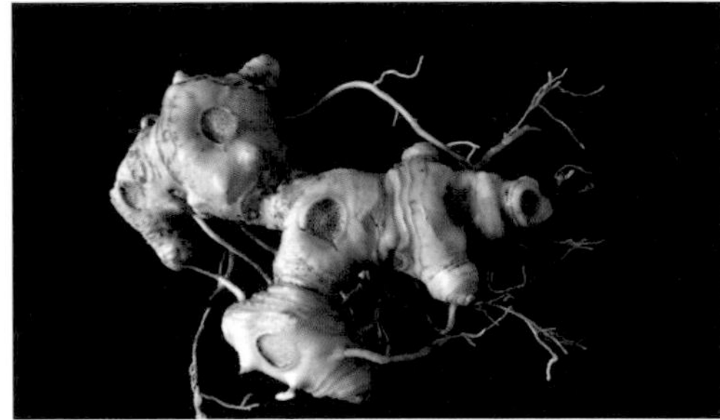
□ 黃精的根莖

□ 滇黃精*P. kingianum*
功用同黃精。

多花黃精*P. cyrtonema*
功用同黃精。

沿階草*Ophiopogon bodinieri*
塊根能養陰生津，清心潤肺。

麥冬的塊根

天門冬*Asparagus cochinchinensis*
塊根能滋陰潤燥，生津。

天門冬的塊根

□ 光葉菝葜*Smilax glabra*
根莖能除濕解毒，利關節。

□ 暗色菝葜*S. lanceifolia* var. *opaca*
功用同光葉菝葜。

□ 菝葜*S. china*
根莖能除濕解毒。

□ 菝葜的果枝

□ 庫拉索蘆薈*Aloe barbadensis*
葉汁能瀉下通便。

□ 庫拉索蘆薈花的解剖圖

□ 毛葉藜蘆*Veratrum grandiflorum*
根能催吐祛痰。

知母*Anemarrhena asphodeloides*
根莖能清熱除煩。

華重樓*Paris polyphylla* var. *chinensis*
根莖能清熱解毒，散瘀消腫。

蔥*Allium fistulosum*
全草能通陽解表。

韭菜*A. tuberosum*
種子能補腎固精。

華重樓的花

□ 雲南重樓*P. polyphylla* var. *yunnanensis*
功用同華重樓。

□ 七葉一枝花*P. polyphylla*
根莖能清熱解毒，散瘀消腫。

□ 狹葉重樓*P. polyphylla* var. *stenophylla*
功用同華重樓。

□ 狹葉重樓的果枝

□ 萱草*Hemerocallis fulva*
塊根能健脾除濕。

□ 黃花菜*H. citrina*
花能健胃通乳。

125. 石蒜科 Amaryllidaceae $⚥ * \uparrow P_{(3+3),3+3}A_{3+3,(3+3)}\overline{G}_{(3:3:\infty)}$

多年生草本。具有膜被的鱗莖或根狀莖。葉基生，常條形。花兩性，常為傘形花序，花序下有膜質苞片；花兩性，花被片6枚，花瓣狀，成2輪排列，分離或下部合生；雄蕊6枚，花絲常分離，少數基部合生成管狀；子房下位，3室。蒴果或漿果狀。

□ 仙茅*Curculigo orchioides*
根莖能補腎，強筋骨。

□ 仙茅的花

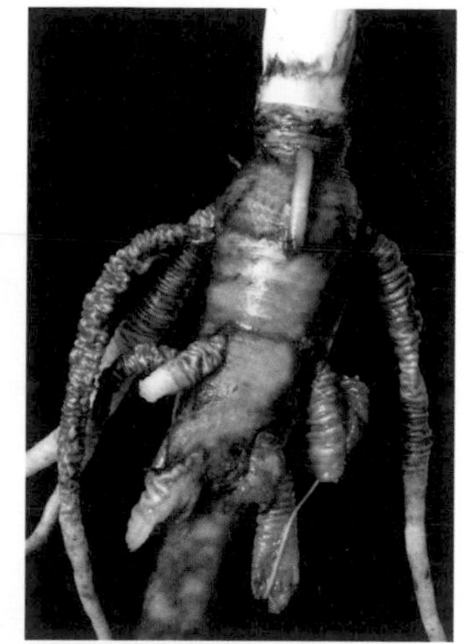

□ 仙茅的根及根莖

□ 大葉仙茅*C. capitulata*
根莖能補腎，止咳平喘。

□ 大葉仙茅的花

□ 石蒜*Lycoris radiata*
鱗莖能祛痰催吐。

□ 石蒜的鱗莖

□ 黃花石蒜*L. aurea*
鱗莖能解毒消腫。

□ 文殊蘭*Crinum asiaticum*
鱗莖能活血散瘀。

□ 韭蓮*Zephyranthes grandiflora*
鱗莖能清熱解毒。

□ 蔥蓮*Z. candida*
全草能散熱解毒，息風。

雄蕊
雌蕊

□ 蔥蓮的花

126. 薯蕷科 Dioscoreaceae $♂ * P_{(3+3)} A_{3+3} ; ♀ * P_{3+3} \overline{G}_{(3:3:2)}$

纏繞性草質藤本。具根狀莖或塊莖，富含黏液質。葉互生，少對生；單葉或為掌狀複葉，具網狀脈。花小，雌雄異株或同株，輻射對稱，排成穗狀，總狀圓錐花序；雄花被片6枚，基部結合，雄蕊6枚，有時其中3枚退化；雌花被與雄花相似，有退化雄蕊3~6枚，子房下位，3枚心皮合生，3室，每室2枚胚珠。蒴果有棱形的翅；種子常有翅。

□ 薯蕷
Dioscorea opposita
根莖能補脾養胃，補腎澀精。

□ 薯蕷的雌株

□ 薯蕷的雄株

□ 薯蕷的果枝

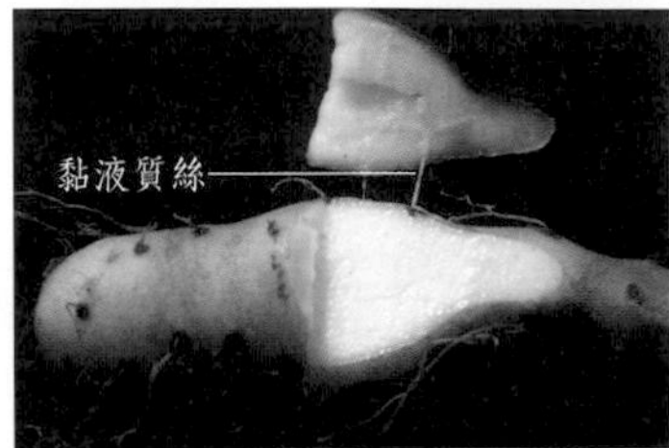

□ 薯蕷的塊莖

□ 穿龍薯蕷*D. nipponica*
根莖能祛風濕，活血。

□ 穿龍薯蕷的雄株

□ 盾葉薯蕷*D. zingiberensis*
根莖能提取薯蕷皂苷。

□ 黃獨*D. bulbifera*
塊莖能解毒消腫，涼血止血。

□ 黃獨的雄株

127. 鳶尾科 Iridaceae $\varphi * \uparrow P_{(3+3)} A_3 \overline{G}_{(3:3:\infty)}$

多年生草本。具根莖、塊莖或鱗莖。葉多基生，劍形或條形，互生排列成兩列，基部常有套疊葉鞘。花瓣6枚，2輪排列，基部聯合成管；雄蕊3枚；雌蕊柱頭常3裂，子房下位，中軸胎座，由3枚心皮組成3室，每室胚珠多數。瓣裂蒴果。

□ 馬藺*Iris lactea* var. *chinensis*
種子能清熱涼血。

□ 鳶尾*I. tectorum*
根莖能活血祛瘀，祛風除濕，消積。

□ 蝴蝶花*I. japonica*
根莖能清熱解毒，殺蟲。

□ 蝴蝶花的解剖圖

花蕊中心位置標示是給授粉昆蟲快速、準確識別花蕊位置的航標指示，是鳶尾科花蟲媒適應的特化。

番紅花*Crocus sativus*
花柱及柱頭能活血通經，祛瘀止痛。

番紅花的野生環境

番紅花的觀賞品種

射干*Belamcanda chinensis*
根莖能清熱解毒，祛痰利咽。

射干三數性花的解剖圖

128. 芭蕉科 Musaceae $⚥P_3A_{5\sim6}\overline{G}_{(3:3:\infty)}$

多年生草本，莖或假莖高大，不分枝。葉通常較大，螺旋排列或兩行排列，由葉片、葉柄及葉鞘組成；葉脈羽狀。花兩性或單性，常排成頂生或腋生的聚傘花序，生於一大型而有鮮豔顏色的苞片中，花被片3基數，花瓣狀或有花萼、花瓣之分，形狀種種。漿果或蒴果。

地湧金蓮
Musella lasiocarpa
花能收斂止血。

芭蕉*Musa basjoo*
花能化痰軟堅，平肝通經。

芭蕉花序的局部

129. 薑科 Zingiberaceae ⚥ $\uparrow K_{(3)}\ C_{(3)}\ A_1\ \overline{G}_{(3:3:\infty)}$

芳香草本。葉條形或劍形，兩列互生，具葉舌，基部有套疊葉鞘，羽狀平行脈。花單生或排成花序，兩性，兩側對稱；花被6枚，2輪排列；外輪萼狀，合生成管；內輪花冠狀，基部合生。能育雄蕊1枚，退化雄蕊成唇瓣；子房下位，中軸胎座。蒴果。種子具假種皮。

□ 薑*Zingiber offcinalis*
根莖能溫中散寒，回陽通脈。

□ 薑的花

□ 紅豆蔻*Alpinia galanga*
果實能燥濕散寒，消食。

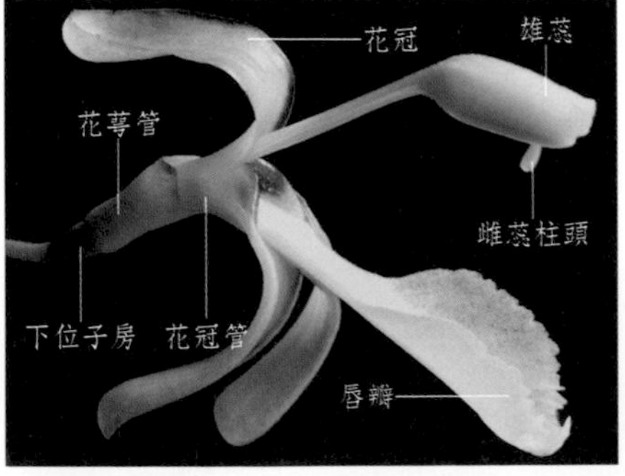

□ 紅豆蔻的花

□ 草豆蔻*A. katsumadai*
種子能燥濕健脾。

□ 草豆蔻花的解剖圖

□ 草豆蔻的果枝

□ 益智*A. oxyphylla*
果實能溫脾止瀉，固精縮尿。

□ 高良薑*A. officinarum*
根莖能消食止痛。

□ 華山薑*A. chinensis*
根莖能祛風除濕。

□ 華山薑的果枝

□ 豔山薑*A. zerumbet*
種子能理氣和胃。

□ 豔山薑的果枝

□ 莪朮*Curcuma phaeocaulis*
根莖能行氣破血，消積止痛。

□ 廣西莪朮*C. kwangsiensis*
功用同莪朮。

□ 薑黃*C. longa*
根莖能行氣破血，通經止痛。

□ 鬱金*C. aromatica*
塊根能解鬱，化瘀，利膽。

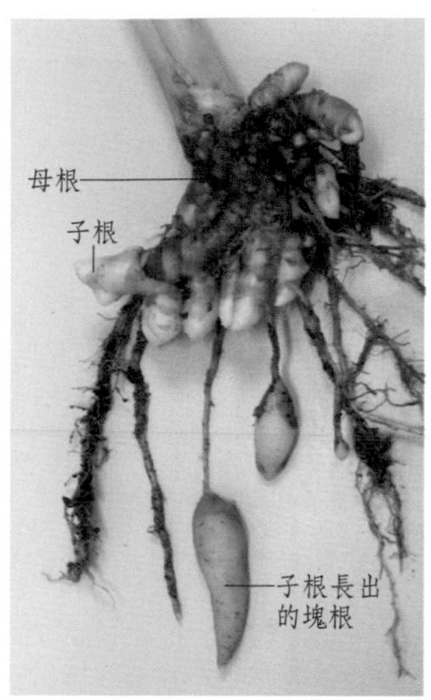

□ 鬱金母、子、塊根的關係圖

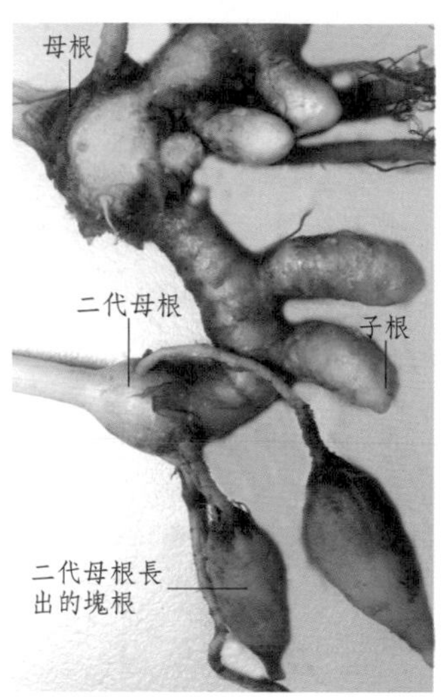

□ 陽春砂*Amomum villosum*
果實能理氣開胃，溫脾止瀉。

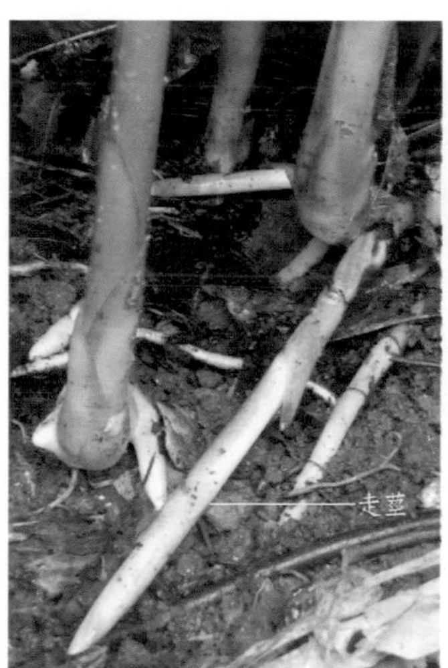

□ 陽春砂的走莖

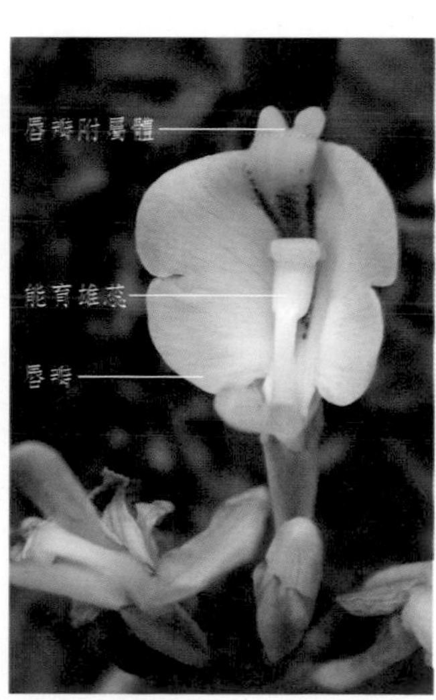

□ 陽春砂的花

□ 綠殼砂*A. villosum* var. *xanthioides*
功用同砂仁。

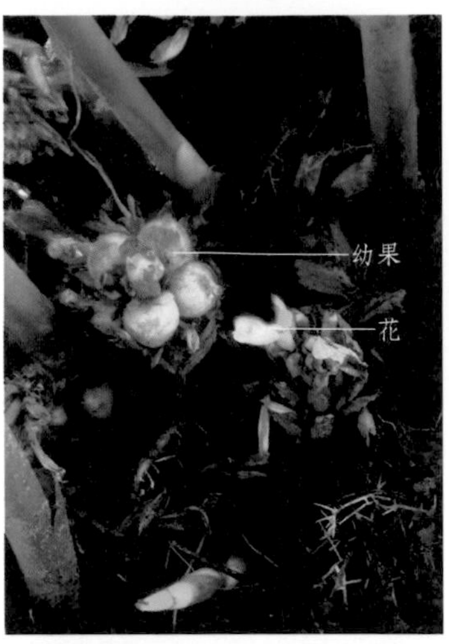

□ 爪哇白豆蔻*A. compactum*
果實能理氣化濕，溫中止嘔。

□
山柰*Kaempferia galanga*
根莖能行氣止痛，消食。

□
紫花山柰*K. elegans*
功用同山柰。

130. 蘭科 Orchidaceae $⚥\uparrow P_{3+3}A_{1\sim2}\overline{G}_{(3:1:\infty)}$

陸生、附生或腐生草本，常具地下莖。葉兩列互生，具葉鞘，有的退化成鱗葉。花序種種，花兩性，兩側對稱；花被2輪排列，外輪3片稱萼片，有的基本具萼囊；內輪側生的2片稱花瓣，中間1片特化為各式各樣的唇瓣；雄蕊和雌蕊的花柱合生稱合蕊柱，雄蕊生合蕊柱頂，有的2枚生合蕊柱兩側，花粉粒結合成花粉塊，外具藥帽；雌蕊柱頭與雄蕊間有舌狀蕊喙；子房下位，側膜胎座。蒴果。種子微小，極多，無胚乳。

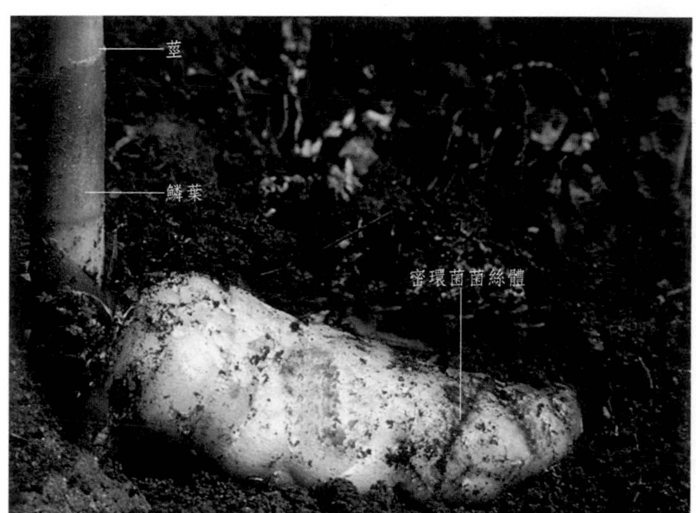

□ 天麻*Gastrodia elata*
塊莖能平肝息風，止痙。

□ 天麻的花序

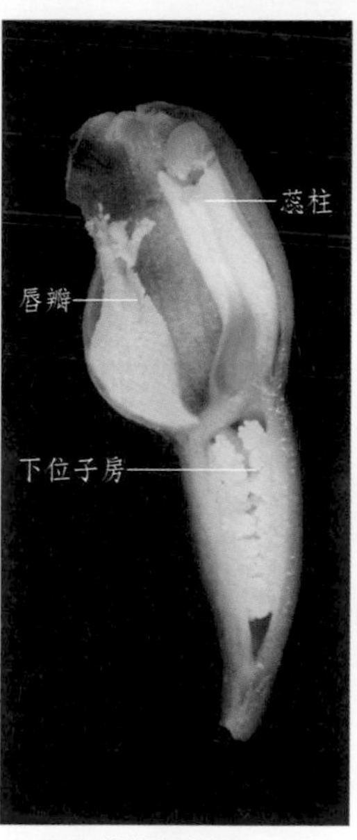

□ 天麻花的解剖圖

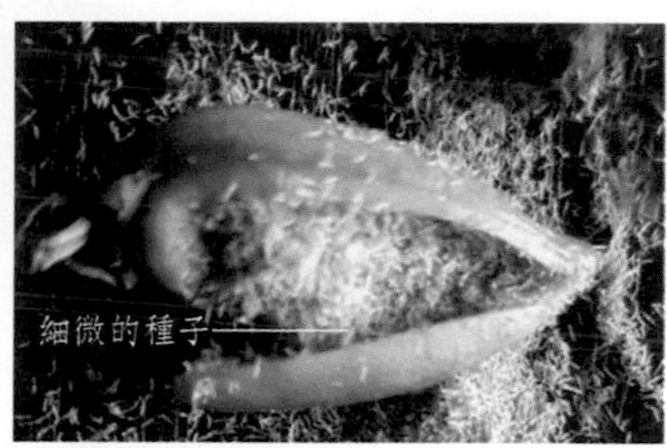

□ 天麻的果實與種子

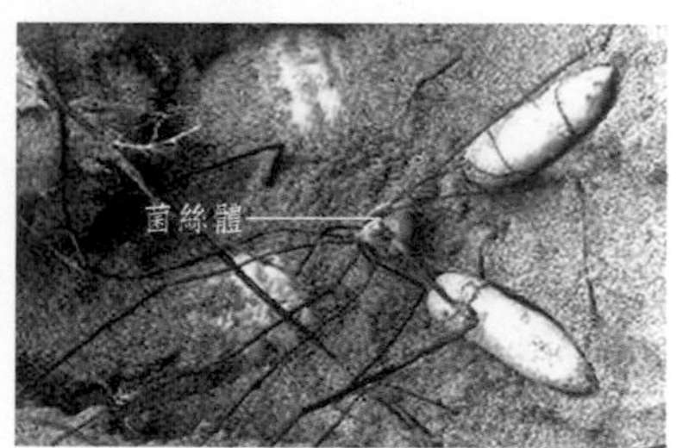

□ 天麻塊莖與密環菌黑色菌絲相伴共生

□ 石斛*Dendrobium nobile*附生樹上
莖能滋陰清熱，益胃生津。

□ 石斛的花

□ 鐵皮石斛*D. officinale*
功用同石斛。

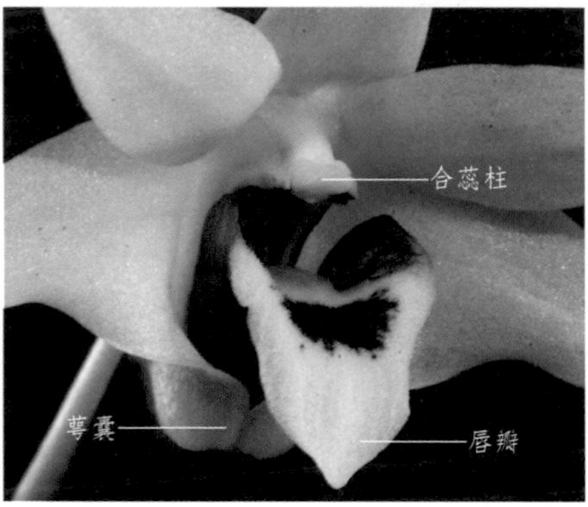

□ 鐵皮石斛花的蟲媒適應

□
霍山石斛*D. huoshanense*
莖能滋陰清熱，益胃生津。

美花石斛*D. loddigesii*
功用同石斛。

鼓槌石斛*D. chrysotoxum*
功用同石斛。

春蘭*Cymbidium goeringii*
根能理氣調經。

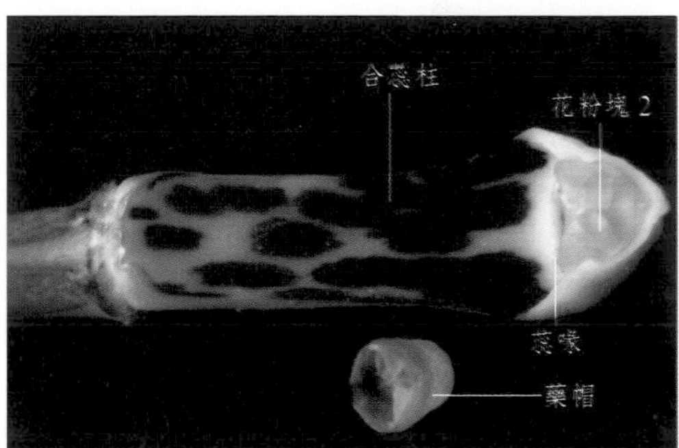

春蘭的合蕊柱

白芨*Bletilla striata*
塊莖能收斂止血，消腫生肌。

白芨花的蟲媒適應

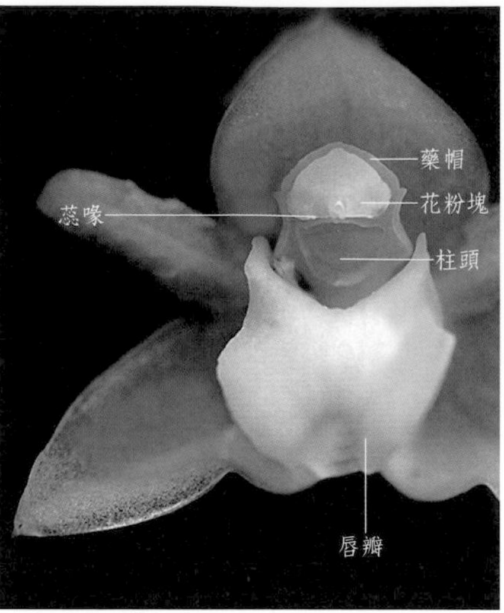

□ 石仙桃的花

□ 石仙桃*Pholidota chinensis*
假鱗莖能養陰清肺。

□ 綬草*Spirantes sinensis*
全草能益氣養陰。

□ 綬草的白花變異

□ 手掌參*Gymnadenia conopsea*
塊莖能補益氣血。

□ 羊耳蒜*Liparis japonica*
假鱗莖能活血消腫。

□ 杜鵑蘭*Cremastra appendiculata*
假鱗莖能清熱解毒。

□ 三棱蝦脊蘭*Calanthe tricarinata*
全草能散結解毒。

□ 流蘇蝦脊蘭*C. alpina*
功用同三棱蝦脊蘭。

□ 竹葉蘭*Arundina graminifolia*
根莖能清熱解毒，祛風除濕。

附篇 ● 圖解植物器官形態功能的適應與進化

Illustrated Adaptation and Evolution of Plant Organ Morphology and Function

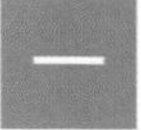

CHAPTER 1

第一章 有花植物授粉的類型

一 自花授粉

自花授粉即雄蕊的花粉自動傳送到同一朵花的雌蕊柱頭上。自花授粉雖然不利於提高後代的生活適應能力，但在已經適應並穩定的自然環境中，自花授粉不受授粉媒介等外界因素的影響，受精繁殖的機率大，能更多地保留後代。

1. 閉花自花授粉

花未開放之前就完成授粉受精的過程，如豌豆、太子參等。

□ 豌豆*Pisum sativum*花大色豔，具有吸引昆蟲進行異花授粉的條件，但在已經適應並穩定的自然環境中，豌豆選擇了自花授粉

□ 豌豆花蕾去除花冠後可見雄雌蕊靠近，並已成熟受精，子房開始膨大

□ 太子參*Pseudostellaria heterophylla*莖下部葉腋的閉鎖花小，無花冠，不開放，行閉花自花授粉

□ 匍匐堇菜*Viola pilosa*基部的閉鎖花

2. 開花自花授粉

花開放後雄雌蕊同時成熟，雌蕊柱頭即接受自花雄蕊的花粉而受精，如長春花、水茄、番茄、辣椒等。

□ 長春花*Catharanthus roseus*花大色豔，本可吸引昆蟲行異花授粉，但在已經適應並穩定的環境中，選擇了自花授粉

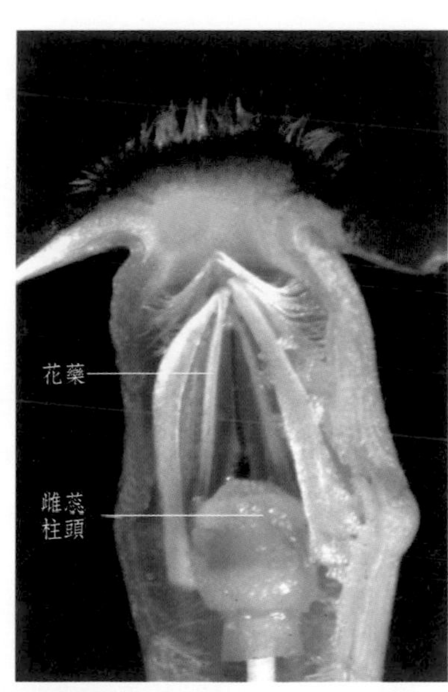

□ 長春花蕊部的縱剖面，可見雄雌蕊靠近，易行自花授粉

番茄*Lycopersicon esculentum*開花時雄雌蕊同時成熟，雄蕊的花粉通過花藥的裂孔散落在自花雌蕊柱頭上而受精。故番茄在栽培大棚裡，沒有蟲、鳥，也無需人工授粉，仍然可以通過自花授粉而結果

水茄*Solanum touvum*在開花時，雄蕊花粉通過花藥裂孔散落在自花雌蕊柱頭上而受精

二 異花授粉

異花授粉即一朵花雄蕊的花粉借助風或蟲等媒介傳送到另一朵花雌蕊柱頭上。授粉媒介包括非生物媒介（風力、水力）和生物媒介（昆蟲、鳥類以及某些哺乳動物）。有時是多媒介聯合進行授粉，如一些十字花科一年生短花期植物，既靠蟲也靠風為媒介進行授粉，但主要的授粉媒介還是風、蟲、鳥三種。

1. 風媒授粉

風媒授粉即借助風為媒介傳送花粉，裸子植物如松、杉、柏等基本上是風媒植物。被子植物中的大部分禾本科植物和木本科植物中的櫟、楊、樺木等，也是風媒植物。風媒授粉的植物花無需豔麗的色彩和複雜的結構來吸引和適應昆蟲，故多為雌雄同株或雌雄異株的單性無被花或單被花，雄花多為柔荑花序，有的花絲細長，花藥懸垂，花粉量多，有的花粉具氣囊，以利風媒授粉。雌蕊柱頭均特化成長而柔的羽毛狀，易於捕獲隨風飄來的花粉而完成受精。

□ 馬尾松*Pinus massoniana*的雄球花和雌球花

□ 馬尾松的花粉粒具氣囊，易於風媒授粉

□ 桑*Morus alba*的雄性柔荑花序易受風吹動而易於風媒授粉

□ 桑長而柔的羽毛狀雌蕊柱頭易於接收花粉

□ 胡桃*Juglans regia*的雄性柔荑花序

□ 胡桃的雌性穗狀花序，可見柱頭扁平擴展，便於捕獲花粉

□ 構樹*Broussonetia papyrifera*的雄性柔荑花序

□ 構樹的雌蕊柱頭特化成長而柔的絲狀，表面具細毛，易於捕獲花粉

蓖麻*Ricinus communis*的雄性圓錐花序

蓖麻的雌蕊柱頭特化成絲狀，表面具乳狀突起和細毛

薏苡*Coix lacryma-jobi var. ma-yuen*的雄蕊花絲細長，花藥懸垂

薏苡的雌蕊柱頭絲狀，表面具細毛

玉米*Zea mays*的雄蕊花絲細長，花藥懸垂，易受風吹動而飄散花粉

玉米的雌蕊柱頭呈絲狀

2. 蟲媒授粉

蟲媒授粉即借助昆蟲傳送花粉，多數的被子植物都是蟲媒授粉植物。蜂、蝶、蛾、甲蟲等昆蟲和蟲媒授粉植物之間互相適應，一同進化，偶爾也有昆蟲違約而盜蜜的情況。蟲媒授粉植物多為兩性花，雄雌蕊不同時成熟，有蜜腺，有特定昆蟲所喜好的色澤、氣味，以及方便昆蟲授粉的形態結構等複雜的蟲媒適應。

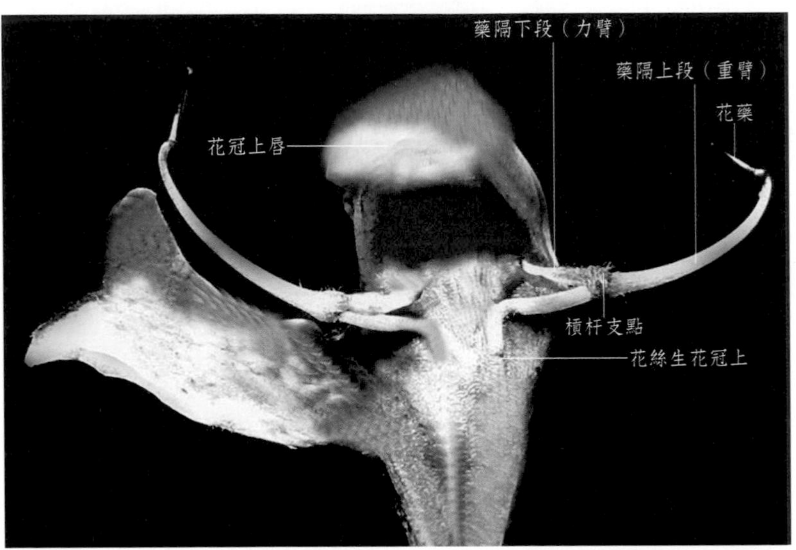

□ 丹參*Salvia miltiorrhiza*的雄蕊槓杆結構

□ 丹參花早期，雄蕊先熟，隱匿於上唇花冠內，藥隔下段阻在花冠喉部，等待昆蟲進入。昆蟲吸蜜時，推動槓杆力臂。此時雌蕊尚未成熟，柱頭隱匿或出露，不分叉，無黏液

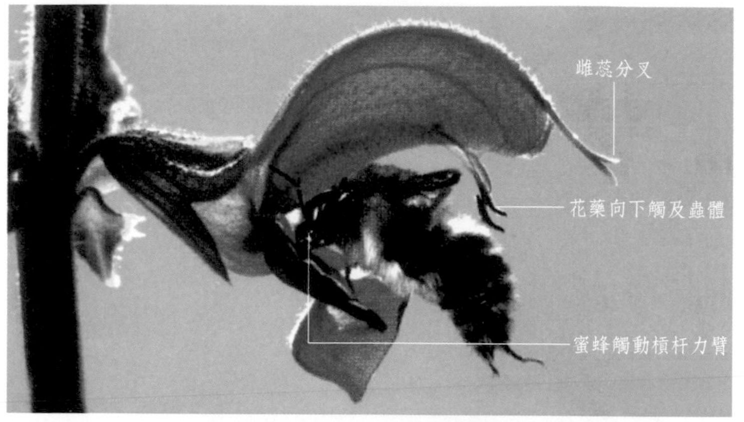

□ 丹參花中期，雄蕊被蜜蜂採蜜時觸動藥隔下段，因槓杆作用使花藥向下，將花粉撒落於蟲背部而完成授粉，雌蕊柱頭分叉、但未分泌黏液

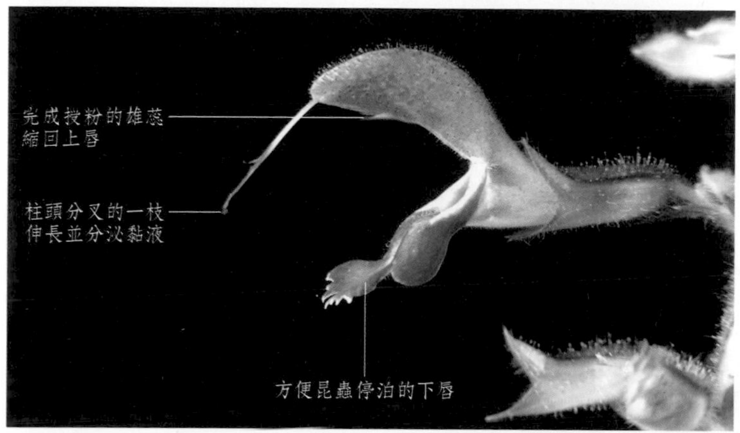

□ 丹參花後期，雄蕊花粉散盡，雌蕊柱頭分叉的一枝伸長，分泌黏液，以便黏住來訪昆蟲背部帶來的花粉

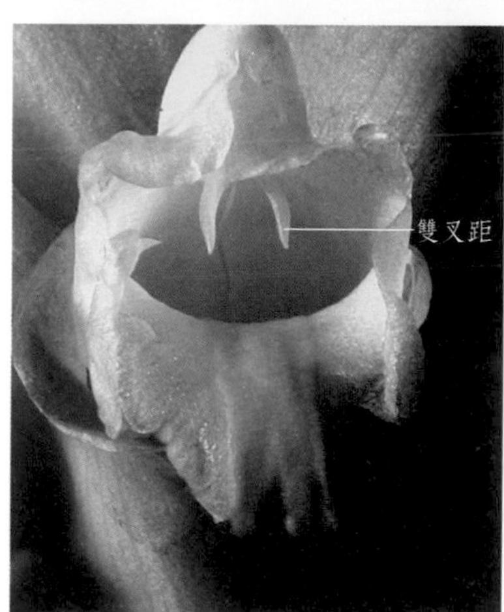

□ 薑黃*Curcuma longa*花藥基部的雙叉距有類似槓杆的作用，昆蟲觸動力臂使花藥下拍，將花粉附於昆蟲背部而完成授粉

□ 莪朮*C. phaeocaulis*花的功能結構似薑黃

馬櫻丹*Lantana camara*花上正在授粉的青鳳蝶*Graphium* sp.

白花鬼針草*Bidens pilosa* var. *radiata*花上正在授粉的粉蝶*Delias* sp.

前胡*Peucedanum praeruptorum*花上正在授粉的意蜂*Apis mellifera*

野棉花*Anemone vitifolia*花上正在授粉的中華蜜蜂*Apis cerana*

鵝掌柴*Schefflera octophylla*花上正在授粉的黃腳虎頭蜂*Vespa velutina*

一串紅*Salvia splendens*的花冠管被熊蜂*Bombus* spp.咬破盜食花蜜，卻不授粉

3. 鳥媒授粉

鳥媒授粉即以雀鳥為媒傳送花粉。一般鳥媒花的花色多為鳥類喜歡的紅色或黃色，花大型，花瓣厚實；花絲和花柱僵硬、木質化，花蜜豐富。

木棉*Bombax cebia*的鳥媒適應就是一個很好的例子。木棉的花大型，色紅或橙紅，極為美麗。5枚強勁的花瓣和6束黃色花蕊，收束於緊實的花托內，迎著陽春漸次開放，十分壯觀。仔細觀察你會發現，木棉的花萼、花冠肥厚，雄雌蕊挺立，基部連合成多體（外圍5，中央1），各體之間有花蜜分泌。木棉花的這些結構，都是為了迎接相思鳥等小型鳥類的到訪停立，在小鳥食蜜的同時，使其為之授粉。

冬紅*Holmskioldia sanguinea*花的結構，與不在花上停立而是懸停在空中吸蜜的蜂鳥、太陽鳥之類相適應，它的花沒有供鳥停立的堅固結構，但卻與鳥類鳥喙的長短和形態有很好的適應性。

木棉的常客暗綠繡眼鳥（相思鳥）*Zosterops japonicas*

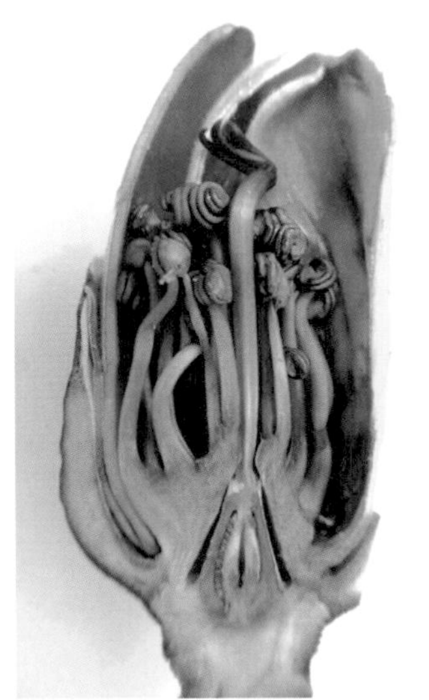

木棉的縱剖面可見花萼及花冠厚實

木棉的雄蕊花絲堅韌，基部連合成一體，小鳥可站立

□ 暗綠繡眼鳥習慣以腳爪抓住木棉花雄蕊的木質花絲，站立時，腳上黏有花粉。低頭吸蜜時，其頭頸部也會黏附花粉

□ 木棉花的常客白頭鵯（白頭翁）*Pycnonotus sinensis*

□ 白頭鵯伏在花上吸食花蜜時，幫助木棉花授粉

□ 紅耳鵯*P. jocosus*這種中型鳥，有時也會來木棉樹湊熱鬧

□ 中型鳥黑領椋鳥*Sturnus nigricollis*偶爾也光顧木棉花

冬紅*Holmskioldia sanguinea*花的苞片盾狀，花冠鳥喙狀，基部具蜜腺，雄蕊先熟，雌蕊尚未發育

太陽鳥*Aethopyga* sp.以其弧形彎曲的喙伸入冬紅弧形彎曲的花冠。吸蜜時，雄蕊花藥擦塗到嘴後羽毛上。花冠的形狀大小與鳥喙的形狀大小十分吻合，一起進化得多麼巧妙

冬紅雌蕊在雄蕊花粉基本散盡後，開始伸長發育

太陽鳥再次吸蜜時，將另一朵花的花粉傳送到冬紅雌蕊柱頭上，進行異花授粉

三　異花與自花授粉的轉換

異花授粉須依賴授粉媒介，當受環境或其他客觀條件影響，不能完成授粉時，一些植物的花會改變策略，轉而進行自花授粉。

西番蓮*Passiflora caerulea*花初開時，雌蕊向上，雄蕊向下，以待昆蟲進行異花授粉

西番蓮開花後期因無昆蟲來訪，雌蕊不能受精，雌蕊向下彎與雄蕊靠近，則主動接觸雄蕊，完成自花授粉

□ 桔梗花初開時，雄蕊成熟，將花粉附著於雌蕊花柱的絨毛上，然後退位，讓昆蟲吸蜜時將花粉帶走

□ 桔梗雌蕊後熟，柱頭開始5裂散開，準備接受昆蟲傳來的他花花粉，以實現異花授粉

□ 桔梗開花後期若無昆蟲來為雌蕊受精，雌蕊柱頭裂片下捲，與花柱上殘留的花粉接觸，轉而行滯後的自花授粉

□ 錦葵*Malva sinensis*花若無昆蟲來訪，則雌蕊柱頭向下反捲，與殘留的花粉接觸，完成自花授粉

□ 錦葵的雄蕊先熟，此時雌蕊尚未露出。當雄蕊花粉基本散盡時，雌蕊成熟，露出絲狀柱頭，等待昆蟲前來進行異花授粉

四 風媒、蟲媒聯合授粉

□ 歐洲油菜*Brassica napus*花具有蟲媒的基本特徵：花瓣鮮黃、具香氣和蜜腺。其也具風媒的基本特徵：雄蕊挺立，花粉輕、小而量多。雖然雄雌蕊同時發育，但具自交不親和能力，可以避免自花授粉

□ 蜜蜂在油菜花間忙於吸蜜、採粉和授粉

□ 油菜大田裡，億萬的油菜花單靠昆蟲授粉常有不足。春風吹拂，傳來陣陣花香，風媒授粉彌補了蟲媒授粉的不足

CHAPTER 2

第二章 植物避免近親繁殖的策略

一 雌雄同株同花而異熟

□ 紫玉蘭*Magnolia liliiflora*的雌蕊先熟，雄蕊花藥尚未開裂

□ 荷花玉蘭*M. grandiflora*的雌蕊先熟，雄蕊花藥尚未開裂

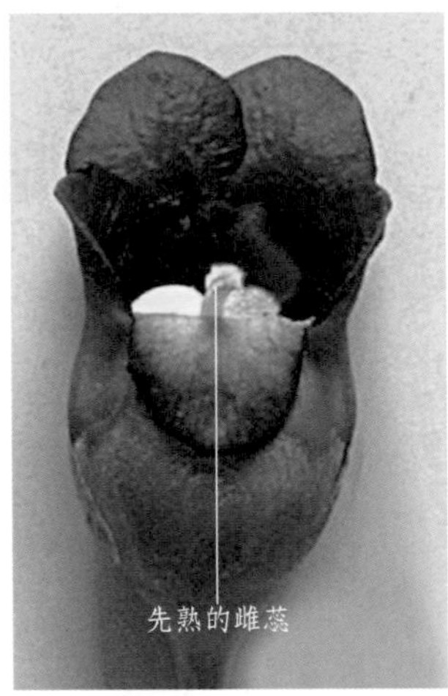

□ 玄參*Scrophularia ningpoensis*花的雌蕊先熟，率先接受昆蟲傳來的花粉而受精

□ 玄參花的雄蕊後熟，雌蕊下彎，避免自花授粉

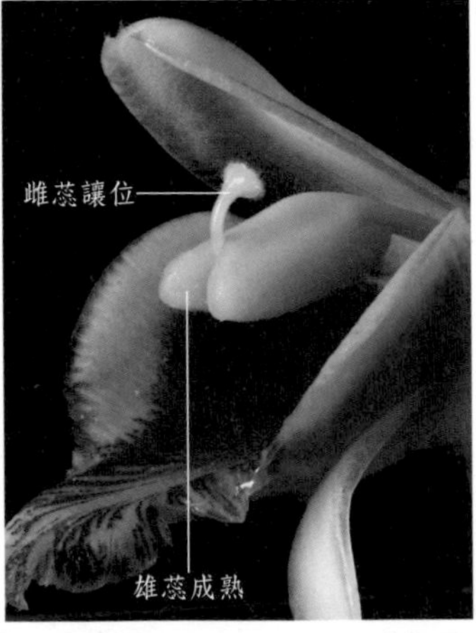

□ 草豆蔻*Alpinia katsumadai*花在早晨柱頭上捲，讓位給先熟的雄蕊授粉

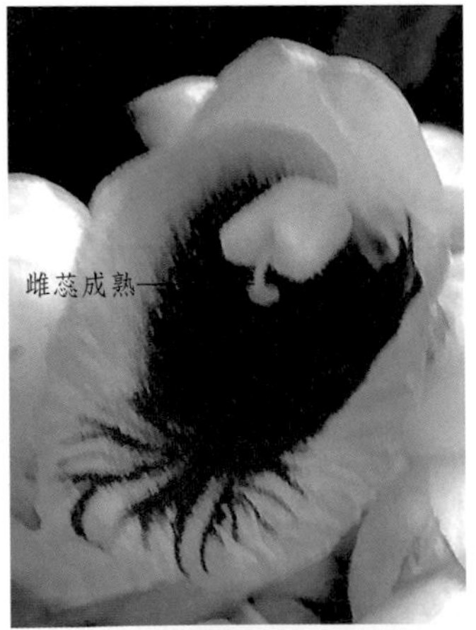

□ 草豆蔻的花粉基本散盡時，雌蕊成熟，柱頭下彎，以利昆蟲授粉

首冠藤*Bauhinia corymbosa*的雄蕊先熟，雌蕊讓位在下；雌蕊後熟，雄雌蕊換位

旱金蓮*Tropaeolum majus*植株，雄蕊逐個成熟，成熟者抬升，以便於昆蟲或蜂鳥授粉

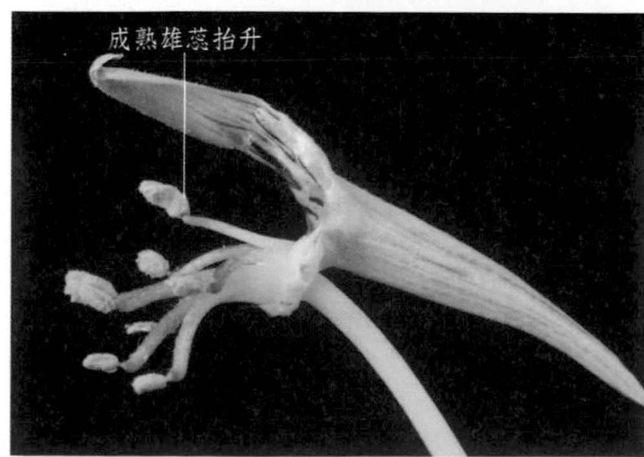

旱金蓮第一枚雄蕊成熟並抬升

旱金蓮完成授粉的雄蕊，向下退位

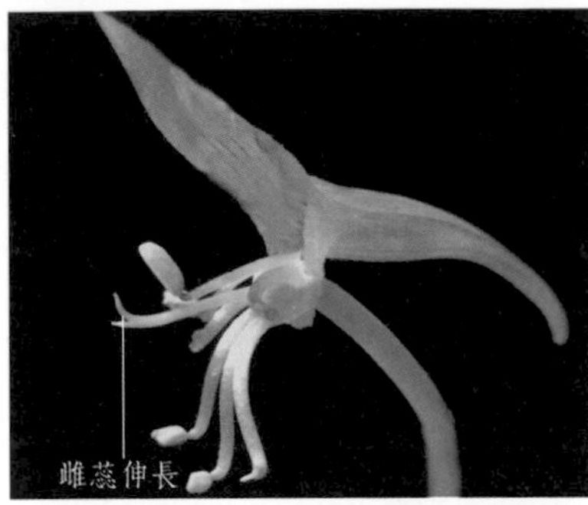

旱金蓮的最後一枚雄蕊成熟並抬升，雌蕊開始伸長

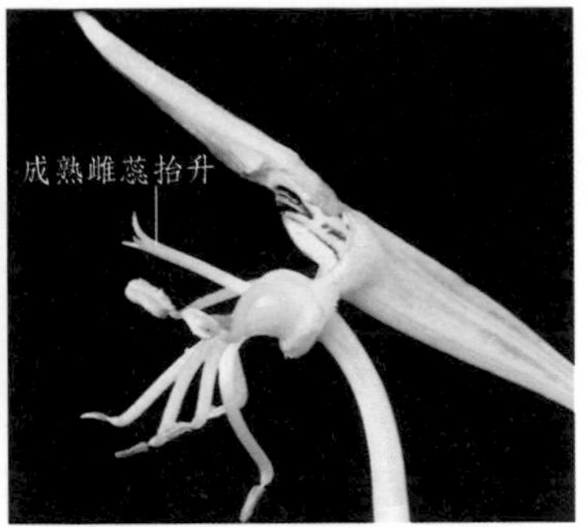

旱金蓮的雄蕊授粉結束，雌蕊伸長並抬升

蠟梅*Chimonanthus praecox*的雌蕊先熟，雄蕊讓位。受精後，雄蕊將其包圍，然後花藥外側開裂，散出花粉

梵天花*Urena procumbens*的雄蕊先熟

梵天花的雌蕊後熟

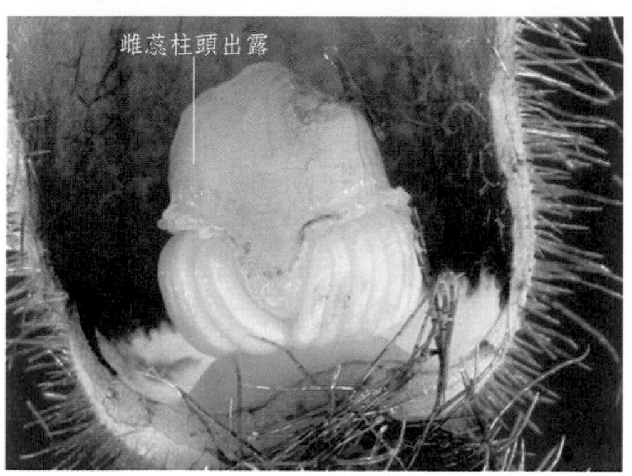

□ 廣西馬兜鈴*Aristolochia kwangsiensis*的雌蕊先熟

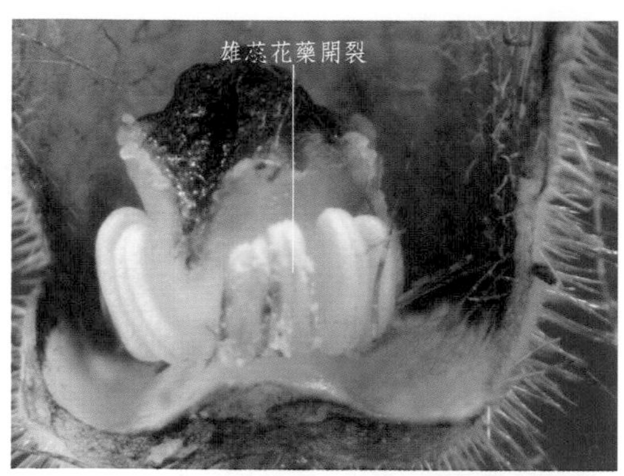

□ 廣西馬兜鈴等到雌蕊受精並開始萎縮時，雄蕊成熟，花藥開裂

□ 水蘇*Stachys japonica*花的雄蕊先熟，昆蟲將花粉傳出後，雄蕊向上讓位給雌蕊。雌蕊成熟下彎，以便昆蟲授粉

□ 紅花*Carthamus tinctorius*的雄蕊先熟，之後（雌蕊花柱伸出聚藥雄蕊管時，將花粉帶出並附於花柱外表，等待昆蟲授粉）

□ 紅花的雌蕊後熟，花粉散盡，花柱進一步伸長，柱頭二叉分裂，分泌黏液，等待昆蟲異體授粉

二 雌雄同株異花而異熟

玉米*Zea mays*的雄花先熟，雌花後熟

南瓜*Cucurbita moschata*的雄花先熟，花冠開始枯萎，雌花待開

冬瓜*Benincasa hispida*通常雄花先熟，雌花尚為花蕾

三 雌雄異株而異熟

□ 銀杏*Ginkgo biloba*雄株上的雄球花先熟

□ 銀杏雌株上的雌球花後熟

□ 鐵冬青*Ilex rotunda*雄株上先熟的雄花殘存著退化雌蕊

□ 鐵冬青雌株上後熟的雌花殘存著退化雄蕊

CHAPTER 3

第三章 變幻無窮的花冠

一 花冠自身的變化

花冠的形色極多，幾乎每種有花植物的花冠都有自己獨特的形態結構、色澤和氣味，它是鑒別植物種類的重要依據。除本書上篇植物的器官形態中已經介紹過的唇形花冠、蝶形花冠等外，此處再介紹一下花冠的其他形態變化。

1. 副花冠

副花冠是著生於花冠旁側的附屬花冠結構，是花冠內側或花冠與雄蕊之間的一種瓣狀附屬物。

□ 水仙*Narcissus tazetta var. chinensis*的副花冠

□ 黃水仙*N. pseudonarcissus*的副花冠

□ 夾竹桃*Nerium indicum*的副花冠

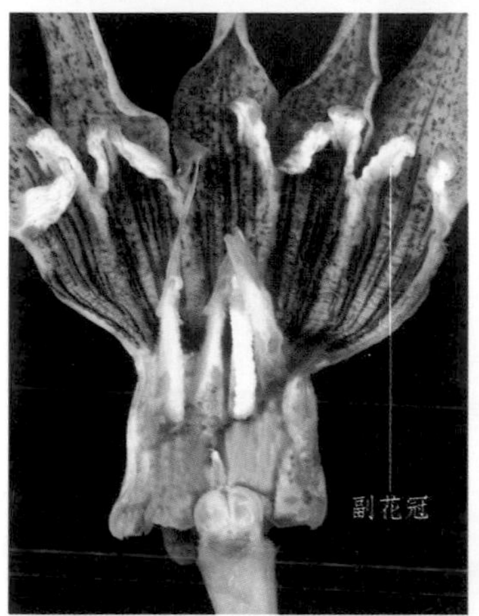

□ 羊角拗*Strophanthus divaricatus*的副花冠

□ 氣球果*Asclepias fruticosa*的副花冠

□ 球蘭*Hoya carnosa*的副花冠

粉花西番蓮*Passiflora incarnata*的絲狀副花冠

2. 花冠附距

花冠附距是指花瓣基部延長成管狀或囊狀。

峨眉翠雀*Delphinium omeiense*的花冠附距（花距）

還亮草*D. anthriscifolium*的花冠附距

□ 耬斗菜*Aquilegia viridiflora*的花冠附距

□ 長距玉鳳花*Habenaria davidii*的花冠附距

□ 長萼堇菜*Viola inconspicua*的花冠附距

□ 延胡索*Corydalis yanhusuo*的花冠附距

□ 紫堇*C. edulis*的花冠附距

□ 鳳仙花*Impatiens balsamina*的花冠附距

□ 鐵皮石斛*Dendrobium officinale*的花冠附距

□ 廣東隔距蘭*Cleisostoma simondii* var. *guangdongense*的花冠附距

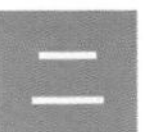

花冠狀的非花冠（花外花現象）

1. 葉片花冠化

□ 一品紅*Euphorbia pulcherrima*花序周圍的紅色苞片狀，葉形如一朵大型花的花冠

□ 高山火絨草*Leontopodium alpinum*花序周圍的雪色苞片狀葉，形如一朵大型花的花冠

2. 苞片花冠化

□ 鐵海棠*Euphorbia milii*紅色的苞片，形如花冠

□ 珙桐*Davidia involucrata*頭狀花序基部 2 枚白色的總苞片，形如花冠

□ 光葉子花*Bougainvillea glabra*的3枚紅色苞片，形如花冠

□ 蠟菊*Helichrysum bracteatum*的黃色總苞片，形如花冠

3. 萼片花冠化

□ 玉葉金花*Mussaenda pubescens*的1枚花萼片呈闊大葉狀、雪白，形如花冠

□ 蠟蓮繡球*Hydrangea strigosa*花序周圍的不育花萼片擴大成白色，形如花冠

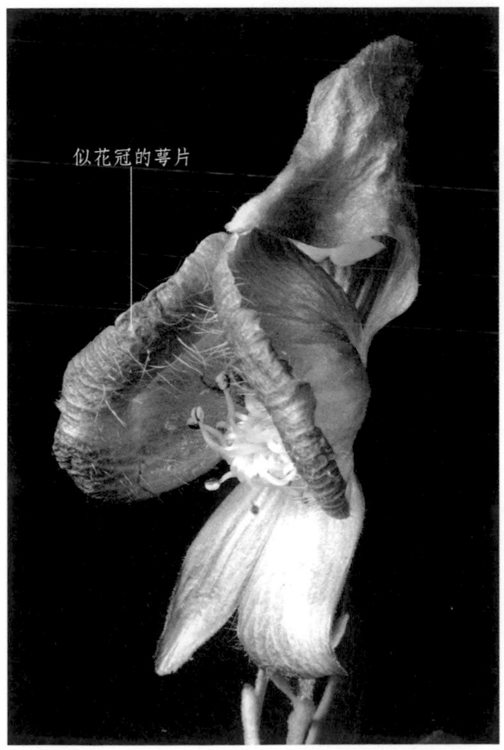

□ 烏頭*Aconitunm carmichaelii*花的萼片藍紫色、花冠狀

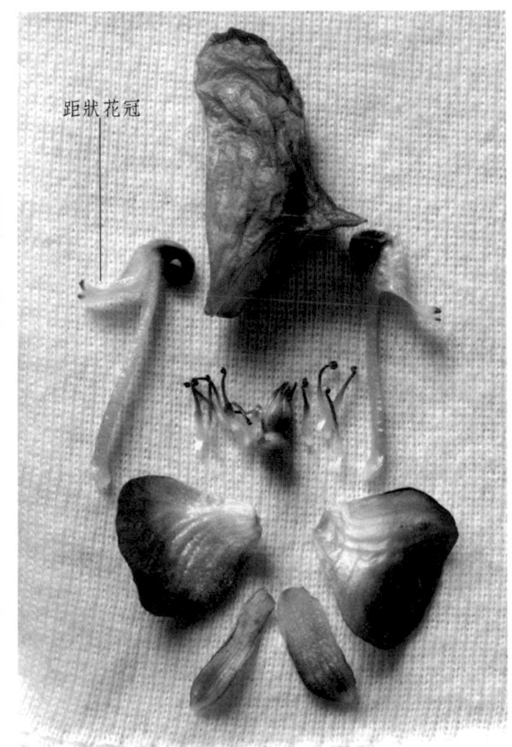

□ 烏頭真正的花冠隱蔽在盔瓣內，距狀

4. 雄蕊花冠化

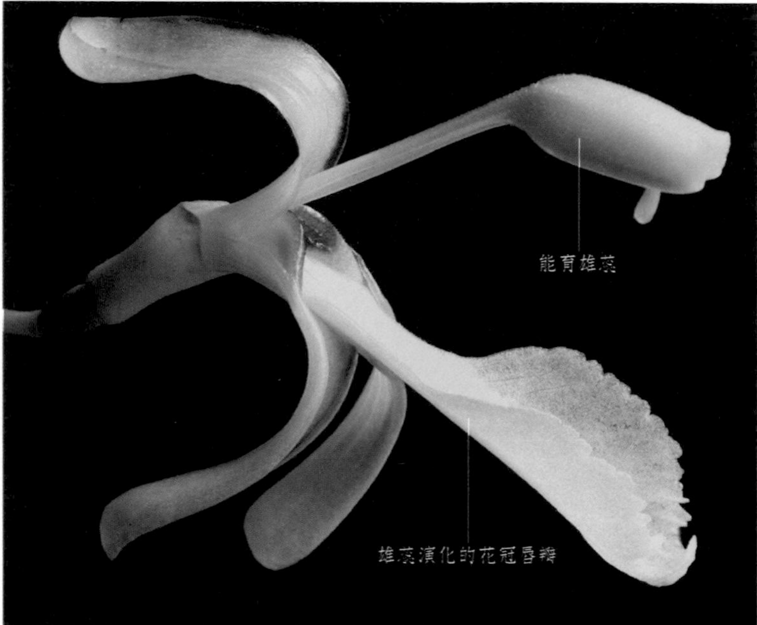

□ 紅豆蔻*Alpinia galanga*的雄蕊本為3枚，其中2枚演化為唇瓣，僅存能育雄蕊1枚

□ 玫瑰*Rosa rugosa*外側的部分雄蕊變成花瓣，形成重瓣花

□ 朱槿*Hibiscus rosa-sinensis*的部分雄蕊變成花瓣

□ 月季*Rosa chinensis*外側的部分雄蕊變成花瓣，形成重瓣花

□ 蜀葵*Althaea rosea*外側的部分雄蕊變成花瓣，形成重瓣花

□ 蓮*Nelumbo nucifera*外側的部分雄蕊變成花瓣，形成重瓣花

□ 鬱金香*Tulipa gesneriana*外側的部分雄蕊變成花瓣，形成重瓣花

□ 芍藥*Paeonia lactiflora*的一些栽培品種的雄蕊全都變成了花瓣，於原有單層的粉紅色花瓣內增加了多層乳白色的瓣片，極具觀賞價值

5. 雌蕊花冠化

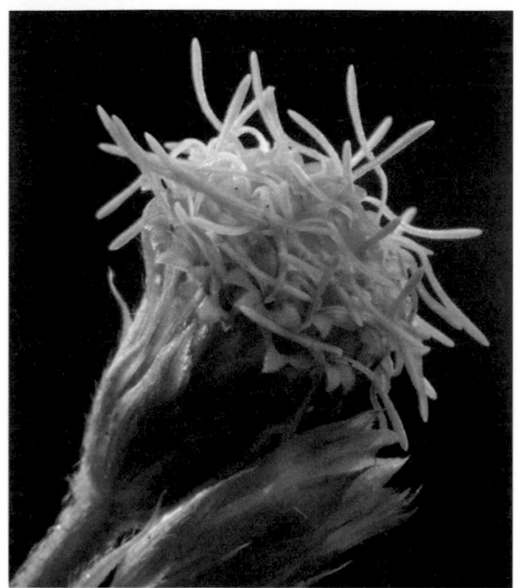

□ 藿香薊*Ageratum conyzoides*似花冠的紫色柱頭

□ 藿香薊的白色花冠被綠色的總苞遮掩

□ 馬利筋*Asclepias curassavica*的雌蕊花冠化

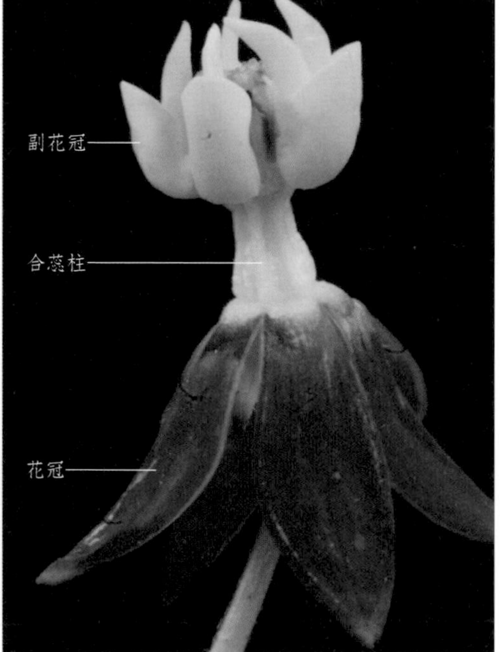

□ 馬利筋的黃色副花冠生於雄、雌蕊聯合的合蕊柱上

6. 全花花冠化

□ 美人蕉*Canna indica*花的下位子房和花萼紫色、花冠紫紅色、雄蕊、雌蕊花瓣化

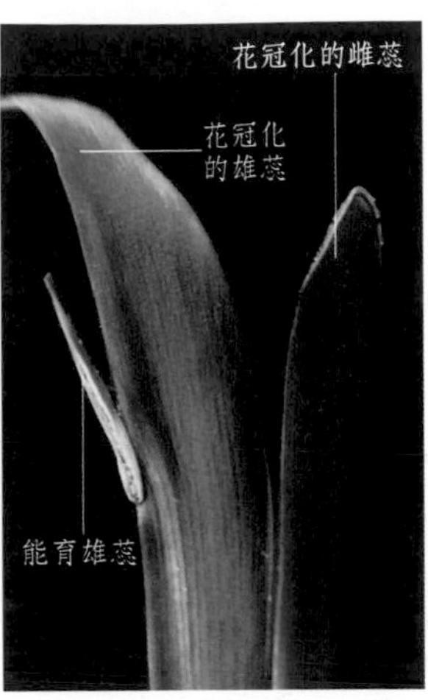

□ 美人蕉的雄蕊花瓣化，半個雄蕊能育。雌蕊花柱扁平，柱頭具白色乳突

□ 倒掛金鐘*Fuchsia hybrida*的花柄、子房、花萼、花冠、雄蕊、雌蕊，均各具色彩，跟花冠一樣具有吸引授粉動物的作用

□ 雞冠花*Celosia cristata*從其苞片、花被片到雄、雌蕊，再到花序上部不孕部分的苞片，整個肉質的穗狀花序均色彩化

□ 雞冠花小花的各部分，均呈亮麗的紫紅色

CHAPTER 4

第四章 雄、雌蕊的形態與功能的演化

有花植物的雄蕊可能起源於蕨類的孢子葉。親緣關係相差很遠的被子植物雙子葉綱木蘭科的紫玉蘭、小檗科的八角蓮與單子葉綱百合科的七葉一枝花（重樓），它們有形態相似的雄蕊，花絲粗短，花藥長，側向開裂，具藥隔。它們均保留了比較原始的雄蕊特徵。

有花植物在漫長的進化過程中，雄蕊的變化非常突出。雄蕊既有數量上的變化，也有多種形態和功能的變化。在數量上的變化通常表現為一部分雄蕊退化乃至消失，這種減數的變化也是一種簡化進化。雄蕊形態和功能的變化則表現得十分複雜。雄蕊的演化在整個花的演化進程中具有重要的作用。雄蕊在子房位置、胎座類型、花柱長短、柱頭狀態等，也有著非常複雜的形態與功能的變化。

一 原始雄蕊的特徵

紫萁*Osmunda japonica* 的植株

紫萁的小孢子葉形如被子植物柄粗短、具藥隔、花藥長的原始雄蕊

□ 八角蓮*Dysosma versipellis*花中的原始雄蕊

□ 紫玉蘭*Magnolia liliiflora*的原始雄蕊

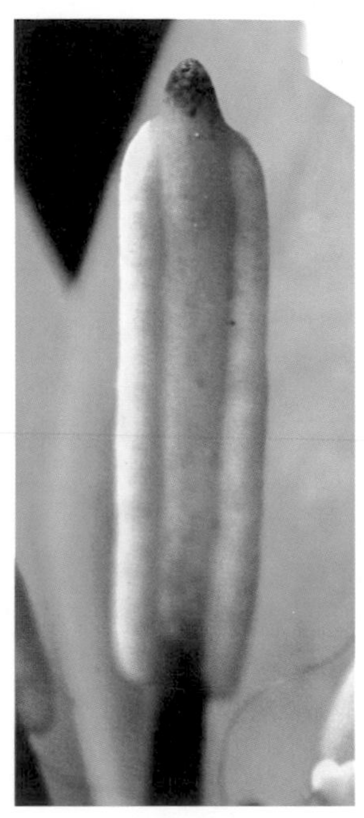
□ 七葉一枝花*Paris polyphylla*的原始雄蕊

二 給食型雄蕊的分化

有的植物的雄蕊為了更好地吸引昆蟲授粉，會給昆蟲適當的「報酬」，除了提供花蜜外，還會提供一部分花粉讓昆蟲採食，以致給食和授粉雄蕊的功能和形態逐漸發生分化。

多數無花蜜的野牡丹科植物花的雄蕊形態功能分化就是一個很好的例子。花的外輪雄蕊長，藥隔基部伸長、彎曲、末端2裂、花藥紫色；內輪雄蕊短，藥隔不伸延，藥室基部具1對小瘤，花藥黃色。有學者觀察到，木蜂（*Xylocopa* sp.）是野牡丹主要的授粉者，其訪花行為非常有規律。它們訪花時徑直向內輪雄蕊飛去，降落時腹部壓在外輪花藥的黃色藥隔附屬物上，使紫色的花藥壓貼在其背部。與此同時，木蜂用足抓住黃色雄蕊，用口器擠出孔裂花藥中的花粉，並採食這些花粉。這時，一部分花粉附著在木蜂的腹部，木蜂在採食的同時發出「嗡嗡」的振動聲，使紫色的外輪雄蕊從裂孔噴出，這些花粉大多落在木蜂的背部。當它訪問下一朵花時，胸腹部和背部的花粉被帶到下一朵花的柱頭上。這說明兩種雄蕊在授粉過程中存在形態和功能的分化：外輪長的雄蕊是授粉型的，內輪短的雄蕊是給食型的。

□ 地菍 *Melastoma dodecandrum* 的雄蕊5枚長、5枚短

□ 野牡丹*M. candidum*的雄蕊。5枚長雄蕊是授粉型的，5枚短雄蕊是給食型的

□ 毛菍*M. sanguineum*的雄蕊7枚長、7枚短

□ 巴西野牡丹*Tibouchina seecandra*的雄蕊5枚長、5枚短

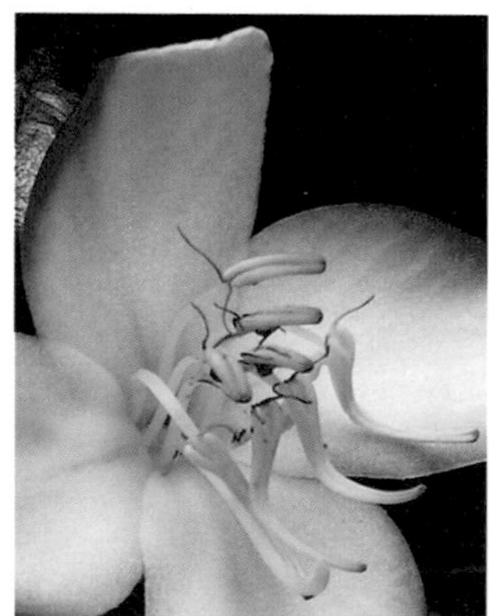

□ 棱果花*Barthea barthei*的雄蕊4枚長、4枚短

□ 顯脈杜英*Elaeocarpus dubius*的花

□ 顯脈杜英的雄蕊有與野牡丹類似的長短兩型結構

三 蜜導型雄蕊的分化

提供花蜜是植物對授粉動物主要的「報酬」。為了能夠讓授粉動物及時、準確地找到花蜜所在的位置，植物常提供適當的引導。花冠上的色紋可以引導，雄蕊也會因一部分轉變為花蜜的引導者而出現形態與功能的分化。

□ 人字果*Dichocarpum sutchuenense*的蜜導型雄蕊的花藥黃色、扁平擴大，以顯示蜜腺的位置

□ 紫薇*Lagerstroemia indica*外輪授粉的雄蕊淺紫色，內輪蜜導雄蕊鮮黃色

□ 鴨跖草*Commelina communis*常生於陰暗的環境，花瓣色暗。為了能夠使授粉昆蟲盡快地找到花朵蜜腺的位置，其 4 枚雄蕊的花藥變成鮮黃耀眼的「指示燈」，僅保留 2 枚可育雄蕊

四 具蜜雄蕊

有的植物為了吸引昆蟲授粉，直接在雄蕊花藥上分泌蜜汁或產生蜜腺。

□ 貫葉連翹*Hypericum perforatum*花藥上的黑蜜腺

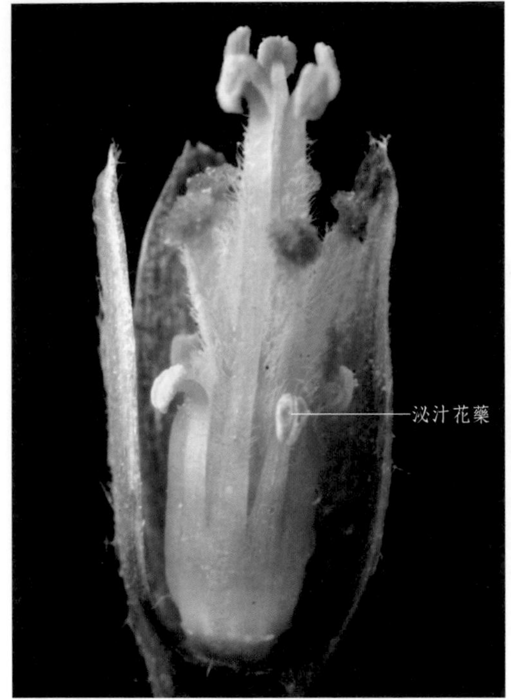

□ 紅花酢漿草*Oxalis corymbosa*的短雄蕊能分泌蜜汁

□ 金蒲桃*Xanthostemon chrysanthus*花藥上的紅蜜腺

五 雄蕊花絲多種形式的聯合

□ 柑橘*Citrus reticulata*的花絲中下部聯合成多體雄蕊

□ 金絲梅*Hypericum patulum*的花絲下部聯合成五體雄蕊

□ 菲島福木*Garcinia subelliptica*的花絲大部聯合成五體雄蕊

木棉*Bombax ceiba*花的花絲下部連合成多體雄蕊

黃牛木*Cratoxylum cochinchinense*的花絲下半部聯合成三體雄蕊

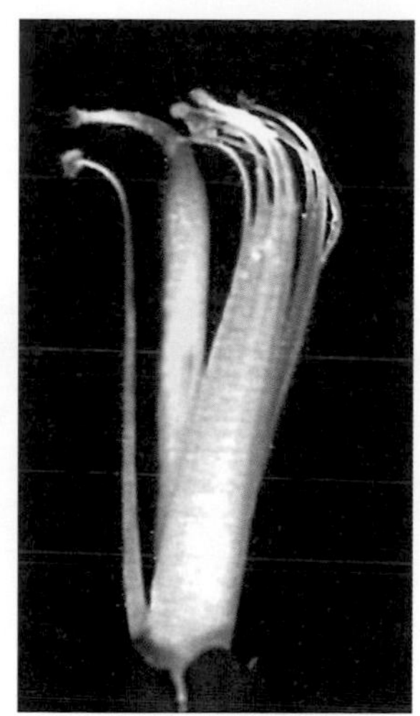

常春油麻藤*Mucuna sempervirens*的二體雄蕊

朱槿*Hibiscus rosa-sinensis*的單體雄蕊

六　花粉的聯合運送

由於單個的雄蕊授粉效率較低，故一些植物為了提高授粉效率，進化出多種聯合授粉的結構。一種是花粉聚聯，即黏絲將花粉聚聯起來，由昆蟲成串傳送，以提高授粉效率；另一種方式是集結成花粉塊。

□ 月見草*Oenothera biennis*的聚聯花粉

□ 粉花月見草*O. rosea*的聚聯花粉

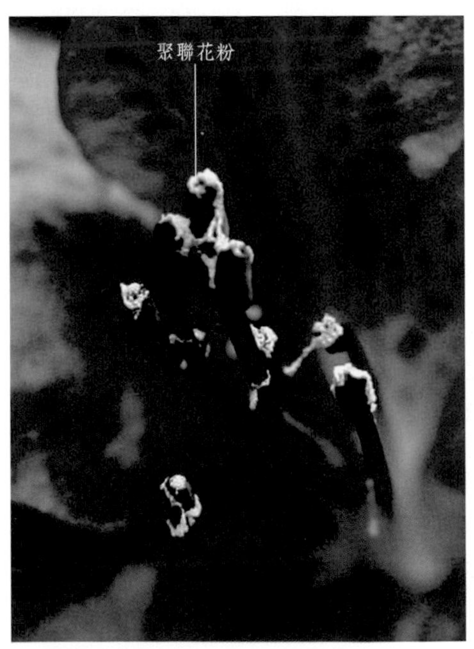

□ 杜鵑*Rhododendron simsii*的聚聯花粉

□ 羊角杜鵑*R. cavaleriei*的聚聯花粉

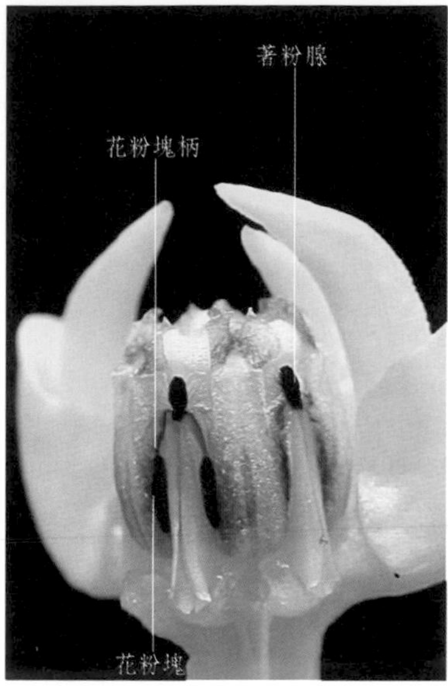

□ 馬利筋*Asdepias curassavica*的花粉塊

□ 文心蘭*Oncidium hybridum*的花粉塊

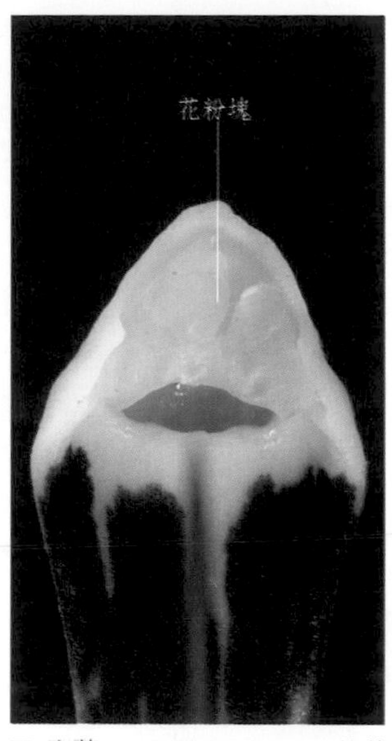

□ 春蘭*Cymbidium goeringii*的花粉塊

七　花柱異長現象

花柱異長現象是指同一種植物、不同植株的花，具有長度不等的花柱的現象，花柱異長有利於進行異花授粉。例如鉤吻*Gelsemium elegans*的不同植株有三種花型。短花柱短花絲型因雄雌蕊靠近，容易自花授粉，而自花授粉的後代適應能力較弱。為了提高後代適應能力，鉤吻進化產生花柱異長現象：長花絲型花的雄蕊只能在授粉昆蟲的背部替長花柱授粉；短花絲型花的雄蕊只能在授粉昆蟲的腹部替短花柱授粉，從而完成異花授粉。

□ 鉤吻的短柱短絲型花

□ 鉤吻的短柱長絲型花

□ 鉤吻的長柱短絲型花

CHAPTER 5

第五章 植物果實、種子的傳播適應

植物在保證其種族延續方面，除了自身的生存和繁殖能力外，還須具有讓果實、種子傳播出去，以達到延續後代的目的。這樣才能保證該種植物獲得更大的生存空間、更豐富多樣的營養，取得更多的生存機會，並進一步增強其適應力。這在生存競爭中以及在種的發展中，都有著重大的意義。有不少植物傳播果實和種子的方式非常巧妙，這是植物在長期的生存競爭進化過程中逐漸形成的。植物果實、種子的傳播主要有以下方式。

一 自力傳播

自力傳播，即依靠果實自身特殊結構產生的力量。這種力量能使種子在充分成熟時，發生爆裂將種子彈射出去。通常可裂乾果都不同程度地具有自力傳播能力。

□ 相思子*Abrus precatorius*的莢果爆裂並外展時，向不同方向彈出種子

□ 歐洲油菜*Brassica napus*的角果乾裂，彈出種子

□ 野老鸛草*Geranium carolinianum*的果實充分成熟時，果瓣爆裂，同時上捲，將種子拋射出去

□ 酢漿草*Oxalis corniculata*的果實爆裂，彈出種子

□ 鳳仙花*Impatiens balsamina*的果實稍有觸動即爆裂，並收捲而彈出種子

二 水力傳播

水力傳播，即水中、河岸、海濱生長的植物，其果實或種子結構疏鬆，能漂浮水面並借助水的流動傳播種子。

◻ 蓮*Nelumbo nucifera*的蓮蓬疏鬆結構使其能浮水，並借水流傳播種子

◻ 椰子*Cocos nucifera*中果皮的疏鬆結構使其能漂浮海面，並借洋流傳播種子

◻ 大葉金腰*Chrysosplenium macrophyllum*習生林下，其具彈性的果皮能夠借助雨滴的力量，彈射種子

□
秋茄樹（水筆仔）Kandelia candel筆狀胎生幼苗從母樹上脫落掉入海水中，翅狀的宿存花萼能使筆狀胎生幼苗保持垂直地漂浮在海面，隨波逐流，一接觸岸邊的淤泥，便會迅速向下紮根，就地生長

□
遠方漂來的秋茄樹在新海岸扎根成長

三　風力傳播

風力傳播，即依靠植物果實或種子的特殊構造，如羽狀毛、翅、氣囊等，借助風的力量傳播種子。毛茛科植物白頭翁、東北鐵線蓮、蘿藦科植物馬利筋、匙羹藤（武靴藤），以及多數菊科植物的果實或種子均具冠毛，可順風「飛」向遠方，以利於種子的傳播。蘭科植物的種子細小質輕，也是為了借助風的力量「飛」向遠方。

□ 白頭翁*Pulsatilla chinensis*的聚合瘦果具羽狀毛

□ 毛柱鐵線蓮*Clematis meyeniana*的聚合瘦果具羽狀毛

□ 馬利筋*Asclepias curassavica*的種子具冠毛

□ 匙羹藤（武靴藤）*Gymnema sylvestre*的種子具冠毛

□ 蒲公英*Taraxacum mongolicum*具冠毛的瘦果可隨風飄向遠方

□ 垂柳*Salix babylonica*的種子具冠毛

◻ 釘頭果*Gomphocarpus fruticosus*成熟後爆裂，具冠毛的種子可隨風傳播

◻ 黃杞*Engelhardtia roxburghiana*具三叉翅的果實

◻ 雞爪槭*Acer palmatum*具二叉翅的果實

◻ 大果榆*Ulmus macrocarpa*的果實，周圍具翅

□ 椴樹*Tilia tuan*的大苞片可以帶著果實，乘風飛揚

□ 酸漿*Physalis alkekengi*的宿存花萼膨大成氣囊，利於借風傳播

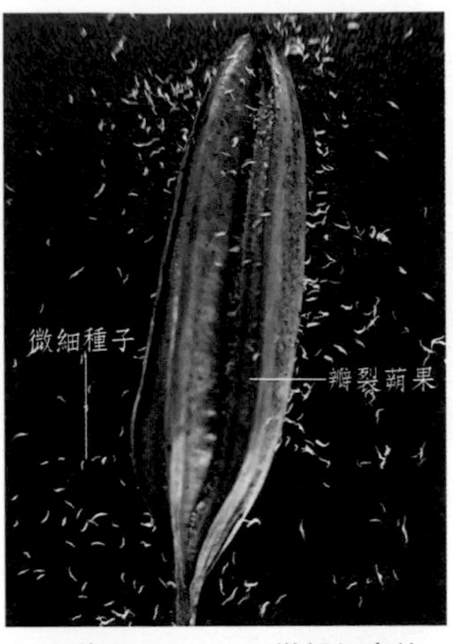

□ 白芨*Bletilla striata*微細如塵的種子可隨風飛揚

四　利用人或動物傳播

植物利用人或動物傳播，即植物利用人或動物的採食或野外活動傳播種子。主要的方式有兩類，一是色香味美吸引，一是鉤掛或黏附衣服皮毛。

肉質果實常依靠它們的氣香味美或豔麗的顏色來吸引人或動物去採食，包在果實裡的種子堅硬，常被隨處拋棄。細小的種子被吞食後，多數種子的外皮可抵抗胃裡的消化酶而不被消化，便隨著人或動物的糞便排泄而傳播。

假種皮是某些種子表面覆蓋的一層特殊結構，常由珠柄、珠托或胎座發育而成，多為肉質，色彩鮮豔，能吸引動物取食，以便於傳播種子。具假種皮的常見藥用植物有麻黃、紅豆杉、羅漢松、肉豆蔻、芡實、龍眼、荔枝、石榴、光葉海桐、衛矛、西番蓮、龍珠果、苦瓜、七葉一枝花、山薑等。

候鳥往往是義務傳播種子的大軍，每年數以萬計的候鳥從南到北、從北到南大規模地遷徙，它們往往無意地攜帶了種子。這些種子到了新的環境，只要條件適合，便可萌發、生長、發育、繁殖起來。

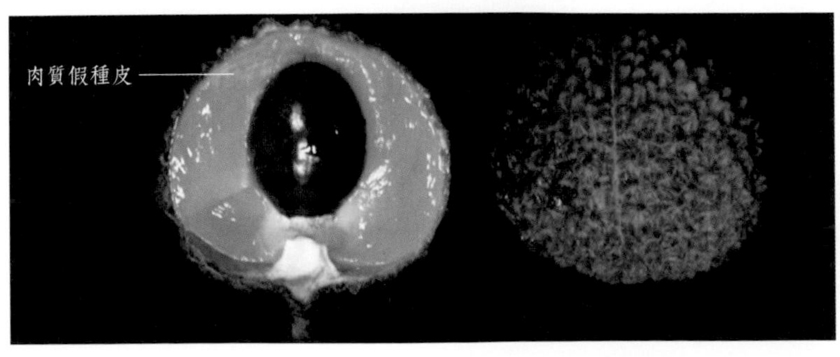

□ 荔枝*Litchi chinensis*的果皮鮮紅，假種皮肉質鮮甜，但種子堅硬味苦不可食

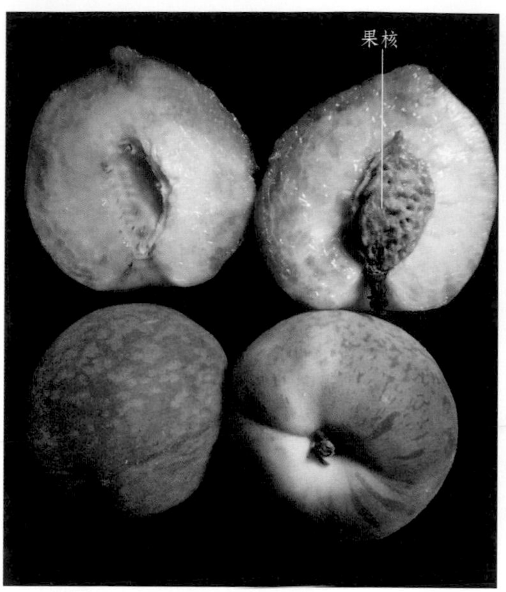

□ 水蜜桃*Prunus persica*的果實豔麗，果肉甜美，但果核堅硬而被隨處拋棄，傳播了種子

□ 石榴*Punica granatum*的假種皮酸甜可口，晶瑩剔透，但種子堅硬如石

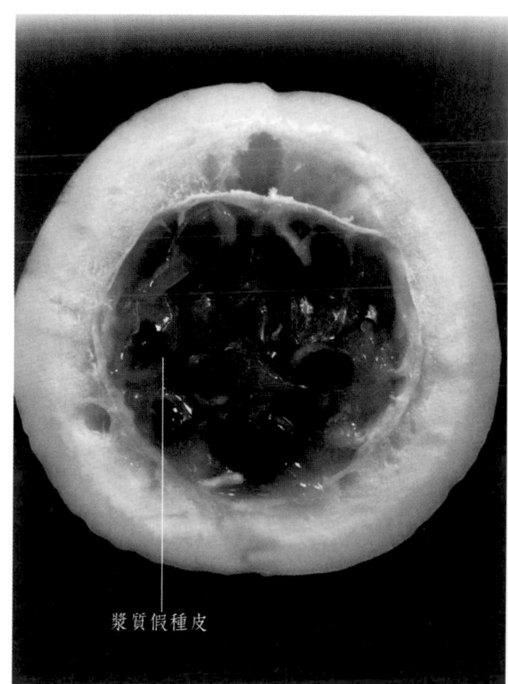

□ 西番蓮*Passiflora caerulea*的假種皮漿質酸甜，種子黑硬

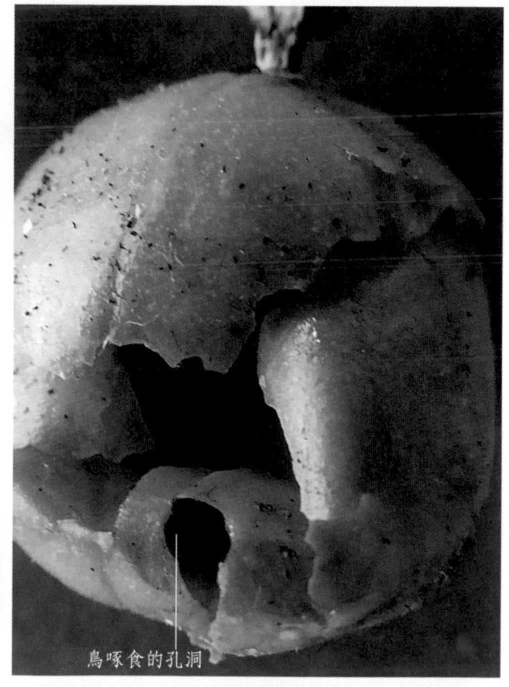

□ 龍珠果*P. foetida*內被酸甜漿質假種皮包被的種子，被鳥啄食後，果實脫落

□ 光葉海桐*Pittosporum glabratum*的假種皮紅亮，是鳥類的美食，但種子不能被消化而隨糞便排出

□ 肉豆蔻*Myristica fragrans*的假種皮紅色，能吸引鳥類來食

□ 豔山薑*Alpinia zerumbet*的果實成熟時呈紅色，假種皮白色味甜，是鳥類的食物

□ 木防己*Cocculus orbiculatus*的種子形似捲曲的昆蟲，是一種吸引鳥類的擬態

□ 蒼耳*Xanthium sibiricum*的總苞具倒鉤刺

□ 牛蒡*Arctium lappa*的總苞具倒鉤刺

□ 牛蒡若未能實現鉤掛傳播，總苞內的瘦果會發芽膨脹，突破總苞的束縛而落地生根

□ 鬼針草*Bidens pilosa*的果實先端具銳利的芒刺

□ 蒺藜草*Cenchrus echinatus*的果實先端具銳利的芒刺

□ 竊衣*Torilis scabra*的果實具倒鉤刺

□ 蒺藜*Tribulus terrester*的果實具銳刺

□ 毛梗豨薟*Sigesbeckia glabrescens*的總苞和果實具黏性極強的腺毛

CHAPTER 6

第六章 植物的共生現象

在自然界漫長的生物演化過程中，整個地球生物包括人類，彼此之間協調發展，保持生態平衡，生物之間的複雜關係中，凡是兩種生物在一起共同生活的現象，統稱共生現象。根據植物共生利害關係的不同，可分為附生、共生、寄生等。

一 附生

附生又稱偏利共生、共棲，指兩種生物生活在一起，其中一方受益，另一方無利、但也無害的一種關係。

地衣和蕨類植物附生在樹幹上，便於吸取陽光和樹皮腐物的養料

巢蕨*Neottopteris nidus*附生在樹叉上，便於吸取陽光

□ 石斛*Dendrobium nobile*附生在樹枝上，便於獲得半陰環境和樹皮腐物的養料

二 共生

共生又稱互利共生、專性共生，是指兩種不同的生物共同生活在一起，彼此受益且相互依存。如果分開，雙方都不能很好地生活，甚至死亡。實際生活中的共生關係常更為複雜，現舉例如下。

1. 黑翅土白蟻與雞樅菌、烏靈參的共生關係

黑翅土白蟻*Odontotermes formosanus*（簡稱「白蟻」）是一種土棲社會性昆蟲，蟻王和蟻后專司繁殖，生下的工蟻專司勞動，兵蟻司保衛兼勞動，繁殖蟻有黑褐色的翅，可飛出繁殖並另「成家立業」。白蟻除啃食樹皮外，善在地下營造菌圃，培養與之共生的雞樅菌和黑柄炭角菌供其食用。

雞樅菌*Termitornyces albuminosus*散落在地面的孢子，被白蟻搬運到地下白蟻專營的菌圃內培養，長出菌絲和小白球，供白蟻食用。夏季，雞樅菌絲集結為菌根，向地面生長成為傘狀的子實體，子實體成熟後散落孢子，完成其生命周期。

黑柄炭角菌*Xylaria nigrescens*（中藥烏參的來源）依靠白蟻在地面尋找其孢子，植於地下專營的菌圃內。當雞樅菌衰亡，黑柄炭角菌便逐漸興旺起來，由菌絲發展為菌索、菌核，為白蟻提供食物。夏季菌索向地面生長成子實體，子實體成熟後散落孢子，完成其生命周期。

黑翅土白蟻的蟻后

黑翅土白蟻的蟻王

黑翅土白蟻的繁殖蟻后

黑翅土白蟻的工蟻

黑翅土白蟻的兵蟻

黑翅土白蟻的工蟻和兵蟻在營造菌圃

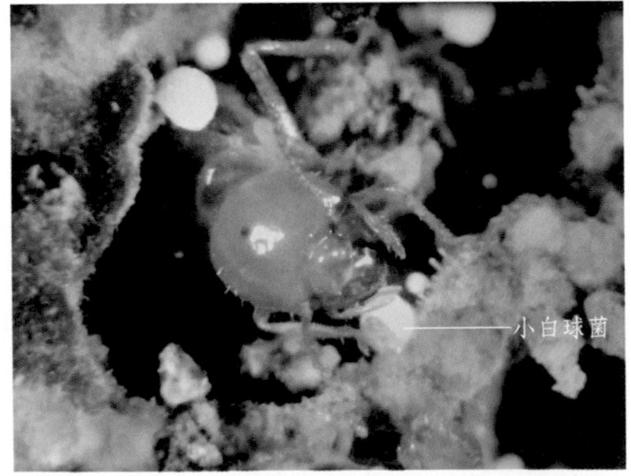

黑翅土白蟻的工蟻採食小白球菌以供養蟻王、蟻后和幼蟻

□ 雞樅菌*Termitornyces albuminosus*從黑翅土白蟻菌圃腔中長出

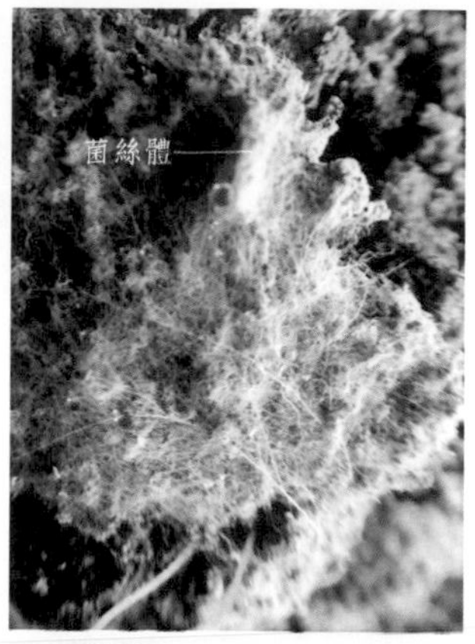

□ 白蟻菌圃上的黑柄炭角菌菌絲體

□ 黑柄炭角菌的棍狀子實體在夏季長出地面

□ 白蟻菌圃腔內的黑柄炭角菌菌索和菌核體（菌核體藥用稱「烏靈參」）

2. 榕屬植物與榕小蜂的共生現象

桑科榕屬植物具有特殊的隱頭花序，花單性，常異株，花被包藏於壺狀或球狀的肉質花序托（榕果）內，只有一個為苞片層層覆蓋的小孔，風雨不進，一般的昆蟲也難進入。榕樹在長期的環境適應過程中與榕小蜂科的昆蟲共同進化，建立起幾乎是「一對一」的互利共生關係，從而形成特殊授粉系統。榕樹提供癭花作為有固定關係的榕小蜂產卵孵化的場所，榕小蜂孵化出的成蟲在榕果內交配後，雌蜂飛出，帶走榕樹的花粉為其授粉。

榕小蜂的雌、雄小蜂形態並不相同，雄小蜂都生活在黑暗的果序內與雌蜂交配繁殖下一代，所以沒有翅膀，眼睛不發達。雌小蜂要飛出到雄花序找尋癭花產卵所，或者飛到雌花序內為之授粉，所以具有翅膀，眼睛發達。

這種特殊的共生關係除前已述及的薜荔*Ficus pumila*外，對葉榕*F. hispida*和為其授粉的榕小蜂*Ceratosolen solmsi*的共生，也是一個生動的實例。

在對葉榕和為其授粉榕小蜂的共生關係的觀察中，你會發現更為複雜有趣的現象：解剖榕果時常常看到有長尾小蜂*Philotrypesis* sp.出現，長尾小蜂那長長的結構實際上不是尾，而是產卵器。它在果外利用長的產卵器刺穿隱頭果果壁，將卵產於榕果中的雌花子房內。它不能進入榕果為榕樹授粉，是一種寄生於榕果內，與授粉榕小蜂相伴的非授粉小蜂。

□ 對葉榕 *Ficus hispida* 的雄株

□ 對葉榕的雌株

□ 對葉榕榕果的苞片層層覆蓋的小孔

□ 榕小蜂的雄蜂無翅

□ 榕小蜂的雌蜂有翅

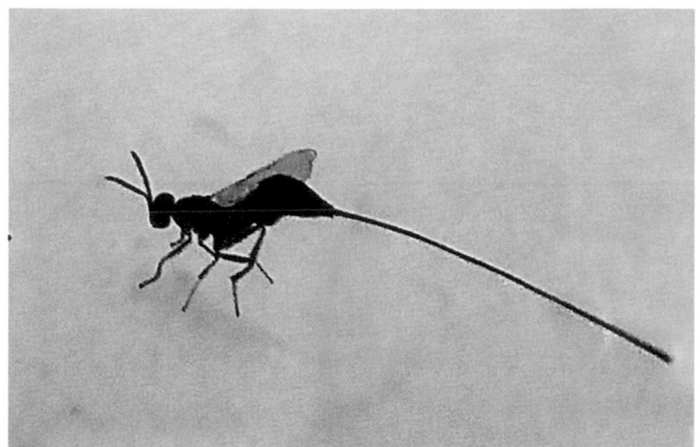

□ 長尾小蜂

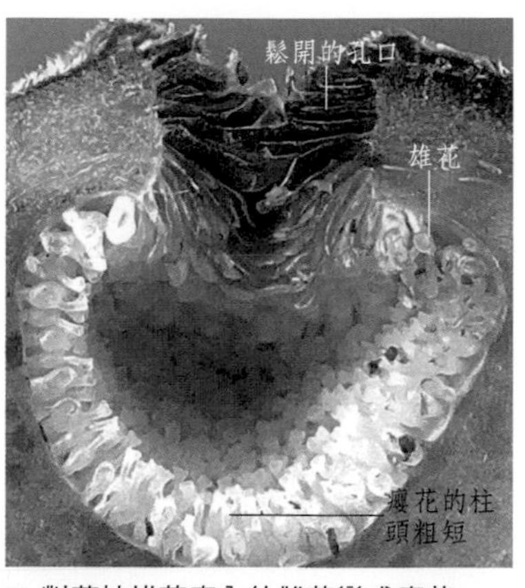

□ 對葉榕雄花序內的雌花變成癭花，飛入的榕小蜂以尖的產卵器通過柱頭，產卵於子房內孵化

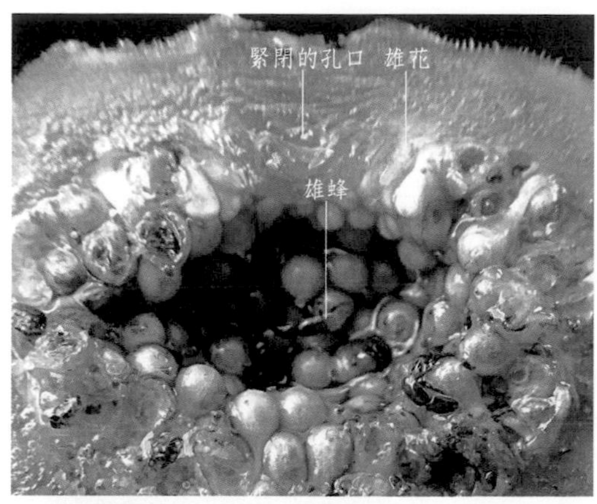

□ 榕小蜂卵孵化中後期，雄蜂鑽出對葉榕雄花序內的癭花，與尚未出癭的雌蜂交配

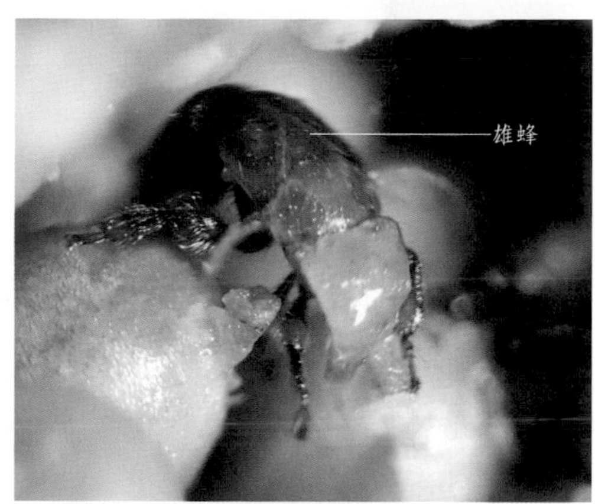

□ 對葉榕雄花序內正在交配的雄蜂

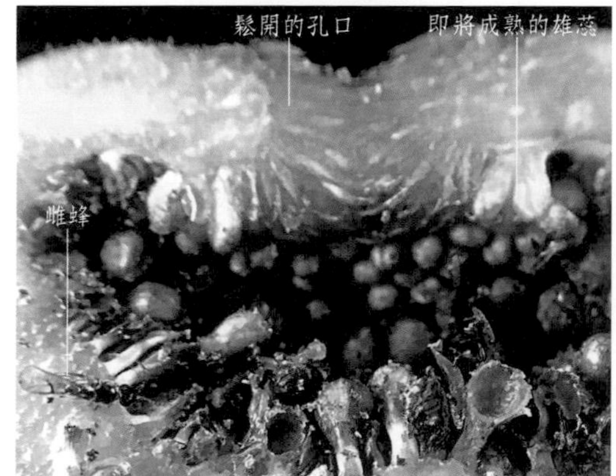

□ 榕小蜂卵孵化後期，雌蜂鑽出對葉榕雄花序內的癭花，待雄蕊成熟後，帶粉飛出

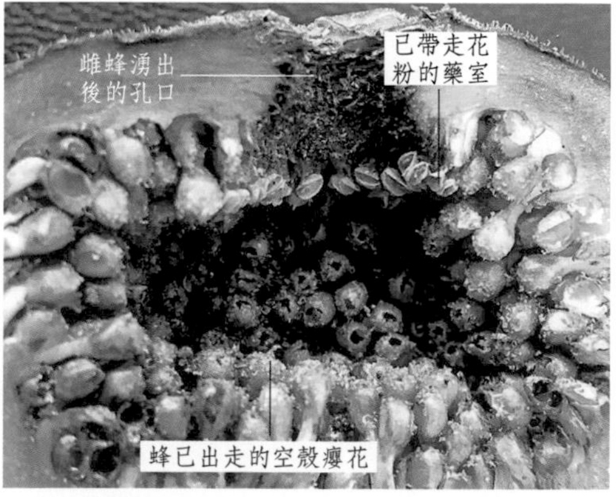

□ 榕小蜂卵孵化後期，雌蜂攜帶花粉，鑽出對葉榕雄花序內的花序孔授粉

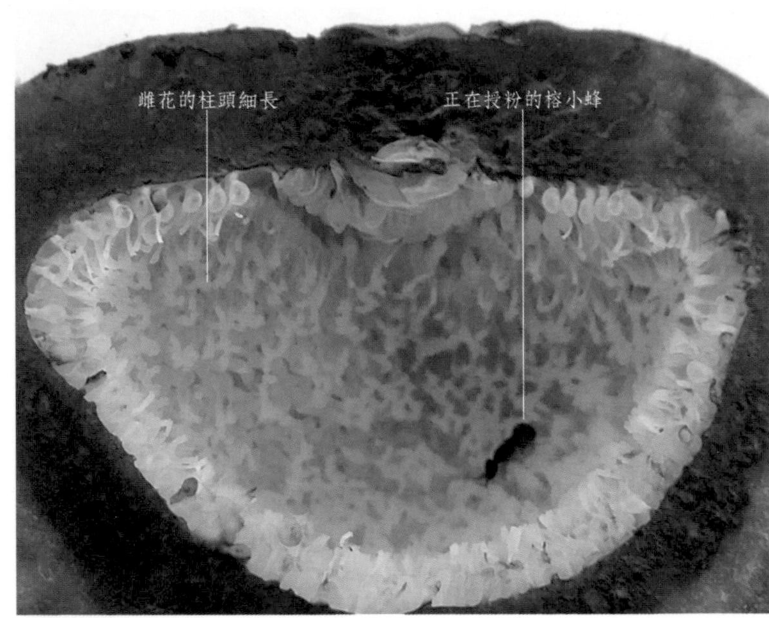

□ 榕小蜂正在對葉榕雌花序內授粉，此處雌花的柱頭細長，產卵器不能抵達子房，不能產卵

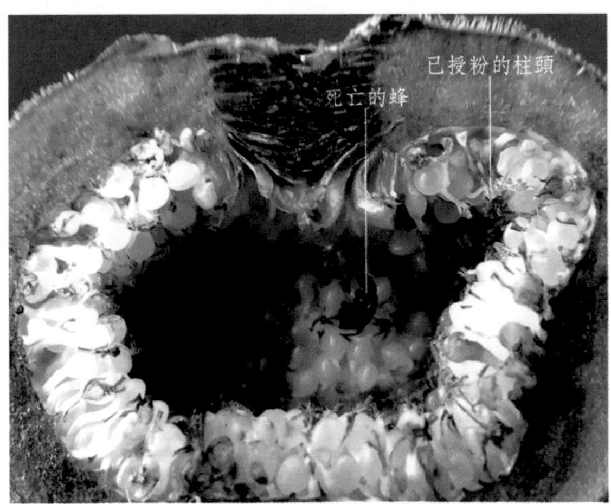

□ 授粉完成後的榕小蜂，死在對葉榕雌花序內

□ 對葉榕的雌花序經授粉發育進入果期

3. 潺槁樹與斑鳳蝶的共生現象

樟科潺槁樹*Litsea glutinosa*是雌雄異株植物，為了吸引斑鳳蝶*Chilasa clytia*為之授粉，不僅為其提供大量的花粉授粉和覓食，而且提供幼葉給其產卵。香而有嚼勁的葉是幼蟲理想的食材。潺槁樹隨時可以長出新葉來彌補葉的損失。

□ 潺槁樹的雄花枝

□ 潺槁樹的雌花枝

□ 斑鳳蝶正在潺槁樹幼葉上產卵

□ 斑鳳蝶的幼蟲正在啃食潺槁樹的幼葉

三 寄生

寄生是指一種生物長期或暫時生活在另一種生物的體內或體表，並從後者那裡吸取營養物質來維持其生活的種間關係。根據寄生方式不同可分為以下兩種。

1. 全寄生

全寄生即寄生生物自身無葉綠素，不能進行光合作用，完全靠寄主生活，不但從寄主體內取得水和無機鹽，而且還要從寄主體內取得光合作用產物，因而對寄主造成的傷害較為嚴重。

□ 寄生在龍鬚藤*Bauhinia championii*根部的香港蛇菰*Balanophora hongkongensis*

□ 寄生在杜鵑花*Rhododendron simsii*根部的筒鞘蛇菰*B. involucrata*

□ 寄生在亮葉崖豆藤*Millettia nitida*根部的紅冬蛇菰*B. harlandii*

□ 寄生在無花果*Ficus carica*枝葉上的金燈藤*Cuscuta japonica*

□ 寄生在牛膝*Achyranthes bidentata*枝葉上的菟絲子*C. chinensis*

□ 寄生在何首烏*Polygonum multiflorum*枝葉上的原野菟絲子*C. campestris*

□ 寄生在檉柳*Tamarix chinensis*根部的管花肉蓯蓉*Cistanche tubulosa*

□ 寄生在梭梭*Haloxylon ammodendron*根部的肉蓯蓉*C. deserticola*幼體

□ 寄生在蒺藜科白刺屬 *Nitraria* 植物根部的鎖陽 *Cynomorium songaricum*

□ 寄生在龍鬚藤*Bauhinia championii*枝上的無根藤*Cassytha filiformis*

□ 寄生在買麻藤*Gnetum montanum*枝上的無根藤

2. 半寄生

半寄生即寄生植物中含有葉綠體，能進行光合作用，主要從寄主體內取得水和無機鹽的供應，因而對寄主造成的傷害較輕。

□ 半寄生在陰香*Cinnamomum burmannii*樹枝上的寄生藤*Dendrotrophe frutescens*

□ 半寄生在桑*Morus alba*樹枝上的廣寄生*Taxillus chinensis*

□ 半寄生在桑樹枝上的紅花寄生*Scurrula parasitica*

□ 半寄生在大葉合歡*Archidendron turgidum*樹枝上的紅花寄生

□ 半寄生在樸樹*Celtis sinensis*上的桑寄生*Taxillus sutchuenensis*

參考文獻

[1] 楊春澍・藥用植物學 [M]. 上海：上海科學技術出版社，2003.
[2] 姚振生・藥用植物學 [M]. 北京：中國中醫藥出版社，2007.
[3] 王德群、談獻和・藥用植物學：彩色版 [M]. 北京：科學出版社，2010.
[4] 談獻和・藥用植物學 [M]. 北京：中國中醫藥出版社，2013.
[5] 嚴鑄云、郭慶梅・藥用植物學 [M]. 北京：中國醫藥科技出版社，2015.
[6] 劉春生・藥用植物學 [M]. 北京：中國中醫藥出版社，2016.
[7] 馬煒梁・高等植物及其多樣性 [M]. 北京：高等教育出版社，1998.
[8] 張大勇・植物生活史進化與繁殖生態學 [M]. 北京：科學出版社，2004.
[9] 鄔家林、趙中振・百科藥草 [M]. 香港：萬里書店，2008.
[10] 馬煒梁・植物的智慧 [M]. 上海：上海科學普及出版社，2013.
[11] 陳虎彪、楊全・中草藥野外識別圖譜 [M]. 福州：福建科學技術出版社，2013.
[12] 林余霖、胡柄義・中草藥高清大圖譜 [M]. 福州：福建科學技術出版社，2016.
[13] 蔡少青、秦路平・生藥學 [M]. 北京：人民衛生出版社，2016.
[14] 艾鐵民・藥用植物學 [M]. 北京：北京大學醫學出版社，2004.
[15] 鄭漢臣・藥用植物學 [M]. 北京：人民衛生出版社，2007.
[16] 黎躍成、勞家華・道地藥材和地方標準原色圖譜 [M]. 成都：四川科學技術出版社，2001.
[17] 肖培根・中國本草圖錄 [M]. 香港：商務印書館，1991.
[18] 陳士林、林余霖・中華人民共和國藥典中藥材及原植物彩色圖鑑 [M]. 北京：人民衛生出版社，2010.
[19] 中國科學院植物誌編輯委員會・中國植物誌 [M]. 北京：科學出版社，1959-2004.
[20] 國家藥典委員會・中華人民共和國藥典 [M]. 北京：中國醫藥科技出版社，2015.

植物中文名（圖題）筆畫索引

四畫

五畫

六畫

七畫

八畫

九畫

十畫

十一畫

十二畫

十三畫

十四畫

十五畫

十六畫

十七畫

十八畫

十九畫

二十畫及以上

國家圖書館出版品預行編目資料

藥用植物圖鑑【精解版】：植物細胞、組織、器官、型態、進化與共生，以及藥用分類等／鄔家林, 陳虎彪編著. -- 初版. -- 臺中市 : 晨星出版有限公司, 2024.04
面；公分.——（健康百科；67）

ISBN 978-626-320-807-0（平裝）

1.CST: 藥用植物 2.CST: 植物學 3.CST: 植物圖鑑

376.15025　　113003219

健康百科 67

植物學者、中藥研究工作者、中醫藥學師生，必讀教科書

藥用植物圖鑑【精解版】

植物細胞、組織、器官、型態、進化與共生，以及藥用分類等

作者　鄔家林、陳虎彪◎主編
主編　莊雅琦
編輯　莊雅琦、張雅棋
校對　莊雅琦、洪　絹、黃嘉儀
網路編輯　黃嘉儀
美術排版　曾麗香
封面構成　王大可

創辦人　陳 銘 民
發行所　晨星出版有限公司
407台中市西屯區工業30路1號1樓
TEL：04-23595820　FAX：04-23550581
E-mail：health119@morningstar.com.tw
http://star.morningstar.com.tw
行政院新聞局局版台業字第2500號
法律顧問　陳思成律師
初版　西元2024年04月10日

讀者服務專線　TEL：02-23672044／04-23595819#230
讀者傳真專線　FAX：02-23635741／04-23595493
讀者專用信箱　service@morningstar.com.tw
網路書店　http://www.morningstar.com.tw
郵政劃撥　15060393（知己圖書股份有限公司）

印刷　上好印刷股份有限公司

定價990元

ISBN　978-626-320-807-0